国家出版基金项目
NATIONAL PUBLICATION FOUNDATION

"十四五"国家重点出版物出版规划项目

浙江文化艺术发展基金资助项目
PROJECTS SUPPORTED BY ZHEJIANG CULTURE AND ARTS DEVELOPMENT FUND

海洋强国战略研究

张海文 —— 主编

中国海洋科技发展研究

刘 明 著

浙江教育出版社·杭州

图书在版编目（ＣＩＰ）数据

中国海洋科技发展研究 / 刘明著. -- 杭州 ： 浙江
教育出版社，2023.7
（海洋强国战略研究 / 张海文主编）
ISBN 978-7-5722-5171-9

Ⅰ．①中… Ⅱ．①刘… Ⅲ．①海洋开发－科学技术－
研究－中国 Ⅳ．①P74

中国版本图书馆CIP数据核字(2022)第258466号

海洋强国战略研究
中国海洋科技发展研究
HAIYANG QIANGGUO ZHANLÜE YANJIU
ZHONGGUO HAIYANG KEJI FAZHAN YANJIU

刘 明 著

项目策划	余理阳
责任编辑	严笑冬 严嘉玮
美术编辑	韩 波
责任校对	陈阿倩
责任印务	沈久凌
封面设计	观止堂
出版发行	浙江教育出版社
	（杭州市天目山路 40 号 电话：0571-85170300-80928）
图文制作	杭州林智广告有限公司
印刷装订	浙江海虹彩色印务有限公司
开　　本	710 mm×1000 mm 1/16
印　　张	22
字　　数	290 000
版　　次	2023 年 7 月第 1 版
印　　次	2023 年 7 月第 1 次印刷
标准书号	ISBN 978-7-5722-5171-9
定　　价	78.00 元

如发现印、装质量问题，影响阅读，请与承印厂联系调换。
（联系电话：0571-88909719）

主编

张海文

北京大学法学博士，自然资源部海洋发展战略研究所所长、研究员，享受国务院特殊津贴，武汉大学国际法研究所和厦门大学南海研究院兼职教授、博导，浙江大学海洋学院兼职教授。从事海洋法、海洋政策和海洋战略研究三十余年。主持和参加多个国家海洋专项的立项和研究工作，主持完成了数十个涉及海洋权益和法律的省部级科研项目。曾参加中国与周边国家之间的海洋划界谈判，以中国代表团团长和特邀专家等身份参加联合国及其所属机构的有关海洋法磋商。已撰写和主编数十部学术专著，如《〈联合国海洋法公约〉释义集》《〈联合国海洋法公约〉图解》《〈联合国海洋法公约〉与中国》《南海和南海诸岛》《钓鱼岛》《世界各国海洋立法汇编》《中国海洋丛书》等；发表了数十篇有关海洋法律问题的中英文论文。

作者

刘明

刘明，自然资源部海洋发展战略研究所研究员，主要研究领域为海洋经济、海洋科技，在《经济地理》《宏观经济研究》《金融研究》等重要学术刊物上发表学术论文 30 余篇，撰写专著 6 部，参与编写著作 20 余部。

总序

21世纪，人类进入了开发利用海洋与保护治理海洋并重的新时期。海洋在保障国家总体安全、促进经济社会发展、加强生态文明建设等方面的战略地位更加突出。党的十八大报告中正式将海洋强国建设提高到国家发展和安全战略高度，明确提出要提高海洋资源开发能力，大力发展海洋经济，加大海洋生态保护力度，坚决维护国家海洋权益，建设海洋强国。党的十九大报告再次明确提出要坚持陆海统筹，加快建设海洋强国。党的二十大报告从更宽广的国际视野和更深远的历史视野进一步要求加快建设海洋强国。由此可见，加快建设海洋强国已成为中华民族伟大复兴路上的重要组成部分。我们在加快海洋经济发展、大力保护海洋生态、坚决维护海洋权益和保障海上安全的同时，还应深度参与全球海洋治理，努力构建海洋命运共同体，在和平发展的道路上，建设中国式现代化的海洋强国。

作为从事海洋战略研究三十余年的海洋人，我认为应当以时不我待的姿态探讨新时期加快海洋强国建设的重大战略问题，进一步提升国人对国家海洋发展战略的整体认识，提高我国学界在海洋发展领域的跨学科研究水平，丰富深化海洋强国建设理论体系，提高国家相关政策决策的可靠性和科学性。为此，我和自然资源部海洋发展战略研究所专家团队组织撰写了《海洋强国战略研究》，以期为加快建设海洋强国建言献策。

丛书共八册，包括《全球海洋治理与中国海洋发展》《中国海洋法治建设研究》《海洋争端解决的法律与实践》《中国海洋政策与管理》《中国海洋经济高质量发展研究》《中国海洋科技发展研究》《中国海洋生态文明建设研究》《中国海洋资源资产监管法律制度研究》。在百年未有之大变局的时代背景下，丛书结合当前国际国内宏观形势，立足加快建设海洋强国的新要求，聚焦全球海洋治理、海洋法治建设、海洋争端解决、海洋政策体系构建、海洋经济高质量发展、海洋科技创新、海洋生态文明建设、海洋资源资产监管等领域重大问题，开展系统阐述和研究，以期为新时期我国加快建设海洋强国提供学术参考和智力支撑。

我们真诚地希望丛书能成为加快建设海洋强国研究的引玉之砖，呼吁有更多的专家学者从地缘战略、国际关系、军队国防等角度更广泛、更深入地参与到海洋强国战略研究中来。由于内容涉及多个领域，且具较强的专业性，尽管我们竭尽所能，但仍难免有疏漏和不当之处，希望读者在阅读的同时不吝赐教。

丛书的策划和出版得益于浙江教育出版社的大力支持。在我们双方的共同努力下，丛书列入了"十四五"国家重点出版物出版规划，并成功获得国家出版基金资助，这让我们的团队深受鼓舞。最后，浙江教育出版社的领导和编辑团队对丛书的出版给予了大力支持，付出了辛勤劳动，在此谨表谢意。

张海文

2023 年 7 月 5 日于北京

前言

　　推动海洋科技发展是建设海洋强国和实施国家创新驱动发展战略的重要组成部分。习近平总书记多次强调，"建设海洋强国，……要加快海洋科技创新步伐""要发展海洋科学技术，着力推动海洋科技向创新引领型转变。建设海洋强国必须大力发展海洋高新技术""发展海洋经济、海洋科研是推动我们强国战略很重要的一个方面，一定要抓好。关键的技术要靠我们自主来研发，海洋经济的发展前途无量"。2021 年 3 月，十三届全国人民代表大会第四次会议通过的《中华人民共和国国民经济和社会发展第十四个五年规划和 2035 年远景目标纲要》中提出："围绕海洋工程、海洋资源、海洋环境等领域突破一批关键核心技术。"2021 年 12 月，《国务院关于"十四五"海洋经济发展规划的批复》中提出："着力提升海洋科技自主创新能力。""十四五"时期，我国立足新发展阶段、贯彻新发展理念、构建新发展格局以及面对国际竞争新格局的要求对我国海洋科技发展提出了新挑战，也创造了新机遇，同时也对我国海洋科技管理提出了更高更新的要求。

　　本书较为系统地阐述了海洋科技的理论框架，分析了国内外海洋科技政策的特点以及成功经验，分析和评价了国际海洋科技进展及当前我国海洋科技发展现状，在此基础上，分析了未来我国海洋科技发展的优先领域，并提出了促进我国海洋科技发展的政策建议，以期为我国新形势下的海洋科技管理提供参考和借鉴。

本书主要的研究基础是作者执笔的 2009—2021 年自然资源部海洋发展战略研究所编写的海洋出版社出版的《中国海洋发展报告》中的"中国海洋科技创新发展"部分。此外，本书的研究基础还包括国家社科基金项目"习近平海洋科技思想研究"，自然资源部海洋发展战略研究所与广州南方实验室的合作项目"无人船与海洋无人设备法律问题"，自然资源部 2018 年项目"国内外海洋科技战略研究"，原国家海洋局 2011 年项目"中国海洋发展战略路线图研究"，原国家海洋局 2014 年项目"《全国科技兴海规划纲要（2008—2015）》评估"等。本书共分为五章。

一是较为系统地梳理了海洋科学和海洋技术的基本概念，分析了海洋科技发展的主要影响因素。根据海洋科技对我国海洋事业发展的作用过程，这部分内容研究总结了海洋科技发展的理论，具体包括海洋科技创新理论、海洋科技成果转化理论和海洋科技贡献理论。

二是从我国海洋科技发展实践出发，根据我国自 1949 年以来的海洋科技政策发展历程，划分了我国海洋科技政策的发展阶段并分析了每个阶段的特征，重点分析阐述了中共十八大以来我国海洋科技政策的新发展，并在此基础上总结了我国海洋科技取得成功的经验及启示。

三是从海洋科学、海洋技术、海洋科技创新能力、海洋调查和科学考察等方面全面阐述了我国海洋科技发展现状，并对我国沿海地区海洋科技发展水平进行了定量综合评价。

四是较为全面地阐述了近年来世界海洋科技发展的前沿进展，分析了我国海洋科技存在的差距和短板。这部分内容较为全面地阐述了美国、日本、澳大利亚、英国等部分发达海洋国家以及联合国和欧盟的海洋科技政策，并分析了发达海洋国家和国际组织的海洋科技政策特征。

五是综合分析了我国海洋科技发展和政策发展历程、世界海洋科技发展新趋势及我国海洋科技发展现状与其他国家之间存在的差距。这部分内容借鉴了国外发达国家海洋科技政策的成功经验，分析了未来我国海洋科技应当优先发展的领域，并提出了促进我国海洋科技发展的政策建议。

刘明

2023 年 7 月

目　录

01

第一章
海洋科技发展理论

海洋科技政策的制定离不开海洋科技理论的指导，海洋科技理论只有与海洋领域的实践紧密联系，才能对海洋事业产生巨大的推动作用并作出贡献。根据海洋科技对海洋事业发展的作用过程，海洋科技发展理论包括海洋科技的内涵、海洋科技创新理论、海洋科技成果转化理论和海洋科技的贡献理论。

第一节 海洋科技的内涵

海洋科技包括海洋科学、海洋技术以及为获得海洋科学技术成果开展的相关活动。人们一般广泛地使用海洋科学技术或其简称"海洋科技"对这个知识体系进行阐述。

一、海洋科学

严格意义上讲，海洋科学包括海洋自然科学和海洋社会科学两部分内容（表1-1）。但一般来讲，海洋科学仅指海洋自然科学。海洋科学是指研究海洋的自然现象、变化规律，及其与大气圈、岩石圈、生物圈的相互作用以及开发、利用、保护海洋有关的知识体系。[1]海洋科学是基础性科学，其研究内容包括物理海洋学、海洋化学、生物海洋学、海洋地质学、环境海洋学、海气相互作用及区域海洋学等学科门类。[2]

表1-1 海洋科学体系

	构成	定义[3]
海洋自然科学	物理海洋学	运用物理学的理论、技术和方法，研究海洋中的物理现象及其变化规律，并研究海洋水体与大气圈、岩石圈和生物圈的相互作用的学科
	海洋物理学	研究海洋的声、光、电、磁学现象及其变化规律的学科
	海洋气象学	研究海洋的天气现象及海洋与大气相互作用的学科
	海洋生物学	研究海洋中生命现象、过程及其规律的学科
	海洋化学	研究海洋各部分的化学组成、物质分布、化学性质和化学过程的学科

[1][3] 全国科学技术名词审定委员会. 海洋科技名词[M]. 北京：科学出版社，2007:1-2.
[2] 王春法. 关于国家创新体系理论的思考[J]. 中国软科学，2003（5）：99-104.

续表

构成	定义③
海洋地质学（含海洋地球物理学、海洋地理学、河口学）	研究地球被海水淹没部分的特征和变化规律的学科。其中，海洋地球物理学是研究地球被海水淹没部分的物理性质及其与地球组成、构造关系的学科；海洋地理学是研究海洋自然现象、人文现象及其之间的相互关系和区域分异的学科，属文理交叉学科；河口学是研究河口区的动力、地貌、沉积和生物地球化学过程及其开发利用的学科
极地科学	研究南北极地区的冰雪、地质、地球物理、海洋水文、气象、化学、生物、环境等的学科
环境海洋学	研究人类社会发展与海洋环境演化规律的相互作用，寻求人与海洋协调发展的学科
海洋管理	政府对海洋及其环境和资源的研究，以及开发利用活动的计划、组织、控制和协调活动
海洋法学	围绕海洋开发、海洋管理、海洋权益等进行的法规研究实施活动
海洋经济	人类在开发利用海洋资源过程中的生产、经营、管理等活动的总称
海洋灾害	海洋自然环境发生异常或激烈变化，导致在海上或海岸带发生的严重危害社会、经济和生命财产的事件
军事海洋	研究海洋自然环境对军队建设、军事行动的影响和海洋学在军事上应用的学科
海洋旅游	以满足人们的物质及精神需求为目的的海洋游览、娱乐、度假等所产生的现象和关系的总和
海洋历史	略
海洋文化	略

（海洋社会科学为前述从"海洋管理"至"海洋文化"各行的总括类别）

二、海洋技术

海洋技术是研究海洋自然现象及其变化规律、开发利用海洋资源及保护海洋环境所使用的各种方法、技能和设备的总称。依据技术的功能属性，海洋技术体系大致可分：为海洋观测技术、海洋环境预报预测技术、海洋生物技术、海洋矿产资源勘探开发技术、海水资源开发技术、海洋能开发技术、海洋工程技术、海洋环境保护技术、海洋信息技术、海洋水下技术等（表1-2）。①

表1-2 海洋技术体系

构成	定义②
海洋观测技术	观察和测量海洋各种要素所用的技术。主要包括遥感技术、调查船技术、浮标技术、水声技术、高频地波雷达、多平台集成观测技术等
海洋环境预报预测技术	对未来海洋环境的变化和海洋灾害预先做出公示所用的技术
海洋生物技术	又称"海洋生物工程"。运用海洋生物学与工程学的原理和方法，利用海洋生物或生物代谢工程，生产有用物质或定向改良海洋生物遗传特性所形成的高技术
海洋矿产资源勘探开发技术	开发蕴藏在海底的石油、天然气及其他矿产资源所使用的方法、装备和设施
海水资源开发技术	由海水中提取溶存的食盐和其他化学物质，将海水脱盐得到淡水，以及直接利用海水等的技术
海洋能开发技术	将蕴藏于海洋中的可再生能源转换成电能及其他便于利用与传输的能量的技术
海洋水下技术	研究和发展在海洋水下环境条件下的工程技术的学科。包括潜水技术、水下作业施工、潜水器开发、打捞技术等
海洋工程技术	应用海洋学、其他有关基础科学和技术学科开发利用海洋所形成的综合技术学科，包括海岸工程、近海工程、深海工程及深潜器技术
海洋环境保护技术	解决海洋环境污染和海洋生态破坏，维持人类与环境协调发展的技术，包括海洋环境调查、评价、监测及污染控制与治理方面的技术
海洋信息技术	对海洋信息进行科学管理、统计分析及综合服务的技术

①② 全国科学技术名词审定委员会.海洋科技名词[M].北京：科学出版社，2007:1-2.

三、海洋科学技术相关活动

海洋科学技术成果的获得与实践紧密联系。获得海洋科学技术成果需要开展海洋调查和科学考察，具体包括海洋基础地质调查、海洋油气资源调查、海洋经济调查、海岛调查、极地科学考察、大洋科学考察等。

四、海洋科技发展的影响因素

影响海洋科技发展的因素比较多，也比较复杂，可归纳为十个主要影响因素。这十个主要影响海洋科技发展的因素包括：国家经济发展水平，国家社会发展条件，海洋产业结构，海洋资源及生态环境，海洋科技发展基础，海洋科技活动的结构，国家发展战略，海洋科技的创新环境，海洋科技力量的区域布局，区外/国外海洋科技资源利用能力。

（一）国家经济发展水平

国家经济发展水平是影响海洋科技发展水平的首要因素。一方面，国家经济发展是海洋科技发展的基本条件，包括对海洋科技投入总量和海洋科技投入强度等方面的影响。另一方面，推动国家经济发展和海洋经济发展是海洋科技的主要目标和服务对象。

（二）国家社会发展条件

社会发展条件对海洋科技需求的影响存在差异性，也是影响海洋科技发展的重要因素。一方面，海洋科技的重要目标之一就是促进社会全面发展。另一方面，社会发展特征往往决定了海洋科技活动的类型和需求，从而决定了海洋科技活动的强度及作用效果。

（三）海洋产业结构

海洋产业结构在不同的发展时期具有不同的特征。不同的沿海省市区域海洋产业结构不同，对海洋科技的需求，尤其是对海洋产业的技术需求存在较大的差异。不同的海洋产业科技投入强度的差异，导致海洋科技投入强度从整体上有很大的差异。

（四）海洋资源及生态环境

海洋资源结构及生态环境状况是影响海洋产业结构的重要因素，海洋资源也影响着海洋科技发展的目标和方向。当前，海洋生态环境已成为区域可持续发展的重要影响因素，海洋生态环境的治理已成为海洋科技发展的重要目标。区域海洋资源、海洋生态环境特征从两方面影响海洋科技发展。一是海洋资源类型决定海洋科技发展的方向和内容。海洋资源和海洋能源较为富集的沿海地区，往往需要加大海洋资源和海洋能源勘探和开采技术、深加工技术等技术领域的投入，以便提高海洋资源和海洋能源的利用率。二是海洋生态环境治理的科技需求一定程度上影响着海洋科技发展的方向。

（五）海洋科技发展基础

海洋科技发展受海洋科技基础水平的影响较大，具体表现在三个方面。首先，我国涉海大学、科研院所主要分布在青岛、厦门、宁波、舟山等海洋科技基础雄厚的城市，这些城市海洋科技资源的增量都在全国保持领先地位。其次，国家重大涉海科技项目的布局也极大地受到海洋科技基础水平的影响，如国家重点研发计划、国家自然科学基金、国家社会科学基金、国家重点实验室以及涉海高校重点学科布局等更多基于已有涉海科技基础。最后，海洋科技基础雄厚的沿海地区更有利于促进海洋经济的发展。例如，国家级海洋经济示范区、全球海洋中心城市、海洋高技术产业基地等大多位于沿海发达地区的大中城市，这些地区或城市充分利用海洋科技发展海洋高技术产业或促进海洋传统产业升级，有力地促进了当地区域经济的快速发展。

（六）海洋科技活动的结构

海洋科技活动包括海洋基础科学研究、海洋工程技术研究、海洋技术服务、海洋信息服务、海洋环境监测预报等。海洋科技活动的结构指上述海洋科技活动的构成和强度。发展海洋科技是通过海洋科技活动来实现的，海洋科技活动的结构及其与海洋经济发展的关系，影响着海洋科技的发展。首先，海洋科技活动的结构影响海洋科技发展方向。其次，海洋科技活动的结构影响海洋科技资源的布局。海洋科技活动在空间上具有区位选择性。海洋基础科学研究呈集中化趋势，更倾向于向大城市集聚。这种倾向的形成原因主要有：第一，海洋基础科学研究往往需要依托海洋科技力量雄厚的科研机构、良好的实验条件以及科技平台等，需要大城市良好的海洋科技基础设施支撑。第二，海洋科技活动需要高素质的人力资源，大城市的集聚效应能够吸引高素质的人力资源开展海洋科研创造活动，而且能满足海洋科技人员对工作的制度环境和生活环境的较高要求。第三，部分海洋科技活动需要接近市场，以便更快速地验证海洋科技成果，而大城市是新产品的实验场，在大城市进行海洋科技活动使海洋科技产品能更好地接近市场。第四，涉海企业的海洋科技研发活动更倾向于向大中型城市集聚。海洋技术发展存在梯度特征，在广东、山东、福建等沿海发达省份，海洋技术的研发活动主要集中于少数大城市，而在其他许多中小城市海洋科技成果产业化发展很迅速，从而形成了城市海洋科技发展各具特色的局面。因此，海洋科技活动这种梯度发展特征，导致沿海地区海洋科技布局存在差异化。大城市更多从事基础研究，而中小城市主要从事海洋科技开发和海洋科技成果转化活动。

（七）国家发展战略

海洋科技作为国家海洋事业的重要组成部分，受到国家发展战略的直接影响。当前，科教兴国战略、人才强国战略、创新驱动发展战略、乡村振兴战略、区域协调发展战略、可持续发展战略、军民融合发展战略等国家的主要战略，都直接影响着海洋科技发展的目标、结构和方向。

（八）海洋科技的创新环境

海洋科技的创新环境包括海洋科技基础设施和海洋科技政策环境。区域创新环境包括文化环境、制度环境、组织环境和信息环境等，是海洋科技创新行为主体之间在长期正式或非正式合作与交流关系的基础上形成的。海洋科技的创新环境对海洋科技发展的影响主要体现在两方面。第一，海洋科技的创新环境是海洋科技人才成长的重要影响因素。第二，海洋科技的创新环境影响海洋科技成果转化能力。海洋科技实力能否转化为海洋科技创新能力以及成果转化能力，进而转化为海洋经济竞争力，与海洋科技创新环境密切相关。

（九）海洋科技力量的区域布局

国家海洋科技发展与海洋科技的区域布局相互影响、相互作用。海洋科技力量集聚区的海洋科技发展水平高，发展必然迅速。我国海洋科技的空间布局总体上是"北重南轻"，即环渤海和长三角海洋科技机构合计约占全国的70%，海洋科技从业人员占全国的80%以上，海洋科研机构研究与试验发展（简称R&D）经费内部支出占全国的85%以上。福建沿海、珠三角和环北部湾地区海洋科研机构合计约占全国的27%，从业人员约占13%、R&D经费内部支出约占全国的10%。从城市布局上看，我国海洋科技力量主要表现为"老重新轻"，即老牌海洋城市和政治中心城市的海洋科技力量聚度高，新兴城市的海洋科技力量不足。以青岛为例，其海洋科研机构占到全国的30%以上，海洋科技人员约占全国的1/3，海洋领域的两院院士约占全国的70%。北京拥有全国近40%的海洋科研机构从业人员、40%以上的海洋科研机构R&D经费内部支出。我国海洋科技力量布局特征的形成具有历史偶然性，是规模收益递增的结果，并且政府的政策干预也发挥了作用。

首先，区域产生海洋科技方面的优势后，就会不断产生累计效应，形成区域海洋科技力量集聚的格局。

其次，规模收益递增是海洋科技力量集聚布局形成的内在动力。规模收益递增主要来自海洋科研活动在空间上相互接近集聚成群而带来的成本节约。规模收益递增带来的影响分为三个层次。最低层次是推动海洋科技力量的区域集聚。中等层次是促进城市化进程。最高层次是促使整个地区的发展不均衡，表现为海洋科技活动或产业集聚体在空间上的强烈集聚趋势。

最后，政府政策的干预会推动海洋科技力量布局向不同方向发展。政府制定的针对海洋科技发展的政策和制度存在规模收益递增及自我强化机制，这种机制使得制度变迁一旦向固定方向发展，就会不断地在固定路径上自我强化。这种由于路径依赖导致的自我强化机制推动了海洋科技力量布局的既定趋势不断增强。

（十）区外/国外海洋科技资源利用能力

海洋科技发展不能故步自封，必须整合各类海洋科技资源、利用好区外/国外的海洋科技资源，海洋科技发展必须与国外进行科技合作与交流。

第二节 海洋科技创新理论

一、海洋科技创新体系

国内学术界对海洋科技创新体系的概念多有研究。例如，徐宪忠（2009）认为海洋科技创新体系是"国家创新体系"这一概念在海洋领域的拓展，是国家为促进海洋领域创新资源的合理配置和海洋创新活动的实现而建立的网络系统[①]。倪国江（2012）依据国家创新系统的概念，将其定义为由影响海洋科技创新的公共部门和私有部门及机构组成，通过各行为主体的制度安排及相互作用，旨在以生态学的思维创造、引入、改进和扩散新的海洋科技，以创新活动作为海洋领域发展关键动力的网络系统。[②]

（一）海洋科技创新体系的构成

综合学术界有关海洋科技创新体系概念的界定，可认为海洋科技创新体系由三类要素构成。

一是主体要素。主体要素指的是海洋科技创新活动的行为主体，主要包括政府、海洋科研机构、涉海高等院校、涉海科技企业、各类中介组织五大主体。五大主体在海洋科技创新过程中发挥不同的作用，共同促进海洋科技创新活动开展。其中，涉海科技企业是海洋科技创新的主体，也是海洋科技创新体系的核心。其他四类行为主体借助产业网络和社会网络形成创新网络。在创新网络中，涉海科技企业运用所掌握的创新资源开发新产品和新技术，从而获得海洋科技创新体系的产出。

二是功能要素。功能要素指的是各行为主体之间的运行机制，分为

---

① 徐宪忠. 浅谈构建国家海洋科技创新体系[J]. 海洋开发与管理，2009，26（8）：106-109.
② 倪国江. 基于海洋可持续发展的中国海洋科技创新战略研究[M]. 北京：海洋出版社，2012：34.

两个方面。一方面是各海洋科技创新主体的内部运行机制，主要是激励机制；另一方面是主体间的沟通机制。

三是环境要素。环境要素指的是创新环境，具体包括体制、基础设施、社会文化心理和保障条件。环境要素可分为硬环境和软环境，其中硬环境主要是海洋科技基础设施，软环境包括市场环境、社会历史心理和制度环境三类。

（二）海洋科技创新体系的功能

海洋科技创新体系由内部各类要素相互作用、相互影响形成具有特定功能的整体。海洋科技创新体系的功能包括微观功能和宏观功能两方面。

海洋科技创新体系的微观功能包括知识创新功能、生产学习功能、创新资源的交流与扩散功能和"新陈代谢"功能。知识创新功能就是开展基础研究活动的功能。生产学习功能是海洋科技创新系统的基本功能。创新资源的交流与扩散功能主要通过各种海洋科技创新的交流与互动实现，中介机构在其中起着重要作用。"新陈代谢"功能是海洋科技创新体系前三种微观功能的相互结合。

海洋科技创新体系的宏观功能包括空间集聚和辐射。空间集聚功能主要表现为产业在沿海地区内相对集中，从而形成产业集群。辐射功能则主要表现为海洋科技创新能力向外辐射的功能。

（三）海洋科技创新体系中政府的重要作用

海洋科技创新体系中政府的作用是指政府在海洋科技创新体系中充分发挥自身职能，完善政策、营造环境、培育主体、搭建服务体系。海洋科技创新体系中，政府的重要作用具体包括以下四个方面。

1.制定海洋科技创新政策

海洋科技创新政策对激励海洋科技创新活动、提高海洋科技创新效率、促进海洋科技成果转化、提高海洋科技创新能力、加快海洋经济发展等都具有重要作用。海洋科技创新体系的建设与发展，以及海洋科技创新活动的开展，都必须有一个良好的海洋科技创新环境。政府制定和实施海洋科技政策，必须充分考虑海洋科技创新发展的需要，只有这样才能制定出符合国情及沿海地区实际的政策。

2.营造海洋科技创新环境

海洋科技创新环境包括市场环境、制度环境、服务环境和人才环境。一是通过政府对市场环境的有效管理，营造健康的市场环境。二是建立和完善有利于海洋科技创新的制度环境。三是政府通过加强海洋科技创新创业平台和海洋技术交易平台的建设，形成高效服务创新的环境。四是建立有助于海洋科技创新的人才环境，沿海地方政府一方面要大力引进外来高层次海洋科技人才，包括领军人才和团队、海外留学人才等，另一方面要建设宜业宜居的人才环境，出台人才优惠政策，提高人才待遇，营造尊重人才的氛围和良好的创新环境。

3.培育海洋科技创新主体

涉海企业是海洋科技创新的主体，涉海企业发展受政府海洋政策影响较大。政府有培育涉海企业的责任，这就要求政府要保障涉海企业的创新主体地位。一是政府通过营造良好的涉海企业发展环境，积极发展培育各类涉海企业，使区域内的涉海企业实现质的提升和量的增长。二是政府积极建设海洋高技术产业集聚区，推动形成规模效益并降低发展成本。三是政府加大对海洋科技创新主体的财政支持力度。政府通过各类财政工具弥补涉海企业创新资金不足的问题，支持涉海企业创新。

4.搭建涉海科技创新服务体系

涉海科技创新服务体系能促进各海洋科技创新主体之间的沟通，在海洋科技创新体系建设中起重要作用。一是政府通过制定相关的政策构建涉海科技中介服务体系。二是政府通过转变职能鼓励和推动涉海科技服务中介机构市场化。三是政府通过完善涉海科技服务中介机构的监督机制，规范涉海科技创新服务中介机构的行为，使其能更好地为沿海地区海洋科技创新服务。

二、海洋科技创新集群

海洋科技创新集群是在某些海洋领域里通过共同的海洋技术相互联系起来，并且在地理上比较接近的涉海科技企业和海洋研究机构。

（一）海洋科技创新集群的构成要素

构成海洋科技创新集群需要具备五个关键要素。一是海洋管理部门的大力投入。海洋科技创新集群的产生与发展是海洋管理部门宏观调控的作用结果。海洋科技创新集群要保持长远的竞争力，海洋管理部门需制定长期规划，满足海洋科技创新集群的各种基础设施需求。二是海洋科技成果实现产业化。为海洋科技创新成果寻求稳定市场是涉海企业海洋科技创新获得成功的关键。三是不断提升的技术水平。海洋科技创新集群中的涉海企业要参与国际竞争必须了解和适应国际市场，而涉海企业技术水平的不断提高有助于企业适应国际市场形势的变化。四是充足的海洋科技人才资源。能够形成集聚效应的海洋科技人才是海洋科技创新集群产生和发展的基础。五是各海洋科技创新主体之间紧密的合作关系。海洋科研机构、涉海高校和涉海企业的紧密合作是海洋科技创新集群成功的关键，这类合作往往需要集群以外的机构或网络来推动实施。

（二）海洋科技创新集群的组织发展模式

海洋科技创新集群依据其产生和发展的形式分为自下而上型、自上而下型和混合型三类。

自下而上型指海洋科技创新集群是在特定条件下自发形成的，其演化过程常伴有生产集聚或海洋科技创新集聚。

自上而下型指国家海洋管理部门和地方海洋管理部门集中大量的资源培育起来的海洋科技创新集群。

混合型海洋科技创新集群是在市场和政府的双重作用下逐步形成的。

（三）海洋科技创新集群的管理模式

海洋科技创新集群的管理模式有很大差别，可分为政府主导型、政府服务型和混合型。

1.政府主导型管理模式

政府主导型管理模式是指政府对海洋科技创新集群的规划、协调和发展进行直接管理。政府将海洋科技创新集群的各种管理事务纳入行政管理范围，对其发展进行系统的规划，规定发展目标、确定组织架构，并组织集群中各类相关海洋创新主体实现共同发展目标。

2.政府服务型管理模式

政府服务型管理模式是指海洋科技创新集群相关主体间通过资金、人力和信息技术的相互交换，自发形成一种相互影响、相互依赖、密切联系的创新网络。这种管理模式中政府的作用主要是制定相关政策，提供相关服务，引导海洋科技创新集群的发展方向。

3.混合型管理模式

混合型管理模式是由政府和市场双方共同推动并发挥作用的管理模式。政府对海洋科技创新集群发展进行系统规划，制定配套政策扶持和引导海洋科技创新集群发展，同时也充分发挥市场机制的调节作用，激励海洋科技创新主体的自主创新活动。

第三节　海洋科技成果转化理论

与海洋科技成果转化密切相关的概念包括海洋技术转移、海洋技术转让、海洋技术扩散以及涉海产学研合作。相应地，海洋科技成果转化理论包括海洋技术转移理论、海洋技术转让理论、海洋技术扩散理论以及涉海产学研合作理论。

一、海洋技术转移理论

海洋技术转移是人类通过相应活动进行海洋科学技术传播的过程，是海洋技术从供给方向受用方转移的动态过程。

海洋技术转移产生的原因在于发达国家和发展中国家，或者发达地区和欠发达地区存在的技术差距。由于存在技术差距，两国或两地区之间产生了技术贸易。随着技术贸易的扩大，发展中国家或欠发达地区因示范效应而进行该项技术的引进或研发，因此与发达国家或发达地区的技术差距逐步缩小直至差距消失。

海洋技术转移动力机制的效果主要取决于技术需求国或地区对新技术的需求时滞、所转移的新技术在技术需求国的扩散速度、技术需求国或地区对新技术的模仿时滞以及技术需求国或地区的新技术在生产者中的采用速度。

海洋技术转移按生命周期可分为新生期、成长期和成熟期三个阶段。在此过程中产品的技术含量逐步降低，产品性质呈现先由知识密集型向资本密集型转变，再由资本密集型向劳动密集型逐步转变；海洋技术的区位由最初的发明创新国家或地区向其他发达国家、发展中国家及地区转移，该过程以技术垄断优势为基础，实现了生产要素在空间上的集中使用和时间上的分段利用。

二、海洋技术转让理论

海洋技术转让是指海洋技术在新的环境中被引进、获取、吸收和掌握四者有机结合的过程，在这个过程中海洋技术使用权实现转让，但海洋技术的所有权并未改变，也就是说海洋技术转让是海洋技术的持有者将其拥有的海洋技术及其相关权利转移给他人并通过法律途径获得补偿的行为。

三、海洋技术扩散理论

海洋技术扩散是海洋科技成果转化活动的重要环节，实质上就是海洋科技成果通过一定的渠道在潜在使用者之间分享使用的过程。海洋新技术的效益主要来自它的扩散，取得更广泛效益的前提是将海洋新技术进行有效的扩散，也就是海洋新技术的潜在使用方能够完全独立地掌握海洋新技术。

海洋技术的扩散过程是一个模仿过程，一个企业是否采用新技术很大程度上取决于其他企业是否采用新技术。如果采用新技术的企业越来越多，那么其他未采用新技术的企业受影响就会不断加入采用新技术的行列，从而使这项新技术得到扩散。

海洋技术的潜在采用者是否采用新技术，取决于海洋技术扩散信息的积累效果与潜在采用者所面临的创新技术的阻力水平之间的比较关系，如果海洋技术扩散信息的积累效果大于潜在采用者所面临的创新的阻力水平，扩散就会发生，否则不会发生。

海洋技术扩散有三种类型：一是扩展扩散。扩展扩散表现为空间上的连续扩展。这种扩散与距离密切相关，距离越近，扩散效应越明显。二是等级扩散。等级扩散是指海洋技术按照一定的等级序列顺序扩散，其取决于技术扩散源地区与接受技术地区的位势差。三是位移扩散。位移扩散是指由于技术移民或其他形式的技术人口流动而引起的海洋技术扩散。

海洋技术扩散的时间遵循一个"S"形曲线，分为"初期阶段""起飞阶段"和"衰落阶段"。在海洋技术扩散的初期阶段，企业对新技术了解少，引进技术的风险很大，因而采用者少，扩散速度慢。随着技术扩散的推进，新技术被更多的企业所了解，采用该技术的风险降低，引进该项技术的企业大量增加，技术扩散速度不断加快，这一时期即为"起飞期"。"起飞期"持续一段时间后，随着采用该项技术的企业比例不断增加，该项新技术被大多数企业所掌握，技术扩散的速度就会逐渐降低直至扩散停止，这时就进入了技术扩散的"衰落阶段"。

四、涉海产学研合作理论

涉海产学研合作是指在市场经济条件下，海洋科研机构、涉海高校、涉海企业等相关主体结成联盟，进行知识的生产、传递、吸收、掌握的复杂的、动态的过程。涉海产学研合作的三方基本主体以及政府和其他参与者可被视为一个利益共同体。也就是说，涉海产学研合作主要是指三方主体在海洋技术研发、海洋技术转移、海洋产品生产交易等方面的有效合作，旨在实现三方互利互惠共同发展的良性循环。其中，涉海高校、海洋科研机构是海洋技术的提供方，涉海企业是海洋技术的使用方。涉海产学研合作包含海洋技术从提供方流向使用方的过程，同时包含涉海企业为海洋科研工作提供必要资金和根据生产需求为海洋科研机构和涉海高校提供研究课题的过程。涉海产学研合作强调的是一种相互作用、相辅相成的关系，即海洋技术提供方向海洋技术使用方提供技术成果，而使用方为提供方提供资金支持，这形成一种双向的均衡状态。

第四节 海洋科技的贡献理论

2013 年 7 月 30 日，习近平总书记在主持中共中央政治局第八次集体学习时指出："21 世纪，人类进入了大规模开发利用海洋的时期。海洋在国家经济发展格局和对外开放中的作用更加重要，在维护国家主权、安全、发展利益中的地位更加突出，在国家生态文明建设中的角色更加显著，在国际政治、经济、军事、科技竞争中的战略地位也明显上升……要发展海洋科学技术，着力推动海洋科技向创新引领型转变。建设海洋强国必须大力发展海洋高新技术。要依靠科技进步和创新，努力突破制约海洋经济发展和海洋生态保护的科技瓶颈。要搞好海洋科技创新总体规划，坚持有所为有所不为，重点在深水、绿色、安全的海洋高技术领域取得突破。尤其要推进海洋经济转型过程中急需的核心技术和关键共性技术的研究开发。"[1] 党的二十大报告提出了"维护海洋权益""发展海洋经济，保护海洋生态环境，加快建设海洋强国"，这既是新时代海洋工作的指导方针，也同时为海洋事业的发展提出了更为广泛的新的要求。这些重要论述清楚地表达了海洋在国家和社会发展中的现实作用和战略意义。

海洋科技是加快建设海洋强国的重要基础和保障，是海洋强国建设的驱动力，也是实施海洋强国战略的迫切需要。本章从抢占海洋战略制高点、提高海洋开发能力、发展现代海洋产业、服务和保障民生等方面阐述维护国家海洋权益、保障国家资源安全、推进海洋经济高质量发展和建设海洋生态文明对海洋科技发展提出的重点战略需求。

---

[1] 习近平. 进一步关心海洋认识海洋经略海洋　推动海洋强国建设不断取得新成就[N]. 人民日报，2013-08-01（1）.

一、海洋科技推动沿海国抢占海洋战略制高点并维护和拓展海洋权益

海洋是实现可持续发展的重要战略空间。进入 21 世纪后，世界海洋开发已向纵深发展，利用和控制全球海洋战略通道，发展海洋经济、拓展海洋战略利用成为世界主要沿海国家的共识，各沿海国家纷纷制定发布海洋战略和政策，加强对海洋的利用，以期在维护和拓展各自海洋利益时抢占先机。国际海洋事务也随之围绕创立国际海洋法新规则、抢占海洋科技"制高点"、开展海洋合作等问题发生变化。世界海洋科技的快速发展将推动海洋竞争格局、国家间财富分配和海洋开发方式的诸多变革。

第一，21 世纪以来，世界科技发展进入新一轮的密集创新时代，世界主要沿海国家高度重视海洋事业的发展，纷纷加大海洋科技投入，加大对海洋科技关键技术研发的部署，大力发展海洋生物医药业、海水综合利用业、海洋可再生能源产业以及深海资源勘探开发等海洋高技术产业。绿色、低碳成为海洋经济发展的重要趋势，海洋新兴产业的发展成为海洋经济发展的重点领域。深海高技术作为战略性高技术，不断取得突破，带动了相关的海洋新兴产业发展，已成为新一轮全球经济竞争的战略制高点。

第二，海洋高技术的不断突破和发展正不断地改变着某些沿海国家的发展方式。例如，由于深海技术的迅猛发展，文莱、挪威、巴西、越南等国家已成为世界深水油气开发国和出口国，综合国力和国家竞争力显著增强。世界海洋大国在利用海洋高技术开发传统海洋资源的同时，也正在依赖海洋科技创新不断地探索新的海洋战略资源和能源，不断拓展国家发展空间。

第三，新一轮的"蓝色圈地"运动兴起，申请大陆架划界、设立公海

保护区以及申请国际海底区域新资源已成为必然趋势。强化对南北极地区的战略性研究、深海资源的探采以及国际海底划界保护等方面法律法规的构建已成为国际热点。目前中国经济已经深度融入全球和区域一体化，已经是高度依赖海洋的经济体系，国家利益边疆已经深入深远海。中国在深海大洋已经有广泛的国家利益，商船队遍及世界大洋。因此，商船活动到哪里，海洋调查研究和海洋学服务就应该提供到哪里。这就要求海洋调查研究要从近海走向深海大洋，也就要求国家海洋利益拓展到深海大洋，海洋技术装备发展也必须从近海走向深远海。对公海区域和国际海底区域的探采及利益维护都取决于深海技术和装备的发展水平。海上通道安全是中国海洋安全的"瓶颈"问题，我国对中国军舰难以正常通行的西太争议深海区以及关键海峡等军事敏感区，仍有许多海洋环境信息未掌握。因此，我国仍需要发展海上无人探测系统以获取相关海洋环境信息，这对维护国家海洋安全利益具有重大战略意义。

第四，海洋科技的发展必须依赖全球海洋观测和监测。全球气候变化、风暴潮、海啸等关系全球变化、海洋生态安全和人类健康的重大问题将是海洋科学研究的重点和热点，都需要海洋工程装备和技术的支撑。

第五，国际海洋事务不断发展变化为海洋科技创造更大贡献提供新的机遇。2021 年 1 月，"联合国海洋科学促进可持续发展十年"正式启动。实现清洁的海洋、健康而有弹性的海洋、可预测的海洋、安全的海洋、可持续生产性的海洋、透明且可达的海洋，已成为当前和未来十年海洋发展的主要内容。这些海洋领域的发展都需要海洋科技和装备的支撑。

二、海洋科技驱动海洋开发能力提升，保障国家资源能源安全

资源安全是保障国家经济安全和可持续发展的重要基础。改革开放40 多年来，中国经济快速发展，已成为世界第二大经济体。党的十九届

五中全会通过的《中共中央关于制定国民经济和社会发展第十四个五年规划和二〇三五年远景目标的建议》提出"十四五"时期及至 2035 年期间，我国将"加快构建以国内大循环为主体、国内国际双循环相互促进的新发展格局"。我国经济发展对各类自然资源的消费和需求呈现持续增加态势。而我国重要矿产资源存在三方面风险。一是部分矿产资源供给潜力不足。根据 2018 年数据计算，我国锡矿和锑矿的可采年限只有 10 年左右，金矿和锂矿的可采年限不足 15 年。能源方面，我国石油和页岩气的可采年限约 20 年。此外，铬铁矿等资源严重短缺，长期依靠进口。二是部分战略矿产对外依存度高。目前我国的战略矿产主要有 24 种，其中部分战略矿产的国内供给能力较弱，资源对外依存度明显偏高。2019 年全国原油进口量为 5.07 亿吨，进口量居全球第 1 位，对外依存度达 77.9%。天然气进口量达到 1342.6 亿立方米，进口量居世界第 1 位，对外依存度为 43%。铁矿石对外依存度达 86.4%。三是部分资源进口渠道过于集中。2019 年，我国铬铁矿进口 78% 来源于南非，镍矿进口 95% 来源于菲律宾和印尼，钴矿进口 95% 来自刚果（金）。[①]资源对外依存度较大的矿种进口渠道集中，容易形成卖方垄断，也会由于来源地政局不稳定造成矿种供应链不稳定。自然资源将会成为我国未来经济发展的重要制约因素，也会影响到国家安全。因此，海洋作为能源、生物资源、水资源、空间资源和金属矿产资源基地，接替新资源基地的经济和战略意义十分突出。

（一）勘探开发深海矿产资源以提高战略金属储备，迫切需要海洋科技发展

锰、钴、镍等金属是我国的战略资源。深海多金属结核、富钴结壳

---

① 余良晖. 构建矿产资源国内国际双循环思考[J]. 中国国土资源经济，2020, 33（11）:7.

和热液硫化物分布区已成为人类社会发展的战略资源储备地。勘探、开发深海多金属结核、富钴结壳和热液硫化物资源成为未来国际竞争的热点领域。海底热液硫化物富含铜、锌、金、银等金属元素，一般处于水深 1000 ~ 3500 米的位置，是国际高度关注的海洋区域之一。深海还蕴藏着丰富的多金属结核和富钴结壳，多金属结核分布于太平洋、大西洋和印度洋水深 4000 ~ 5500 米的海底，富含铜、镍、钴、锰等金属元素。富钴结壳富含钴、镍、锰、铂等金属，主要分布在水深为 800 ~ 3500 米的海山。此外，海洋中生存着 100 多万种人类未知的生物，发达海洋国家正在开展深海生物技术研究，未来这将是一个颇具潜力的海洋新兴产业发展领域。勘探开发深海多金属结核、富钴结壳和热液硫化物对海洋工程装备和海洋科技发展水平都有很高的要求。

（二）开发利用深海油气资源和海洋可再生能源需要大力发展海洋科技

石油天然气资源是国家经济发展的重要战略能源。我国石油天然气储量在国际竞争中不占优势。根据英国石油公司（British Petroleum，简称BP）发布的数据，2015 ~ 2019 年，我国石油天然气探明储量不断增长。2019 年，我国石油查明储量为 261.9 亿桶，但是占全球比重非常低，仅为 1.51%。我国天然气查明储量为 8.4 万亿立方米，较 2018 年增长明显，但是在全球范围比较，仅占全球的 4.23%。2020 年国内原油对外依存度达到 73.5%，天然气对外依存度达到 42.0%。[①]预计未来我国油气对外依存度仍将继续上升，保障能源安全成为关键问题，构建全面开放条件下的油气安全保障体系成为当务之急。我国管辖海域面积近 300 万平

---

① 我国石油天然气储量占全球比重低，原油对外依赖超过 7 成比例[EB/OL].（2021-03-03）[2022-01-11]. https://www.xianjichina.com/news/details_255265.html.

方千米，发育 31 个沉积盆地，盆地总面积约为 170 万平方千米，预测远景资源量 115 亿吨油当量。[①] 2021 年，我国海洋原油产量增量超过全国增量的 80%，海洋原油已成为我国原油产量增长的主力军。[②] 缓解我国能源的紧张局面，需要加大海洋油气资源的开发力度。我国深水油气勘探开发起步较晚，但经过近 20 年的技术攻关和自主创新，我国海洋石油已相继攻克深水、高温、高压领域三大世界级油气勘探开发难题，形成了一整套具有中国特色的深水油气资源勘探开发技术体系，使我国跃升成为全球少数能够自主开展深水油气勘探开发的国家之一。2021 年，我国首个自营勘探开发的 1500 米深水大气田"深海一号"在海南陵水海域正式投产，这标志着中国海洋油气勘探开发迈向"超深水"，是中国深水油气勘探开发取得的重要进展。[③] "深海一号"大气田是中国自主发现的水深最深、勘探开发难度最大的海上深水气田。未来，我国大力勘探开发深水油气资源亟须高端工程装备和海洋科技的支撑。

天然气水合物是一种新型潜在能源，具有巨大的能源潜力，引起世界各国的高度关注。根据《中国矿产资源报告 2018》显示，海域天然气水合物资源量约为 800 亿吨油当量。[④] 我国是能源短缺国家，政府高度重视海域天然气水合物资源的调查研究。自 1999 年在南海海域开始开展天然气水合物探测以来，2017 年我国海域天然气水合物试开采取得了历史性突破。未来如何尽快开发利用海域天然气水合物这一规模巨大的潜在能源，需要全方位、多层次地开展各项调查研究，并进行技术、经济和

① 中国地质调查局. 中国地质调查百项成果[M]. 北京：地质出版社，2016.
② 王震，鲍春莉. 中国海洋能源发展报告 2021[M]. 北京：石油工业出版社，2021.
③ "深海一号"气田开发钻完井作业全部完成[EB/OL].（2021-04-15）[2023-03-16]. http://hi.people.com.cn/n2/2021/0415/c231190-34677558.html.
④ 中华人民共和国自然资源部编. 中国矿产资源报告 2018[R]. 北京：地质出版社，2018.

环境评价，加快商业化开发进程，这都需要深海开采技术和研究开发相关关键技术的支撑。

随着世界经济的发展，传统能源短缺将成为人类面临的重要问题，开发和利用新能源和可再生能源成为重要选择，而海洋可再生能源的开发利用前景十分广阔。我国非常重视海洋可再生能源的开发利用，将其作为战略性资源开展技术储备。但海洋再生能源开发利用也面临开发难度较大、能量密度不高、能量稳定性较差、能量分布不均匀等难题，海洋能技术研发还面临着诸多风险和不确定性。[1]目前，中国的潮汐能技术已达到商业化运行阶段，具有代表性的是装机功率为 4.1 兆瓦装机功率的江夏潮汐试验电站[2]。潮流能最大单机装机功率为浙江大学研制的 650 千瓦[3][4][5]机组，总装机功率最大的是浙江舟山联合动能研制的 1.7 兆瓦的潮流发电站，现已实现并网发电[6]。波浪能电站上网单机装机功率最大的为中国科学院广州能源研究所研制的 500 千瓦电站[7]。自然资源部第一

---

[1] 刘伟民，麻常雷，陈凤云，等. 海洋可再生能源开发利用与技术进展[J]. 海洋科学进展，2018，36（1）:18.

[2] Li Y, Pan D Z. The ebb and flow of tidal barrage development in Zhejiang Province, China[J]. Renewable & Sustainable Energy Reviews，2017，80: 380-389.

[3] Li Y, Liu H, Lin Y, et al. Design and test of a 600-kW horizontal-axis tidal current turbine[J]. Energy, 2019, 182（SEP.1）:177-186.

[4] 高效水平轴650kW海流能发电机组优化后再运行——单机功率最大![EB/OL].（2020-01-19）[2020-04-08]. http://me.zju.edu.cn/mecn/2020/0119/c6200a1957587/page.htm.

[5] Technology Collaboration Programme on Ocean Energy Systems. OES annual report[R]. Lisbon:Ocean Energy Systems（OES），2019.

[6] Technology Collaboration Programme on Ocean Energy Systems. OES annual report[R]. Lisbon:Ocean Energy Systems（OES），2018.

[7] "南海兆瓦级波浪能示范工程建设"项目首台500kW鹰式波浪能发电装置"舟山号"正式交付[EB/OL].（2023-03-16）[2020-07-01]. http://www.giec.cas.cn/ttxw2016/202007/t20200701_5614043.html.

海洋研究所研制的 15 千瓦温差能电站已实现试验机组发电①；盐差能技术尚处于实验室验证阶段②。我国在发电关键技术能量转化效率方面总体上接近国际先进水平，但在装机功率、海试时间及装置可靠性上与先进水平仍存在一定的差距③。未来我国仍需加大投入研发关键获能技术，开展海洋能装备共性技术的研发，以提高海洋能装置运行的可靠性和安全性。同时，积极开展海洋能绿色技术和海洋能综合利用的研究，促进海洋能关键技术的转化，推动海洋能装备的产业化进程。

三、海洋科技助力推进海洋经济高质量发展

近 20 年来，我国海洋经济规模不断扩大，海洋经济实力显著增强，海洋产业结构和空间布局不断优化。"十三五"期间，2016—2019 年，我国海洋生产总值保持在 6% ～ 7%，2020 年由于疫情因素，海洋生产总值比上年下降 5.3%。全国海洋总产值占国内生产总值比重在 9% 以上，海洋经济成为国民经济的重要增长极。但是，目前我国海洋经济仍以海洋传统产业为主，海洋新兴产业和海洋高端服务业规模较小，航运服务业和邮轮游艇业刚起步，海洋经济发展整体水平还有待进一步提升，海洋产业发展中的重要领域和关键环节仍存在着质量不高、水平较低、关键技术受制于人、核心竞争力不强，以及区域海洋经济发展同质同构现象。因此，海洋产业结构优化调整迫切需要海洋科技的引领和推动，亟须大力发展海洋科技和海洋工程装备，推动海洋经济实现高质量发展。

① European Commission. Blue energy:Action needed to deliver on the potential of ocean energy in European seas and oceans by 2020 and beyond[R]. Brussels:European Commission, 2014.

② Huckerby J, Jeffrey H, Jay B. An international vision for ocean energy[R]. Lisbon:Ocean Energy Systems (OES), 2011.

③ 刘伟民，麻常雷，陈凤云，等. 海洋可再生能源开发利用与技术进展[J]. 海洋科学进展，2018，36（1）:18.

（一）转型升级海洋传统产业需要依赖海洋科技进步

我国的海洋传统产业主要包括海洋渔业、海洋油气业、海洋船舶工业、海洋盐业及化工业。目前，我国海洋传统产业发展方式较为落后粗放，整体上表现出增长缓慢、效益下降的态势。海洋传统产业的发展需要重新调整发展思路，转变增长方式，依赖海洋科技进步和海洋高新技术，拓展开发领域并优化海洋资源利用，以实现海洋传统产业的转型升级。

（二）培育和壮大海洋新兴产业必须大力发展海洋科技

海洋新兴产业体现一个国家未来利用海洋的潜力，直接关系到一个国家能否占领世界经济科技的制高点，掌握发展先机和竞争主动权。近十年来沿海发达国家纷纷调整国家战略，制定法律、制度和政策，将大力培育和壮大海洋新兴产业作为推动经济发展模式转变的驱动力之一。

目前，海洋科技领域的突破已经推动海水淡化和综合利用、海洋可再生能源发电、海洋生物医药等多个领域发展。这些领域显露出巨大的产业前景，部分项目进入商业化阶段实现了规模化生产。海洋油气勘探开发、海洋工程建筑、海洋装备制造呈现出前所未有的发展态势。深海油气资源、多金属结核、海底天然气水合物、热液硫化物、深海生物基因资源已从最初的科学探索向商业化开采阶段迈进。战略性新兴产业是"十四五"期间国民经济发展的重点领域，海洋将是培育和壮大海洋新兴产业的重要力量之一。要大力发展海洋装备产业和海洋科技创新，积极促进海洋科技成果转化，加大海洋高技术产业化推进力度，推动海洋新兴产业进一步提升技术含量，提高附加值和资源利用效率，推动我国海洋经济向更高层次迈进。

（三）东部地区加快推进现代化需要海洋科技的引领和支撑

"十四五"规划确定了推进西部大开发形成新格局、推动东北振兴取得新突破、开创中部地区崛起新局面、鼓励东部地区加快推进现代化和支持特殊类型地区发展的区域协调发展战略。东部地区加快推进现代化迫切需要海洋新兴产业领域的高技术研发，以海洋科技创新和加速科技成果转化推动海洋经济产业链延长，形成资源利用效率高、污染物排放少、科技含量高、经济效益好的新型海洋产业发展模式。

四、为民生发展和海洋生态文明建设提供保障

立足新发展阶段、贯彻新发展理念、构建新发展格局，提高民生福祉是"十四五"规划的重要内容和主要目标。随着海洋在国民经济和社会发展中战略地位的提升，海洋在保障民生发展、提供生态系统服务等方面将起到越来越重要的作用。

（一）开发海洋生物资源和保障海洋食品安全迫切需要海洋科技的支撑

海洋生物资源是人类重要的食物来源和可再生的重要战略性资源。2020年，我国人均消费水产品量为13.6千克[①]，未来随着我国人口数量的增加，对水产品的需求将不断增加。海洋渔业资源的开发和利用将在粮食安全和提供具有潜在价值的海洋生物资源方面起到重要作用。目前，我国近海渔业资源仍需养护，亟须发展近海渔业资源养护技术，包括近海渔业资源监测技术、增殖放流技术和海洋牧场建设技术等。随着我国近海传统重要经济种类的衰退，发展远洋渔业成为我国国民经济和社会发展的战略需求。目前，我国每年远洋渔业产量超过200万吨，如果以

---

① 农业农村部渔业渔政管理局，全国水产技术推广总站，中国水产学会编制.中国渔业统计年鉴2020版[M].北京：中国农业出版社，2020.

养殖同样数量水产品所需饲料粮为标准折算，其相当于 800 多万吨粮食。若以蛋白质含量折算，则相当于 125 万吨猪肉。因此，远洋渔业为我国国民经济和社会发展提供了重要的食物来源。远洋渔业相当于为我国增加了耕地资源。

我国海水养殖产量位居世界首位，是世界上唯一海水养殖产量超过海洋捕捞产量的国家。海水养殖是保障我国粮食安全的重要途径。提高海水养殖效率迫切需要提高海水养殖自动化程度、大力发展深海离岸大型网箱养殖、研究与运用现代育种技术、研发高效环保的人工饲料、开展疫苗研制及病害防治领域的技术创新。

海洋食品安全是受到各国政府及消费者高度关注的焦点问题。未来仍需创新海洋食品安全科技，实现"让人民群众吃上绿色、安全、放心的海产品"。

（二）进入新发展阶段人民群众对良好的海洋生态环境的需求更加迫切

目前，我国近岸海域环境恶化趋势尚未得到根本遏制，局部海域环境改善尚不稳固，海洋灾害多发，这对沿海地区人民群众的生产生活都造成了巨大威胁。随着我国进入新发展阶段，人们对美丽海洋和建设海洋生态文明的需求和期待更加迫切。2021 年 8 月，自然资源部发布通知，要求建立健全海洋生态预警监测体系。因此，掌握和预测海洋动力环境变化规律，建立近海生态环境监控监测网络是提高灾害性极端气候事件以及海洋生态系统变化预警能力的关键。这些都需要通过海洋生态和环境工程建设来改变我国海洋环境现状，缓解海域生态压力，维护海洋生态健康，提高海洋环境安全保障能力和抵御海洋灾害能力。这也是建设海洋生态文明不可或缺的内容。

02

第二章

中国海洋科技政策发展

党的十八大提出建设海洋强国的战略目标后，我国把推动海洋科技发展作为发展海洋事业的一项重大战略举措。研究我国海洋科技政策70多年的发展历程，有助于掌握海洋科技的发展规律，进一步提升海洋科技发展水平，为加快海洋强国建设提供更有力的支撑。本章从我国海洋科技发展实践出发，分阶段梳理我国自1949年以来海洋科技政策的发展历程，重点分析阐述十八大以来我国海洋科技政策的新发展，探讨我国海洋科技持续稳步发展的学理基础和指导方向，在此基础上总结我国海洋科技发展取得成功的经验及启示。

第一节　中国海洋科技政策的发展历程

一、起步发展阶段（1949—1957年）

中华人民共和国成立初期，我国海洋人才和装备都极缺乏。为改变这一落后状况，国家组建了一些专业海洋机构，出台了相关海洋规划，开展了一些海洋调查，为我国海洋科技发展和相关政策制定奠定了基础。

（一）组建了一批海洋科教机构和学术团体

1949年，原在上海的农林部中央水产实验所迁至青岛，1950年7月更名为中央人民政府食品工业部水产实验所，1951年4月又更名为中央人民政府农林部水产实验所，1955年3月再更名为中华人民共和国农林部水产实验所，1956年10月，最后更名为中华人民共和国水产部黄海水产研究所，为国家区域性海洋渔业科研机构。1957年，广东省水产厅水产实验所改建为水产部所属中国水产科学研究院南海水产研究所。

1949年，中国科学院科学家童第周、曾呈奎联名致信时任中科院副院长的陶孟和与竺可桢，建议在青岛成立中国科学院海洋研究所。1950年8月，中国科学院水生生物研究所建立青岛海洋生物研究室，这成为中华人民共和国的第一个专门从事海洋科学专业研究的部门，它的成立标志着中国海洋科学全面、系统、规模化发展的开始。1957年9月该生物研究室扩大建制，更名为中国科学院青岛海洋生物研究所。1959年1月，再扩建为中国科学院海洋研究所。从此，该所由单一的海洋生物研究转向多学科综合性发展，是中国第一个专门从事海洋科学研究的机构，成为中国海洋科学研究的主力军。1954年，中国人民解放军海军医学研究所创建于北京，1959年迁到上海，这是中国第一个海洋军事医学科研机构。1959年1月，中国科学院南海海洋研究所成立，该所是以研究热带海洋为主的综合性海洋研究所。

1950年1月，秉志、王以康、朱树屏等在上海发起成立中国海洋湖沼学会，这是中华人民共和国第一个全国性群众海洋学术团体，为海洋科技人员提供了学术交流的园地。1955年7月，中国海洋湖沼学会会址迁往青岛。1957年，中国第一个海洋科学专业学术刊物《海洋与湖沼》创刊，为海洋科学工作者发表学术观点提供了舞台。

1951年2月，中国科学院接收原中国海洋研究所，改组为中国科学院水生生物研究所厦门海洋生物研究室。1952年8月，山东大学成立海洋系，厦门大学海洋系部分专业并入山东大学海洋系。1959年3月，山东海洋学院成立，从此中华人民共和国拥有了第一所专门培养海洋人才的高等院校。1952年11月，我国第一所本科水产高校——上海水产学院成立，设有海洋渔业、水产加工、养殖生物等系。

到1957年，中国海洋科技机构包括三所、两室、一院、一系、一学会，即中华人民共和国水产部黄海水产研究所、中国科学院青岛海洋生物研究所、中国水产科学院南海水产研究所、厦门海洋生物研究室和中国科学院海洋生物研究室、上海水产学院、山东大学海洋系、中国海洋湖沼学会，这些机构为现代中国海洋科学进入全面发展时期做了较为充分的组织和学术准备。

（二）出台我国首部海洋领域规划

1956年，中国政府提出"向科学进军"的口号。1956年10月，国务院科学规划委员会制定了《1956年至1967年国家重要科学技术任务规划及基础科学规划》，该规划的实施对我国海洋科技发展产生了重大影响。该规划将"中国海洋的综合调查及其开发方案"列为国家"十二年科技规划"的第七项，共有四个中心课题，即开展中国近海综合调查；建立海洋水文气象预报系统；开展有关海洋生物资源的调查研究；开展有关国防、交通的海洋学问题的研究。这是中国首次将海洋科学研究列入国家科学技术发展规划，这表明了国家对海洋科学的重视与支持。同时，这也为中国海洋科学的发展勾画出一幅宏伟蓝图，指明了方向。1957年，中共中央发布《1956年到1967年全国农业发展纲要（修正草案）》，其第十九条规定：海洋捕捞业要实行"争取向深海发展"的方针。

（三）着手开展大规模的海洋综合调查工作

中华人民共和国成立以前，海洋调查只局限在海洋生物学调查和海岛测量领域，其后逐步开始组织海洋综合调查。1953年，农林部水产试验所、中国科学院水生生物研究所青岛海洋生物研究室、山东大学等单位联合开展了"烟台、威海渔场及其附近海域的鲐鱼资源调查"。这是中华人民共和国成立后进行的首次海洋调查。1957年，国务院科学规划委员会海洋组组织了对渤海、渤海海峡及黄海西部海域的，以物理海洋学为主的多学科多船同步观测，较系统地调查了该海区的水文、生物、化学和地质特征，掌握了多种海洋要素的相互影响情况和一些变化规律。中国科学院青岛海洋生物研究所，根据同步观测资料和调查资料，编写了《1957年6月至1958年8月渤海及北黄海西部综合调查报告》。这次调查标志着中国海洋调查，由单一学科调查向多学科综合性调查转化，开启了全国海洋综合调查的序幕。

二、缓慢发展阶段（1958—1978年）

这一时期，中国海洋科技虽然受三年经济困难和"文化大革命"的影响与冲击，但仍然得到了稳步发展，基本上机构健全，学科齐备，科技人员数量上万，成果卓著。"文化大革命"时期，尽管面临发展形势严峻的局面，但国家仍注重海洋科技的研发和人才的培养。与国际上其他国家相比，中国投入海洋研究的人力和调查船的吨位，具有世界一流水平。某些领域的科研工作，例如海洋生物学、浅海声学等，达到了国际先进水平。[①]

（一）初步确立国家海洋管理体制机制

1964 年 1 月 4 日，国家科委党组向中共中央建议成立国家海洋局，并提出了国家海洋局的职责与任务。1964 年 2 月 11 日，中共中央批复，同意在国务院下成立直属的国家海洋局。1964 年 7 月 22 日，第二届全国人民代表大会常务委员会第一二四次会议批准，成立了中国海洋事业专门的政府管理机构——国家海洋局。国家海洋局的成立是中国海洋事业发展史上的重要里程碑，是中国海洋科学和海洋管理发展史上的重要一页。

国家海洋局成立后开展了以下几项重要工作：一是调整组建了一批海洋科技研究机构，二是落实海洋发展规划任务，三是组建海洋调查船队及相应的海区管理机构，四是组织开展了全国海岸带和海涂调查，五是组织海洋仪器研制以及海浪预报方法、海水淡化技术研究[②]。

1965 年，国家海洋局在青岛、宁波、广州分别设立了北海分局、东海分局、南海分局，在天津成立了海洋情报所和海洋仪器研究所，在北京组建了海洋水文气象预报总台，初步确定了国家海洋局及其所属机构和人员编制。国家海洋局开展了海洋科研调查机构的调整，国家海洋局第一海洋研究所由天津迁往青岛，中国科学院浙江海洋工作站组建为国家海洋局第二海洋研究所，原中国科学院东部海洋研究站更名为国家海洋局东北海洋工作站，将已组建的一、四、七海洋调查大队正式分别划

---

① 曾呈奎，徐鸿儒，王春林. 中国海洋志 [M]. 郑州：大象出版社，2003.

② 徐鸿儒主编. 中国海洋学史 [M]. 济南：山东教育出版社，2004.

归北海分局、东海分局和南海分局。

国家海洋局的成立大大推动了海洋事业的发展。截至 1978 年底，调查人员从最初的几百人发展到几千人，机构数量增加，调查船从最初 4 艘增加到几十艘。国家海洋局成立后，相继组织起草并配合立法机关推出了《中华人民共和国领海及毗连区法》《中华人民共和国专属经济区和大陆架法》《中华人民共和国海洋环境保护法》《中华人民共和国铺设海底电缆管道管理规定》《中华人民共和国涉外海洋科学研究管理规定》以及《中华人民共和国海洋倾废管理条例》等法律法规，逐步形成了中国较为完整的海洋法律法规体系。

（二）实施海洋科学事业规划管理

1963 年 5 月，国家科委海洋专业组主持制定了《1963—1972 年海洋发展规划》，为海洋科学的进一步大发展指明了方向。其总的方针是继续进行中国海的综合调查，积极为深海远洋调查准备条件，以解决吃穿用和国防建设中的海洋学问题为重点，为长期生产建设和探索海洋基本规律做理论准备。

（三）开展划时代的全国海洋普查

1958 年至 1960 年，我国开始全面实施全国海洋综合调查。1958 年 5 月，国家科委海洋组成立了由海军、中国科学院、水产部、交通部、中国气象局、山东大学等部门的 8 名人员组成的全国海洋普查领导小组。1958 年 9 月 15 日，黄海、渤海调查队和东海调查队的调查船分别从青岛和上海出发开始实施全国海洋普查工作。此次调查是我国划时代的全国海洋普查，其主要目的是通过对中国近海进行系统全面的综合调查，编绘海洋物理、海洋化学、海洋生物和海洋地质地貌等图集、图志、撰写调查报告、学术论文，制定海洋资源开发方案，建立海洋水文气象预报、渔情预报系统，为加强国防和海上交通建设等提供必要的基础资料。此次调查的范围包括我国大部分近海区域，但受当时条件限制，对东海区台湾地区附近和南海区大片海域未能进行调查。

1960 年 1 月，全国海洋普查工作重点转入内业，即整理调查资料阶段，于 1960 年底结束。这次全国海洋普查共获得各种资料报表和原始记录 9.2 万多份，图表 7 万多幅，样品和标本 1 万多份。根据全国海洋调查取得的成果和实践经验，国家科委海洋组于 1961 年出版了我国第一部正式的海洋调查规范——《海洋调查暂行规范》，于 1964 年出版了《全国海洋综合调查报告》（10 册）、《全国海洋综合调查资料汇编》（10 册）和《全国海洋综合调查图集》（14 册）。[①]

全国海洋综合调查全面地推动了我国海洋科技事业的发展。一是培养了大批海洋科技人才，促进了我国海洋科学各分支学科的建立，形成了我国完整的海洋科学学科。二是促成了我国许多重要海洋机构的建立。三是开展了近海标准断面调查，为研究主要海洋现象的季节和年际变化以及异常海况等提供了宝贵的基础资料。

（四）开展了海洋领域的三大会战

1. 紫菜研究大会战

海藻在我国海水养殖业中占突出地位。中华人民共和国成立初期，包括碘在内的日常食品矿物元素十分匮乏。紫菜碘含量非常高。1964—1968 年，国家组织山东海洋学院、中国科学院海洋研究所、黄海水产研究所等 14 个科研机构的大批科学家，开展紫菜研究大会战，研究全人工养殖坛紫菜。到 20 世纪 80 年代末，全国紫菜全人工育苗能力达到 7360

---

① 徐鸿儒. 一次划时代的全国海洋普查——纪念全国海洋综合调查50周年[N]. 科学时报，2008-09-04（2）.

万壳，可满足 10 万余亩养殖所需。紫菜养殖也由 20 世纪 70 年代初的养殖面积不到 1 万亩、年产量超过 1100 吨，发展到近 10 万亩，年产量超过 1 万吨，增长 10 倍以上。[①]紫菜研究大会战全面胜利，开创了我国海水养殖业的先河，使我国成为世界上最大的海藻养殖国，为国家创造了超过百亿元的经济效益。这项科技成果获 1978 年全国科学大会奖。

2.海洋仪器大会战

中华人民共和国成立初期，我国海洋仪器设备非常落后。为改变这一局面，20 世纪 60 年代中期和 70 年代初，我国相继开展了两次"海洋仪器会战"。两次海洋仪器大会战基本改变了我国海洋观测、调查技术落后和海洋仪器设备几乎一片空白的状况，为加快我国海洋技术的发展奠定了坚实的基础。

1965 年 3 月，国家海洋局决定召集全国 10 余家有关单位，共 120 多名科技人员，投资 280 万元，组织我国第一次海洋仪器大会战，用一年左右的时间完成三大任务：一是完成当时国家急需的 46 项海洋仪器产品的研制。二是培养和锻炼一支又红又专的海洋仪器专业技术队伍。三是打造以山东省为主体的海洋研究基地。[②]46 项产品中，有 23 项在战役办公室进行研制，其余分别在山东海洋学院、中国科学院声学所东海工作站、天津气象海洋仪器厂等单位进行研制。到 1966 年底会战结束时，会战办公室负责研制的 23 项产品全部合格，并通过鉴定审查。这些产品投产后，基本满足了当时近海调查需要，使我国的海洋仪器从 20 世纪三四十年代水平提高到 50 年代水平，个别达到 60 年代水平。第一次海

---

① 中国海洋研究的先驱和奠基者——朱树屏[EB/OL].（2011-10-11）[2022-01-29]. http://qdsq.qingdao.gov.cn/szfz_86/qdsj_86/2006d2q2006n7y_86/rw_86/202204/ t20220414_5498989.shtml

② 张善武.难忘的海洋调查岁月[N].中国海洋报，2009-04-28（A4）.

洋仪器大会战解决了我国常规海洋调查仪器和装备的国产化问题。这次会战培养和训练了一批海洋仪器专业技术人才，在此基础上成立了山东省科学院海洋仪器仪表研究所。

1971—1976 年，国家海洋局又组织 120 多名科技人员开展了全国第二次海洋仪器会战，具体由国家海洋技术中心负责。这次会战的重点是对雷达测波仪、走航测流仪、走航温盐深自动记录仪和激光电视等 6 项产品进行技术攻关。这次会战开发了一批国内急需的海洋调查观测仪器和标准计量设备，开创了我国研制海洋仪器及标准计量工作的新领域，填补了多项国内空白。第二次会战实现了海洋调查仪器与装备的现代化。

3.海水淡化大会战

我国水资源贫乏，尤其是沿海地区。20 世纪 60 年代，美国利用"相转化制膜法"研制出世界上第一张用于淡化水的反渗透膜，人工反渗透净水技术取得了划时代的突破。

我国海水淡化研究始于 1958 年对离子交换膜的研究，继而开展了电渗析装置的研制，于 1965 年开展反渗透研究。1967—1969 年，国家组织"全国海水淡化技术大会战"。在这次全国海水淡化大会战的基础上，1967 年我国组建了国家海洋局杭州水处理技术研究开发中心，这成为我国分离膜科研开发及成果转化的生产基地和国内外学术交流中心。全国海水淡化技术大会战是我国第一次大规模的反渗透技术攻坚，为我国反渗透膜的研制奠定了基础。这次大会战相继开发了多类膜及膜元件，从 20 世纪 80 年代起进入推广应用阶段。从 20 世纪 90 年代开始，海水淡化进入了大发展时期，并从 2000 年开始走向规模化应用。

三、长足进展阶段（1979—2010 年）

改革开放后，我国经历了从计划经济体制到市场经济体制的重大改

40

变，在海洋科技政策领域也显示出了这种深刻的变革。这一时期，我国提出并实现了"查清中国海，进军三大洋，登上南极洲"的目标，开展了大规模的海洋调查并取得了丰硕的成果，海洋自然科学领域的研究不断拓展，海洋社会科学领域的研究开始兴起。这一时期，我国海洋科技政策的重点领域从海洋传统产业逐渐扩大至海洋新兴产业，政策的覆盖面更加广泛，政策的统筹力度逐渐增强。海洋科技政策产生这一转变的动力源于海洋经济发展对综合性海洋科学技术的需求，制定跨行业、跨部门的海洋科技政策是解决此问题的重要举措。

（一）初步形成海洋科技管理体系

这一时期，我国海洋科技管理体制采用的是分散管理体制，全国有10个涉海部门，分别是农业部、水利部、国土资源部、化学工业部、轻工业总会、交通部、中国气象局、国家海洋局、中国科学院、中国海洋石油总公司，拥有海洋研究机构100多个，其中国家级的海洋科技机构有50个。教育系统涉及海洋学科领域的高校有近40所，中等专业学校有近30所。

中国科学院所属涉海科研单位包括海洋研究所、南海海洋研究所和声学研究所等。教育部涉海专业的高校包括中国海洋大学、上海海洋大学、大连海事大学。国家海洋局拥有局属事业单位12个，分别是国家海洋局第一、第二、第三海洋研究所，海洋技术研究所，国家海洋信息中心，国家海洋环境预报中心，国家海洋环境监测中心，海洋发展战略研究所，天津海水淡化与综合利用研究所，极地研究所，标准计量中心以及杭州（火炬）西斗门膜工业有限公司。农业部涉海科研机构包括中国水产科学院东海水产研究所、南海水产研究所、黄海水产研究所以及渔业机械仪器研究所等。化工部有海洋化工研究院。中国海洋石油总公司有中国海洋石油勘探开发研究中心。国土资源部有青岛海洋地质研究所。中国轻工总会有制盐研究所。

1.颁布海洋科技发展战略规划

这一时期，我国由计划经济向市场经济转变。海洋科技也面向经济发展主战场，我国科技体制随着经济体制变革发生变化，海洋科技发展模式转变为申请课题→科技创新研发→科技成果转化定型→进入市场。

1977年12月，国家海洋局在全国科学技术规划会议上，明确提出了"查清中国海、进军三大洋、登上南极洲，为在本世纪内实现海洋科学技术现代化而奋斗"的战略目标。1978年，国家对科技工作进行了全面的新部署，海洋科技政策也随之启动。1978年10月，中共中央发布《1978—1985年全国科学技术发展规划纲要》，海洋科技被正式列入其中。海洋科技的重点技术发展领域包括海洋捕捞、海水养殖、海上开采石油的技术和成套设备、现代化港口建设的新技术、大型专用船舶的研制以及航海新技术。

1987年1月20日，《国务院关于进一步推进科技体制改革的若干规定》中，提出了促进科技与经济结合方面的具体措施。从1987—1992年，在整个科技体制改革的背景下，从事海洋科技研究的科研机构及高校都相应地展开了体制改革探索。主要涉海管理部门都颁布实施了促进海洋科技成果转化的技术政策。国务院1982年出台了《1986—2000年科学技术发展规划》，1992年出台了《国家中长期科学和技术发展规划纲要》。其中，海洋科技政策的重点领域是海洋油气、海洋渔业、海洋交通运输、港口建设、海洋生物。海洋科技政策的重点从以往的基础性调查，转向以应用研究和技术开发为主，海洋渔业技术重点转向技术成果的推广。

我国第一个专门性的海洋科技发展战略规划直到 1989 年才正式颁布。1989 年 8 月，国家科委和国家海洋局联合印发《中长期海洋科学技术发展纲要》。这份纲要提出了到 2020 年中国海洋科技的发展战略和目标、重点任务和关键技术、支撑条件和主要措施等。这份纲要是中国第一个对海洋科技未来发展趋势进行时间跨度长达 30 年（1990—2020 年）的指导性文件，是中国 20 世纪末及 21 世纪初海洋科学技术发展的纲领性指南。

1993 年 2 月，国家计委、国家海洋局、国家经贸办联合下发海洋技术政策要点。同时，国家科委发布了中国科学技术蓝皮书第 9 号《海洋技术政策》，其中包括"海洋技术政策要点""海洋技术政策要点说明""海洋技术政策背景材料"三个主体部分。其中"海洋技术政策要点"是中国从 20 世纪末到 21 世纪初相当一段时期内，海洋科技发展的指导性文件。

1996 年 3 月，中国制定了《中国海洋 21 世纪议程》，提出"科教兴海"战略和海洋可持续发展战略。此后，实施"科教兴海"战略、统筹海洋科技政策、提升海洋科技战略地位的科技政策成为中国未来海洋科技政策的主要走向。1997 年，国家科委等颁布《"九五"和 2010 年全国科技兴海实施纲要》，其中确定了中国 2000 年和 2010 年海洋科技的发展目标、重点任务和重点项目。1998 年，国务院新闻办公室颁布《中国海洋科技事业发展》白皮书，为实施海洋可持续发展战略制定了一系列政策。

为了加强海洋科技创新，国家海洋局于 2001 年 9 月发布了《海洋科技成果登记暂行办法》。随后，国家海洋局又陆续印发了《国家海洋局重点实验室管理办法（试行）》《海洋公益性行业科研专项经费管理暂行办法》《中国极地科学战略研究基金项目管理办法》《国家海洋局青年海洋科学基金管理办法》等文件。

2. 实施海洋科技重大项目计划

这一时期我国开始国家高技术研究发展计划（简称"863 计划"）、国家重点基础研究发展计划（简称"973 计划"）和海洋科技攻关计划。这些计划中均有涉海项目。

"863 计划"是以政府为主导，以一些有限的领域为研究目标的一个基础研究的国家性高技术发展计划。1996 年 3 月，海洋领域正式列入"863 计划"。海洋领域的"863 计划"分为海洋监测技术、海洋生物技术、海洋探查与资源开发技术 3 个主题。

"973 计划"是由科技部 1997 年开始组织实施的国家重点基础研究发展计划。"973 计划"中的涉海科研项目以满足国家防灾减灾、海洋环境、海洋资源、海防安全等方面的需求为基本点，涵盖了物理海洋、海洋生物、海洋化学、海洋地质等重点学科。这些海洋领域科研项目的实施大大促进了国家海洋事业的发展，促进了我国海洋基础研究与国家目标的结合，凝聚和培养了一批优秀的海洋科技人才。"973 计划"在"六五"到"十一五"期间都列入了海洋科技的内容。如："六五"列入"全国海岸带和海涂资源综合调查"等；"七五"列入了"海洋环境数值预报研究"等；"八五"期间列入的项目包括"全国海岛资源综合调查及开发试验""灾害性海洋环境数值预报及近海环境技术研究""大陆架及邻近海域勘查和资源远景评价研究"等；"九五"期间列入的项目包括"海洋生物制品的研究及产业化关键技术""海洋药物研究与开发""海水淡化与直接利用（热泵等）""利用海水制取硫酸钾的关键技术研究"等；"十五"期间列入的项目包括"海洋化工高新产业技术升级""海洋环境预报及减灾技术研究"等；"十一五"期间列入的项目包括"重要海水养殖动物病害发生和免疫防治的基础研究""南海大陆边缘动力学及油气资源潜力"等。

从 1980 年到 2010 年，经过六个五年计划，国家科技攻关计划在海洋科技领域取得了一系列成果。一是通过南极科学考察，我国对南极自然资源和环境状况有了深入了解，为我国进一步开展南极的科学研究奠定了基础。二是通过南沙和西沙综合考察，我国初步掌握了南沙地块的基底和地壳结构类型，提出了南沙海域油气勘探的重点，为国家制定南沙和西沙海域政策提供了参考。三是在防灾减灾领域，我国科学家研制了海浪、厄尔尼诺和高分辨率风暴潮——近岸浪耦合数值预报模式，海气耦合嵌套的全球预报模式，以及多种影响评估与应用模式。四是在海洋资源开发利用领域取得诸多成果和突破。例如，我国在低温多效海水淡化技术领域取得了重要突破，建成了日产 3000 吨的海水淡化装置，80 万平方米海水冲厕示范工程；研制出适合我国海域特点的四种类型深水抗风浪网箱，建成了 3 条网箱生产线；成功研制封闭式海水工厂化养鱼系统工程，建成养鱼车间 2.5 万多平方米；研制出了鱼虾等水产养殖动物的病毒组织疫苗和一批水质改良剂；选育出中国对虾、扇贝、罗非鱼等新品种；研究测定了鲈鱼、大黄鱼和石斑鱼等代表性养殖种类的主要营养需求参数，开发出高效配合饲料，形成了适合不同区域低洼盐碱地和浅海滩涂的规模养殖技术体系，并研发出相应设施。

此外，推动高技术产业化的火炬计划、面向农村的星火计划、支持基础研究的国家自然科学基金等科技计划都涉及海洋领域。

2004 年国家海洋局组织实施了跨学科、跨部门的"我国近海海洋综合调查与评价项目"（简称"908 专项"）。该专项历时数年（2004 年至 2009 年），对我国近海开展了全面系统的调查和评价，构建了我国第一代数字海洋系统。

随着 2006 年国务院发布《国家中长期科学和技术发展规划纲要（2006—2020 年）》，我国科技发展战略的总方针有所变化，开始探索以自主创新为主的科技战略模式。随后，我国海洋科技领域的规划也开始探索以自主创新为主的战略模式。2006 年国家海洋局制定的《国家"十一五"海洋科学和技术发展规划纲要》、2008 年国家海洋局发布的《全国科技兴海规划纲要（2009—2015 年）》，着重强调自主创新、重点跨越，全面部署了海洋科技发展的指导思想、目标及措施，明确了海洋科技的方向。2008 年 2 月，国务院批复了《国家海洋事业发展规划纲要》，该规划指出应大力发展海洋高新技术和关键技术，扎实推进基础研究，积极构建科技创新平台，实施科技兴海工程，加强海洋教育与科技普及，培养海洋人才，继续拓展对外海洋科技合作，着力提高海洋科技的整体实力。

3. 海洋科技领域的投入快速增长

这一时期，我国对海洋科技越来越重视，海洋科技投入不断增加，尤其是 20 世纪 90 年代。由于涉及海洋领域的"863 计划""973 计划"、海洋科技攻关计划以及科技兴海专项等计划的实施，我国海洋科技经费投入迅速增长。1985 年，我国海洋科技经费为 1.3 亿元，到 1998 年达到 8.66 亿元，增长了 5.7 倍，而同期美国增长 40%，日本增长 50%。尽管我国海洋科技经费投入增长速度快，但从投入数量和占国内生产总值比重来看，与美、日、英、德等发达海洋国家差距很大。以 1994 年为例，美国海洋科技投入占国内生产总值的比重为 2.5%，而我国仅为 1.3%。从海洋科技投入经费的绝对量来看，美国是我国的 25 倍。海洋科技经费投入不足直接导致我国海洋科技装备和技术的落后。例如，我国海洋调查船多数都较为落后，使用效率较低。发达国家的调查船每年大约使用

300 天，而我国部分调查船在海上作业每年仅 10 多天；研制的少量浮标也并未得到广泛应用；水声探测技术已在国外广泛使用，而我国仍处于研制阶段；国际上已开始组织实施若干大型海洋科学研究计划，如世界海洋环流实验（World Ocean Circulation Experiment，简称WOCE）、全球海洋通量联合研究（Joint Global Ocean Flux Study，简称JGOFS）等，但我国参与其中的不到 1/2 [①]。

（二）开展了大规模海洋调查工作

1977 年底，国家海洋局在全国科学技术规划会议上明确提出了"查清中国海、进军三大洋、登上南极洲，为在本世纪内实现海洋科学技术现代化而奋斗"的战略目标。

1.查清中国海为建设"海上中国"奠定基础

查清中国海主要包括大陆架及专项调查、海岸带和海涂资源综合调查、海岛资源综合调查。

（1）中国大陆架调查及专项调查

中华人民共和国成立后，我国主要进行了三次大陆架调查。第一次是 20 世纪五六十年代，调查主要集中于内陆架海域。第二次是 20 世纪七八十年代，调查范围为整个陆架区。第三次是 20 世纪 90 年代后，大陆架调查向深层次发展。纵观我国大陆架海域调查的历程，调查的主要工作集中于 20 世纪 80 年代以后。国家海洋局在 1984 年至 1985 年期间，先后对渤海、黄海和东海等海域进行了地质地球物理调查。中国科学院南海海洋研究所在 1979 年至 1982 年和 1984 年，分别对南海东北部和南部、西沙、中沙附近海域开展了综合调查。国家海洋局第二海洋研究所和南海分局在 1983 年至 1985 年和 1994 年至 1995 年，分别对南海中部

① 艾万铸，李桂香主编.海洋科学与技术[M].北京：海洋出版社，2000：54-56.

和北部进行了综合调查。国家海洋局、中国科学院、地矿部和教育部在1991年至1995年对我国邻近海域的海洋自然环境与演化特征、海洋生物资源的种类分布与资源总量，以及油气资源类型与远景储量等开展了调查。

此外，我国还实施了大量的专项调查研究，主要分为三个方面。一是以油气等矿产资源为主的专项调查，这些调查查明了中国近海有12个新生代盆地具有油气远景，发现61个含油气构造。二是以科学研究为目的的专项调查。如中美东海海洋沉积作用过程联合调查、中美长江口联合调查、中日黑潮联合调查等。三是以海洋工程为目的的专项调查。如中日海底电缆路由调查、中美海底电缆路由调查、东海陆架输油管道路由勘测、珠江口海洋工种地质调查和东海西部凹陷海洋工种地质调查等。[①]

（2）全国海岸带和海涂资源综合调查

1979年8月，国务院批准开展"全国海岸带和海涂资源综合调查"。1980年2月成立了全国海岸带和海涂资源综合调查领导小组，下设领导小组办公室，挂靠在国家海洋局，同时成立技术指导组。1982年4月，技术指导组审查并通过了《全国海岸带和海涂资源综合调查简明规程》。这次调查的范围从海岸线向陆侧延伸10千米，向海延伸至10~15米等深线，长18000余千米，调查总面积约35万平方千米的海岸带。调查内容包括海岸带的水文、气象、地质、地貌、海洋化学、生物、环境保护、土壤和土地利用、植被和林业以及社会经济等方面。海上和潮间带调查一般采取断面和大面站观测，陆上调查一般采用点面结合、路线调

---

① 韩林一. 中国的大规模海洋调查[EB/OL]. (2007-05-23) [2021-07-22]. http://www.coi.gov.cn/mzyt/200712/t20071224_3458.htm.

查。在一些地区开展的调查应用了航空遥感技术，并进行了综合开发试验。这次调查从 1980 年开始，至 1985 年底基本结束，共有 15000 人参加，使用了 100 多条船只。这次调查取得的成果主要有三项。一是综合调查资料汇编。二是图集，包括 1∶5 万至 1∶20 万的地形图（包括水下部分）、地质图、地貌成因类型图、海底沉积物分布图、矿物分布图、海洋水文要素分布图、海岸气候图、土壤资源图、环境污染状况图、开发利用规划图等成果图和资源图。三是全国海岸带综合调查报告（包括开发利用设想方案）。[①]

（3）全国海岛资源综合调查

1988 年，经国务院批准，由国家科委、国家计委、国家海洋局、农业部、总参谋部牵头，会同国务院其他有关部门和沿海省、自治区、直辖市组成的全国海岛资源综合调查领导小组，组织实施了全国海岛资源综合调查。全国海岛资源综合调查是我国首次对海岛的资源、环境和社会经济状况进行的大规模全国性综合调查。这一调查既是经国务院批准的专项，又是国家"八五"科技攻关项目（85-905-01）。在组织实施中，该调查调动了 1.3 万多名科技人员，完成了海岛及其周围海域的自然环境、自然资源和社会经济等 26 个专业的综合调查任务。调查海域196161 平方千米，陆域 11905 平方千米，航测 686655 平方千米，海上布设断面 3545 条，测点 45677 个。

全国海岛资源综合调查获取了大量的自然环境、自然资源的实测数据和样品资料，摸清了我国绝大部分有人居住的海岛社会经济诸多方面的情况。在此基础上，30 多名专家、学者对调查成果、调查数据进行汇总和分析研究，获得原始数据资料 1841 万个、标本 880 万件，资料汇编

---

① 苏胜金. 七年全国海岸带和海涂资源综合调查综述[J]. 海洋与海岸带开发，1988（2）: 30-32.

2518 册，绘制地图 7835 幅，编写《全国海岛资源开发和管理若干问题的建议》等报告和文集 662 册，为海岛经济发展、环境保护、设施建设和维护海洋权益提供了科学依据。这次海岛调查采取了边调查、边研究、边试验、边解决实际问题的方法，加快了科技成果的转化与应用。仅从1990 年至 1995 年，国家就组织实施了 50 多个开发试验项目，并建立了辽宁长海、山东长岛、广东南澳等 6 个海岛开发试验区。通过开发试验，此次调查系统地解决了海岛开发中的技术问题，取得了较好的成效，为海岛经济的大发展提供了极为宝贵的经验。[①]

2. 进军三大洋进行全球海洋开发

从 20 世纪六七十年代开始，我国在查清中国海的同时，"进军三大洋"的任务也一直稳步推进。这一时期，我国大洋科学考察主要围绕深海矿产资源调查和深海石油勘探开发展开。

（1）深海矿产资源调查

我国深海大洋事业始于 20 世纪 70 年代国际海底区域资源勘探工作。

1978 年 4 月，"向阳红 05"号考察船在进行太平洋特定海区综合调查过程中，首次从 4784 米水深的地质取样中获得 10 多块多金属结核。[②]这是我国第一次开展深海资源调查。

20 世纪 80 年代，中国开始在太平洋海域进行多金属结核的系统调查。1983 年，国家海洋局"向阳红 16"号调查船开展了东北太平洋海域锰结核调查，获得了较多的锰结核、沉积物样品和其他多种重要资料。这次考察，是我国第一次派单船到西半球的洋区开展科学活动。[③]

---

① 马志华. 全国海岛资源综合调查取得丰硕成果[J]. 海洋信息, 1996（6）: 26.

② 徐鸿儒主编. 中国海洋学史[M]. 济南: 山东教育出版社, 2004: 174-178.

③ 佚名. 我国考察船在太平洋底采集锰结核[J]. 中国锰业, 1983（1）: 86.

1983 年，国家海洋局和地质矿产部共同制定了《太平洋锰结核资源调查开发研究规划纲要（1986—1990 年）》，推动了我国大洋锰结核调查工作的深入开展。

1985 年至 1988 年，国家海洋局"向阳红 16"号调查船三次赴东北太平洋海域进行大洋锰结核调查，初步掌握了锰结核分布、储存状况和富集规律，圈出了锰结核富集区。

1986 年至 1990 年，地质矿产部在中太平洋和东太平洋开展了 4 个以寻找多金属结核矿产资源为目标的航次进行大洋地质调查，圈出了 20 万平方米的多金属结核富矿区。

1990 年，中国向联合国海底管理局提交了第一矿产资源先驱投资者申请书，1991 年获得批准，中国成为继俄罗斯、日本、法国、印度之后的第五个先驱投资者，在东太平洋海域拥有了 15 万平方千米的开辟区。

1991 年 4 月，中国大洋矿产资源研究开发协会（简称中国大洋协会）在北京成立。从 1991 年至 1995 年，中国大洋协会共组织了 4 次东太平洋多金属结核调查，分别是 1992 年"海洋四号"考察船 DY85-1 航次调查、1994 年"海洋四号"考察船 DY85-3 航次调查、1994 年"向阳红 09"号调查船 DY85-4 航次调查以及 1995 年"大洋一号"考察船 DY85-5 航次调查。在 4 个航次调查研究的基础上，我国完成了 30% 矿产区区域放弃工作。从 1996 年至 2000 年，中国大洋协会继续组织多个航次的大洋多金属结核调查。这次调查初步确定部分可供商业开采的矿址范围和地质储量，对勘探开发活动可能造成的环境影响进行了初步研究与评估，对富钴结壳靶区进行了前期调查。1999 年，按照《联合国海洋法公约》的规定，我国在 15 万平方千米的国际海底开辟区内，放弃了其中的 7.5 万平方千米。2001 年，我国与国际海底管理局签订了《勘探合同》，从而在国际海底区域获得了 7.5 万平方千米具有专属勘探权和优先开采权的多金属结核矿区。

（2）深海石油勘探与开发

从 1965 年起，地质矿产部和石油部在中国管辖海域内正式开展正常海区和深区的油气普查勘探。

我国海洋石油研究从 20 世纪 80 年代开始关注深水，并通过对外合作启动了深水油气田开发工程，实现了一系列零的突破。1983 年，我国成功自主开发出"勘探三号"半潜式钻井平台，这使我国具备了 300 米以内水深油气田的勘探、开发和生产能力。1996 年，我国与外国公司合作开发水深 310 米的 LH11-1 油田，在我国南海第一次应用了水下生产技术，采用了 7 项当时世界第一的技术，如水下卧式采油树、水下湿式电接头、水下电潜泵等。1997 年，我国与外国公司合作开发了水深 333 米的 LF22-1 油田，仅用一艘浮式生产储卸油轮和水下生产系统即实现了深水边际油田的开发，并在世界上第一次使用了海底增压泵，成为世界深水边际油田开发的范例。1998 年，我国采用水下生产系统开发了 HZ32-5 油田。2000 年，我国同样采用水下生产系统开发了 HZ26-1N 油田。[①]

3. 登上南极洲

自 1984 年以来，中国已成功完成 38 次南极科学考察，12 次北极科学考察。目前我国已形成了以"雪龙"号科考船，南极长城站、中山站、昆仑站、泰山站，北极黄河站和极地考察国内基地为主体的"一船、五站、一基地"的南北极考察战略格局和基础平台。

---

① 李天星. 艰难曲折的深海开发历程[J]. 中国石油企业，2012（10）: 2.

（三）海洋领域自然科学研究取得重要成果

1.物理海洋学研究有长足的进步

物理海洋学是以物理学的理论、技术和方法，以海水的物理性质和运动为研究对象，阐释海洋中的物理现象及其变化规律，并研究海洋水体与大气圈、岩石圈和生物圈的相互作用的科学。[①]物理海洋学是我国海洋学界最早的研究领域之一，到 2000 年经过近半个世纪的研究，在海浪、风暴潮、海流、潮汐潮流、大洋环流等方面有了长足的进步，这一时期形成了具有中国特色的物理海洋学体系。

在海浪研究领域，中国科学院院士文圣常教授是代表性的研究专家。从 20 世纪 60 年代开始，文圣常教授相继创造性地提出了普遍风浪谱、风浪频谱、方向谱等理论，解决了海浪预报、海浪要素计算等一系列重要问题，先后著述了《海浪原理》[②]《海浪理论与计算原理》[③]，这些都是中国海浪研究的奠基性著作。吴秀杰等利用实测资料提出一个浅水海浪谱模式，其高频部分与前人发现的形式有所不同。[④]隋世峰对风浪与涌浪同时存在的海浪谱提出了拟合谱的形式。[⑤]余宙文等运用海浪谱研究探讨了联合海浪过程的问题[⑥]。袁业立在 1984 年首次推导出了描述风生波初生阶段成长过程的波面演化方程，并讨论了能量的输入及耗散。1986 年，他又导出了非线性单个波从成长到平衡的解，并分析了其邻频的不稳定

---

① 中国科学技术协会主编，中国海洋学会编著.中国海洋学学科史[M].北京：中国科学技术出版社，2015.

② 文圣常.海浪原理[M].济南：山东人民出版社，1962.

③ 文圣常，余宙文.海浪理论与计算原理[M].北京：科学出版社，1984.

④ 吴秀杰，滕学春，郭洪梅，等.浅水海浪谱的初步研究[J].海洋学报（中文版），1984（2）：143-150.

⑤ 隋世峰.关于混合型单峰实测海浪谱的拟合[J].热带海洋学报，1985（1）：12-20.

⑥ 余宙文，蒋德才，张大错.联合海浪过程的数值模拟[J].海洋学报，1979（1）：1-16.

特性。[1]顾代方和袁业立发现，成长过程中非线性水波的色散关系具有振荡、演化和成长 3 个时间尺度。[2]这一时期，经过"七五""八五""九五"时期的国家科技攻关，我国已建立了海浪资料客观分析与同化、数值预报模型运行和预报结果自动输出的业务化预报系统，并获得了较高的预报精度。

在风暴潮研究方面，这一时期中国风暴潮的基础理论和应用研究发展迅速，创立了适合中国全部沿海和不同天气系统的风暴潮数值预报方法，并建立了海气耦合随机动力模式及气候振子模式。我国开展风暴潮预报研究较晚，国家海洋局在 1974 年 5 月才在厦门召开中国首次风暴潮预报经验交流会，组织开展风暴潮研究工作。1979 年孙文心发表了国内第一篇风暴潮数值模拟的论文[3]，开始了国内风暴潮数值预报，此后孙文心不断研制适合中国海的风暴潮数值模式，并进行了大量的模拟试验。"八五"期间，冯士筰院士主持了国家"八五"攻关项目"风暴潮客观分析、四维同化和数值预报产品的研究"，使数值研究有了进一步的发展。1982 年，冯士筰院士在科学出版社出版了国际上第一部风暴潮专著《风暴潮导论》[4]。厦门大学在"八五"期间建立了相应的风暴潮数值预报攻关专题，侧重预报可能成灾的、较严重的风暴潮，以非线性模式预报风暴潮与天文潮的耦合增水以及对潮滩海岸预报风暴潮漫滩情况。1984—1986 年，由厦门大学海洋系陈金泉主持完成的"台风暴潮数值预算方法研究"，建立了一个适用于一般岸段、感潮河段及港湾的台风暴潮数值预

① 袁业立. 论成长过程中的非线性水波[J]. 中国科学，1986（8）：96-106.

② 顾代方，袁业立. 成长过程中非线性水波的色散关系[J]. 海洋与湖沼，1987（6）：549-562.

③ 孙文心，冯士筰，秦曾灏. 超浅海风暴潮的数值模拟（一）——零阶模型对渤海风潮的初步应用[J]. 海洋学报（中文版），1979（2）：19-37.

④ 冯士筰. 风暴潮导论[M]. 北京：科学出版社，1982.

算模型。[①]1992 年，孙文心在数值模拟中提出的"流速分解法"，大大地提高了计算速度。在"八五"科技攻关研究中，孙文心建立了我国第二代风暴潮数值预报模式，扩大了模式的预报功能，提高了预报精度，并把预报区域扩展到全国沿海地区。[②]到 21 世纪初，我国台风风暴潮数值预报模式（CTS 模式）和温带风暴潮数值预报模式（CES 模式）已实现业务化，取得了很好的效果。

在海流研究方面，这一时期我国已较系统地研究了中国近海流系的结构、途径、性质、强度和变化，以及西太平洋环境特别是太平洋西部边界流的特征以及对中国陆架环流和气候变异的影响；发现了棉兰老潜流，其最大流速超过 20cm/s；并发现东海黑潮海温变异与厄尔尼诺现象之间的相关性，其存在滞后关系等。[③]

在潮汐潮流研究方面，我国自 1958 年开始研究利用潮汐能，开展了潮汐、潮流能预报方法的研究，编制出潮汐表。同年，水电部组织沿海各省市水电部门完成了沿海潮汐能资源调查，即第一次全国沿海潮汐能资源普查。这次潮汐能资源普查估算了我国近海 500 处河口和海湾的潮汐能蕴藏量。普查结果显示，我国沿岸潮汐能年理论储量为 2.75×10^{11} 千瓦时，可开发装机容量为 3.58×10^{7} 千瓦。1958 年我国在山东乳山县白沙口建成了第一座潮汐发电站，设计装机容量 960 千瓦。这一年里，广东、江苏、辽宁、福建、山东和上海等省市相继建成一批小型潮汐电站。1964 年我国完成"中国近海潮波系统"研究。在"七五""八五"期间，

---

① 福建省地方志编纂委员会. 中华人民共和国地方志 福建志 海洋志[M]. 北京：方志出版社，2002:459.

② 孙文心. 参数化浅海流体动力学模型中的耗散与频散[J]. 中国海洋大学学报（自然科学版），1992（4）：15-26.

③ 艾万铸，李桂香主编. 海洋科学与技术[M]. 北京：海洋出版社，2000:23.

我国相继开展了潮汐潮流数值计算和预报方法研究，以及海平面变化的研究。我国科学家建立了浅海潮波的理论模型，并确定了无潮点近似计算公式，第一次实现中国海洋 4～7 个主要分潮的数值模拟，并建立了170 个分潮的分析和推算软件系统。1970 年至 1980 年，这一阶段潮汐能领域的主要成果是对乐清湾大型潮汐电站的勘测、规划到促成江厦潮汐试验电站上马。1978 年，基于对沿海潮汐能资源的第一次普查，我国对沿海潮汐能资源进行了第二次普查。这次普查的汇总成果确认我国可开发潮汐能资源总量为 6.19×10^{10} 千瓦时，相应的装机容量为 2.13×10^{7} 千瓦。1986 年，水电部科技司和国家海洋局科技司组织开展了我国第三次大规模潮汐能资源评估，重点对我国沿海主要海湾内部 200 千瓦～1000 千瓦的小湾进行了补充调查。这次评估结果认为，我国近海 200 千瓦以上坝址的潮汐能装机容量为 2.18×10^{7} 千瓦，而年发电量为 6.24×10^{10} 千瓦时。

在大洋环流、水团研究方面，我国在 1980 年至 1990 年在太平洋开展了中日黑潮联合调查，获得了诸多突破性的成果。例如，揭示了黑潮多核结构，发现了东海黑潮逆流，揭示了东海黑潮流量季节与年际变化及其机理，揭示了东海黑潮热通量季节变化及物质通量变化等[1][2]。同时，中国海洋学家在热带西太平洋环流结构方面有一系列新的科学发现，

① 袁耀初. 西北太平洋及其边缘海环流第一卷[M]. 北京：海洋出版社，2016.
② 袁耀初. 西北太平洋及其边缘海环流第二卷[M]. 北京：海洋出版社，2017.

命名了"棉兰老潜流"①"吕宋潜流"②和"北赤道潜流"③，并探讨了其动力学机理和水团特性。海洋水团是物理海洋学的基本问题，也是最早研究的对象之一。1980年至2000年，我国的海洋水团研究进入鼎盛时期，取得了许多成果。苏育嵩提出了"变性水团"的概念，定义了浅海变性水团，并划分了中国近海水型分布和水系。④

2. 海洋地质学研究起步晚发展快

这一时期，我国相继对中国近海及陆架海域的地形、地貌、沉积、构造、古海洋学及其油气资源进行了广泛的地质学和地球物理研究，取得了丰硕的成果。

在海洋沉积作用研究方面，我国科学家提出衍生沉积的陆架地质学新理论，丰富和完善了中国陆架地质学的内容。1994年，赵一阳等在科学出版社出版的《中国浅海沉积物地球化学》⑤一书中，首次对我国浅海沉积物地球化学特色进行了系统论述，总结了中国浅海沉积物地球化学的基本规律，论述了若干地球化学模式。

在海洋地质构造研究方面，我国科学家基本查明了各海区近海陆架区域的地质构造轮廓及其分布特征，出版了一系列中国海洋地质学著作。

---

① Hu DX, Wu LX, Cai WJ, et al. Pacific western boundary currents and their roles in climate[J]. Nature, 2015, 522（7556）: 299-308.

② Qu TD, Kagimoto T, Yamagata T. A subsurface countercurrent along the east coast of Luzon[J]. Deep-Sea Research Part I: Oceanographic Research Papers, 1997, 44（3）: 413-423.

③ Wang F, Hu DX. Preliminary study on the formation mechanism of counter western boundary undercurrents below the thermocline-a conceptual model[J].Chinese Journal of Oceanology and Limnology, 1999, 17（1）: 1-9.

④ 苏育嵩，李凤岐，王凤钦. 渤、黄、东海水型分布与水系划分[J]. 海洋学报,1996,18（6）: 1-7.

⑤ 赵一阳，鄢明才. 中国浅海沉积物地球化学[M]. 北京: 科学出版社, 1994.

其中包括：刘敏厚等编著的《黄海晚第四纪沉积》①，秦蕴珊主编的《黄海地质》②《东海地质》③，刘昭蜀等著的《南海地质》④，金翔龙主编的《东海海洋地质》⑤，许东禹等著的《中国近海地质》⑥。金庆焕等对南海海洋地质、油气资源及天然气水合物资源进行了深入研究，出版了《南海地质与油气资源》⑦《天然气水合物资源概论》⑧等专著。1980 年起，金翔龙采用新的地球物理勘测系统，重点研究了冲绳海槽和东海陆架的地壳结构，对西太平洋沟、弧、盆体系中的冲绳海槽进行勘查，对海槽的地壳性质、上地壳层演化、断裂作用、第三纪以来的构造发展和海槽南北段的构造差异提出了新观点，编制出 1:200 万比例尺的冲绳海槽构造图。李家彪系统地开展了中国边缘海地质研究，出版了《中国边缘海形成演化与资源效应》⑨等专著。

在古海洋学研究方面，中国开始于 20 世纪 80 年代，取得了丰硕的成果。汪品先等对南海和西太平洋特定海区晚更新世以来的古海洋事件进行了研究，发现南海有"大西洋式"的碳酸盐旋回，并阐明南海存在着两种机制，出版了专著《十五万年来的南海》⑩。1999 年，汪品先等设计并主持的大洋钻探计划（Ocean Drilling Program，简称ODP）第 184 航次的成功实施，使中国进入深海研究的国际前沿。

① 刘敏厚，吴世迎，王永吉.黄海晚第四纪沉积[M].北京：海洋出版社，1987.
② 秦蕴珊.黄海地质[M].海洋出版社，1989.
③ 秦蕴珊.东海地质[M].科学出版社，1987.
④ 刘昭蜀，赵焕庭，范时清，陈森强，等.南海地质[M].科学出版社，2002.
⑤ 金翔龙.东海海洋地质[M].海洋出版社，1992.
⑥ 许东禹，刘锡清，张训华，等.中国近海地质[M].地质出版社，1997.
⑦ 金庆焕.南海地质与油气资源[M].地质出版社，1989.
⑧ 金庆焕，张光学，杨木壮.天然气水合物资源概论[M].科学出版社，2006.
⑨ 李家彪.中国边缘海形成演化与资源效应[M].海洋出版社，2005.
⑩ 汪品先，等.十五万年来的南海[M].上海：同济大学出版社，1995.

在海洋矿产资源调查研究方面，中国主要开展了海上油气、滨海砂矿、海底煤矿和大洋多金属结核的调查。1995 年，刘光鼎等完成了《中国海区及邻域地质——地球物理系列图》[①]，同年获得国家自然科学奖二等奖。"八五"期间，金翔龙主持完成国家重点科技攻关项目"大陆架及邻近海域勘查和资源远景评价研究"，编绘了中国大陆架及邻近海域基础环境系列图，评价了中国大陆架及邻近海域的生物资源与矿产资源，建立了中国大陆架及邻近海域环境与资源信息库、划界数据与方法库，并根据《联合国海洋法公约》提出了大陆架与邻近海域的各种划界方案。该成果为维护国家主权和海洋权益提供了重要的科学依据。高抒、李家彪主持的"973 计划"项目"中国边缘海的形成演化及重大资源的关键问题"，揭示了中国边缘海区地球物理场特征、莫霍面深度分布特征以及中国边缘海地壳属性，勾绘出中国海区前新生代残留盆地的分布范围，提出潮汕坳陷下白垩世海相烃源岩经历了二次生烃作用，具有油气远景的地层[②]。李家彪等主持的"973 计划"项目"南海大陆边缘动力学及油气资源潜力"，揭示了南海大陆边缘应属非火山型大陆边缘，南海陆缘沉积盆地受构造演化、烃源岩、储集层、成藏组合和后期改造的影响存在南北差异，总体上"外油内气"呈环带分布，南海南部边缘盆地具有更优的油气勘探前景[③]。

3. 海洋生物学研究取得了举世瞩目的成就

中国的海洋生物学研究始于 20 世纪 60 年代，重点研究了中国海及

---

① 刘光鼎，王学言，雷受旻. 中国海区及邻域地质——地球物理系列图[J]. 海洋地质与第四纪地质，1990，10（1）: 5.

② 江为为.《中国边缘海的形成演化及重大资源的关键问题》项目（973计划）第一次学术会议及第二次工作会议在杭州召开[J]. 地球物理学进展，2001（1）: 79.

③ "'南海大陆边缘动力学及油气资源潜力'973项目通过验收"[EB/OL].（2021-12-23）[2022-07-17]. https://www.sio.org.cn/redir.php?catalog_id=84&object_id=7486.

邻近大洋的海洋生物学分类区系、海洋生态健康养殖、海洋药用生物、海洋生物灾害等。

我国海洋生物学分类区系研究始于 20 世纪 50 年代，以曾呈奎、刘瑞玉等为核心组成的专业团队，收集了数以十万计的海洋生物标本，发现大量新物种，通过研究出版了包括《海洋动物志》《海洋植物志》《中国经济海藻志》《中国海洋浮游硅藻志》《中国海洋底栖硅藻志》等在内的 50 多部专著。1993 年，黄宗国主编的《中国海洋生物种类与分布》，记录了 20278 种海洋生物的中文和拉丁文学名。

海洋生态健康养殖研究始于 20 世纪 50 年代，在海洋动植物的发育生物学、繁殖生物学、培育研究领域都有独特的发现，如文昌鱼的饲养、产卵和人工授精技术在当时都具有开创性。20 世纪 60 年代，曾呈奎率先提出了"海洋水产生产农牧化"的科学概念。这一时期，曾呈奎的海带和紫菜养殖技术、赵法箴的对虾养殖技术、张福绥的贝类养殖技术、雷霁霖的鱼类养殖技术先后问世，推动了我国四次海水养殖浪潮。

我国海洋药用生物资源开发与海洋药物研究始于 20 世纪 80 年代。管华诗首创了我国第一个海洋药物——藻酸双酯钠（PSS）。20 世纪 90 年代后，我国对海洋药物和活性化合物的研究形成热潮，先后研制成功并上市了甘糖酯、海力特、降糖宁散、甘露醇烟酸酯、岩藻糖硫酸酯、多烯康和角鲨烯共 7 种海洋药物。[①]

我国海洋生态灾害与生态系统演变研究始于 20 世纪 80 年代。这一时期，我国近海赤潮灾害频发，学术界对赤潮的研究也逐渐从现象、过程发展到对生态学、海洋学机制的研究。"七五"到"九五"期间，中国开展了"中国东南沿海赤潮发生机理研究"和"中国沿海典型增养殖区有

---

① 管华诗海洋药物研究开拓者[N]. 光明日报，2004-09-23.

害赤潮发生动力学及防治机理研究"。这一阶段，中国学者对于赤潮生物分类学和生理生态学有了更加深刻、更加全面系统的认识。2001年，"973计划"项目"中国近海有害赤潮发生的生态学、海洋学机制及预测防治"，重点从赤潮藻种的生物学特征与生态策略、富营养化过程和调控作用、关键物理过程的调控作用、有害赤潮的生态效应等角度，对东海大规模甲藻赤潮的形成机制、危害机理和预测防治等开展了深入研究，相关成果为提高中国应对赤潮灾害的应急处置能力提供了支撑。[①]

（四）海洋领域社会科学开始兴起

改革开放以来的这一时期，我国海洋领域的社会科学开始兴起并逐渐繁荣，如海洋经济学、海洋社会学、海洋管理学等，其中海洋经济学不断丰富和发展。我国的海洋经济学研究始于20世纪80年代。1978年，著名经济学家于光远在全国哲学社会科学规划会议上提出建立"海洋经济学"学科的建议，并建议建立一个专门的研究所。这是"海洋经济"概念首次被提出。1980年7月，在著名经济学家、中国社会科学院经济研究所所长许涤新指导下，召开了我国第一次海洋经济研讨会，并成立了中国海洋经济研究会。这一时期，学术界对"海洋经济"开展了广泛的研究。

1984年，《中国海洋经济研究》[②]出版，标志着海洋经济理论研究的开始。随后，中国学术界出版了《中国海洋经济研究大纲》[③]《中国海洋区

---

① 周名江，朱明远. 我国近海有害赤潮发生的生态学、海洋学机制及预测防治研究[J]. 应用生态学报，2003（7）：1029.

② 张海峰. 中国海洋经济研究[M]. 北京：海洋出版社，1984.

③ 张海峰. 夏世福，蒋铁民，等. 中国海洋经济研究大纲[M]. 北京：海洋出版社，1986.

域经济研究》①等著作，发表了一些有关海洋经济概念的研究②、海洋经济学的研究对象和方法③、海洋经济地理④⑤等方面的文章。这些成果从理论高度构建了海洋经济学发展、研究的基础及框架。从 20 世纪 90 年代开始，中国海洋经济学理论研究内容不断丰富，海洋经济研究的视角、范围等呈现多样化的态势。韩忠南⑥、罗钰如⑦等从环境及资源特性出发，陈伟琪⑧、张德贤⑨等从环境经济学方向展开，分别研究了海洋资源开发与管理的模式。吴万夫⑩运用市场经济的理论提出了海洋资源有偿使用理论，杨金森、刘容子⑪运用资源估价核算理论，进一步提出了海岸带资源及海洋环境资产化管理的理论。许继琴⑫、张爱珠⑬等从地理学角度探讨了作为海洋开发基地的港口及其腹地的地域组合机制。欧阳宗书⑭运用社会学和史学的方法探讨了海洋渔业及海洋开发的社会经济状

---

① 蒋铁民. 中国海洋区域经济研究[M]. 北京：中国社会科学出版社，2015.

② 权锡鉴. 海洋经济学初探[J]. 东岳论丛，1986（4）：20-25.

③ 孙凤山. 海洋经济学的研究对象、任务和方法[J]. 海洋开发，1985（3）：66-70.

④ 徐君亮. 海洋国土开发与地理学研究[J]. 海洋开发，1987（1）：1-4.

⑤ 张耀光. 海洋经济地理研究与其在我国的进展[J]. 经济地理，1988（2）：152-155.

⑥ 韩忠南. 我国海洋经济持续发展可能性的分析[J]. 海洋开发与管理，1994（4）：1-5.

⑦ 罗钰如. 协调好"人口、资源、环境"之间的关系是实现可持续发展的一个核心[J]. 太平洋学报，1997（1）：83-87.

⑧ 陈伟琪，张珞平，洪华生，等. 近岸海域环境容量的价值及其价值量评估初探[J]. 厦门大学学报（自然科学版），1999，38（6）：896-901.

⑨ 张德贤，陈中慧，戴桂林. 海洋经济可持续发展理论研究：海洋经济前沿问题研究[M]. 青岛：中国海洋大学出版社，2000.

⑩ 吴万夫. 试论水产资源的有偿使用[J]. 海洋开发与管理，1997，14（3）：44-46.

⑪ 杨金森，刘容子. 海岸带管理指南——基本概念、分析方法、规划模式[M]. 北京：海洋出版社，1999.

⑫ 许继琴. 港口城市成长的理论与实证探讨[J]. 地域研究与开发，1997（4）：11-14.

⑬ 张爱珠. 口岸城市同腹地经济一体化发展研究[J]. 财经问题研究，1999（10）：59-60.

⑭ 欧阳宗书. 明清海洋渔业及其重要地位[J]. 古今农业，1998（4）：28-37.

况。鹿守本 [①] 运用了系统方法研究海洋资源综合管理。这一时期中国海洋经济学已包括了海洋的资源经济学、海洋产业经济学、区域海洋经济学、海洋环境经济学等，已开始融入西方经济学中的产业组织理论、产业增长理论、产权理论、资源禀赋理论等经济学理论。

1978 年至 2000 年，海洋经济研究仍主要是对海洋开发活动中出现的各类问题进行总结和归纳，进行定性分析。这一时期，中国各地涉海科研、统计部门做了一系列基础工作，包括对海洋自然资源基础进行调查，完成"中国海岸带和海涂资源综合调查"，以及开始着手实施海洋经济数据统计核算。这些工作为海洋经济定量化方法的发展奠定了基础。

四、飞速发展阶段（2011 年至今）

进入 21 世纪的第二个十年，党的十八大提出"建设海洋强国"的重要战略部署，为加强和改进新形势下的海洋工作指引了方向。围绕海洋强国建设，党和国家在海洋科技领域加强顶层设计，在专项领域推动制定出台海洋科技规划，推动海洋科技管理体制创新，促进沿海地区政府积极制定本地区的海洋科技发展规划。

（一）党和国家高度重视加强顶层设计

十八大以来，党和国家制定了海洋科技总体发展政策。

2013 年 1 月，国务院发布《国家海洋事业发展"十二五"规划》，该规划根据十八大提出的建设海洋强国宏伟目标，结合新形势，对新时期海洋事业发展作了全面深入的部署。该规划确定了"十二五"时期及 2020 年中国海洋科技的主要目标，提出到 2015 年实现海洋科技创新能力大幅提升，到 2020 年实现海洋科技自主创新能力和产业化水平大幅提升。

[①] 鹿守本.海洋管理通论[M].北京：海洋出版社，1997.

2013 年 7 月 30 日，习近平总书记在中央政治局第八次集体学习时，对海洋科技提出了总体要求，确定了未来中国中长期海洋科技发展的重点方向："要发展海洋科技，着力推动海洋科技向创新引领型转变。建设海洋强国必须大力发展海洋高新技术。要依靠科技进步和创新，努力突破制约海洋经济发展和海洋生态保护的科技瓶颈。要搞好海洋科技创新总体规划，坚持有所为有所不为，重点在深水、绿色、安全的海洋高技术领域取得突破。尤其要推进海洋经济转型过程中急需的核心技术和关键共性技术的研究开发。"①

随后，中国海洋科技领域的政策不断丰富和完善。2016 年 3 月第十二届全国人民代表大会第四次会议公布的《中华人民共和国国民经济和社会发展第十三个五年规划纲要》提出："发展海洋科学技术，重点在深水、绿色、安全的海洋高技术领域取得突破。""加强海洋资源勘探与开发，深入开展极地大洋科学考察。"2016 年 8 月，国务院印发了《"十三五"国家科技创新规划》。该规划对中国未来 5 年科技创新作了系统谋划和前瞻布局，是国家"十三五"规划纲要和《国家创新驱动发展战略纲要》的细化落实。该规划对中国深海技术、海洋农业技术、海上风电技术、船舶制造技术以及海洋领域的基础科研进行了规划和部署。2016 年 12 月，国家海洋局和科技部联合印发《全国科技兴海规划（2016—2020 年）》，提出了中国到 2020 年科技兴海的总体目标和重点任务。同月，全国海洋科技创新大会部署了"十三五"时期海洋科技创新发展的工作思路和重点任务。"十三五"期间海洋科技创新要按照"原创驱动、技术先导、认识海洋、兴海强国"的指导方针，坚持"双轮驱动"，

---

① 习近平在中共中央政治局第八次集体学习时强调 进一步关心海洋认识海洋经略海洋推动海洋强国建设不断取得新成就[EB/OL].（2013-07-31）[2023-03-13].http://cpc.people.com.cn/shipin/n/2013/0731/c243284-22399656.html.

走出一条中国特色的海洋科技创新之路。海洋强国必须是海洋科技强国，要加快实现重大科学问题的原创性突破，加快核心关键技术的突破。2017 年 5 月，科技部、国土资源部和国家海洋局联合印发《"十三五"海洋领域科技创新专项规划》，明确了"十三五"期间海洋领域科技创新的发展思路、发展目标、重点技术发展方向、重点任务和保障措施。

2018 年 4 月 30 日，习近平总书记在庆祝海南建省办经济特区 30 周年大会上的讲话指出："要发展海洋科技，加强深海科学技术研究，推进'智慧海洋'建设，把海南打造成海洋强省。"[①]同年 6 月 12 日，习近平总书记视察青岛海洋科学与技术试点国家实验室时强调指出："建设海洋强国，必须进一步关心海洋、认识海洋、经略海洋，加快海洋科技创新步伐。发展海洋经济，海洋科研是推动我们强国战略很重要的一个方面，一定要抓好。关键的技术要靠我们自主来研发，海洋经济的发展前途无量。"[②]

2018 年 10 月，自然资源部印发《自然资源科技创新发展规划纲要》，这是自然资源部成立以来针对科技创新领域颁布的首部重要文件。该规划纲要提出了 2020 年、2025 年和 2035 年我国深海探测和极地探测的发展目标。该规划纲要提出，到 2025 年深海探测、极地探测等战略科技领域自主创新能力进入国际先进行列，基本建成天空地海一体化的自然资源调查监测监管智能技术与装备体系……建成天空地海大数据体系。到 2035 年建成大数据驱动、高智能化的天空地海一体化自然资源智慧监管平台。该规划纲要提出要深化海洋科学认知和拓展极地科学认知，研发

---

① 习近平. 在庆祝海南建省办经济特区 30 周年大会上的讲话[N]. 人民日报, 2018-04-14（2）.

② 习近平. 建设海洋强国，习近平总书记在多个场合这样说[EB/OL].（2018-06-15）[2023-03-26]. http://jhsjk.people.cn/article/30060680.

全海深资源调查观测装备，开展全海深潜水器研制及深海关键技术研究，建造天然气水合物钻采船，发展极地资源与环境调查监测技术，加强海域油气资源勘查评价关键技术研发，创新海洋油气资源调查关键技术。该规划纲要提出要拓展天空地海一体化立体监测遥感技术，提高地质和海洋灾害动态监测与预警技术水平，研究地质灾害天空地海一体化快速识别监测预警技术。还提出了两项涉海工程，即海岸带保护修复与可持续利用科技工程、海洋与地质灾害监测预警科技工程。

2018年11月，中共自然资源部党组印发《关于深化科技体制改革提升科技创新效能的实施意见》。这是自然资源部组建以来针对科技创新领域颁布的又一重要文件。该意见就深化科技体制改革，进一步提升科技创新效能提出了具体要求。该意见强调突破深地、深海科学前沿，构建2000米到10000米多层次资源能源探测技术体系、深海能源矿产开发共性核心技术装备及试采技术体系，创新水平跻身先进国家行列，部分优势领域实现并跑、领跑。该意见要求在"深地""深海"科学前沿培育一批重大科技创新成果；加快海域天然气水合物勘查开发等先进适用技术和装备的应用推广；助力海洋国家实验室建设；借鉴青岛海洋试点国家实验室相关政策措施，建强海洋领域现有3个功能实验室，使实验室积极参与重大战略创新任务；助推建成海洋国家实验室，使其成为代表国家海洋科技水平的战略科技力量的重要组成部分。该意见还提出在卫星海洋环境动力学等部分领域形成国际领跑格局；优先创建若干国家重点实验室，在深海、深空、深地探测等前沿方向创建国家重点实验室；优选工程技术平台创建梯队，在海水利用等工程技术创新领域，遴选条件成熟的团队创建国家技术创新中心、国家工程研究中心等。

2021年3月第十三届全国人民代表大会第四次会议通过的《中华人

民共和国国民经济和社会发展第十四个五年规划和 2035 年远景目标纲要》提出："瞄准……深地深海等前沿领域，实施一批具有前瞻性、战略性的国家重大科技项目。""聚焦……海洋装备等战略性新兴产业，加快关键核心技术创新应用。""围绕海洋工程、海洋资源、海洋环境等领域突破一批关键核心技术。"

总体来看，十八大以来，党和国家注重顶层设计，加大对海洋科技的规划力度，制定了发展海洋科技的指导方针和行动纲领，进一步推动全国海洋科技工作走向秩序化、规范化。

（二）多领域的机构颁布国家专项规划部署海洋科技发展

党的十八大以来，为贯彻落实《国家创新驱动发展战略纲要》和《国家中长期科学和技术发展规划纲要（2006—2020 年）》，多领域的机构颁布了国家专项规划部署海洋科技发展。

2016 年 6 月，国家发展改革委、工业和信息化部和国家能源局联合发布《中国制造 2025—能源装备实施方案》。该方案提出，到 2025 年前，中国将形成具有国际竞争力的较完善的能源装备产业体系，引领装备制造业转型升级。

2016 年 12 月，国家发展改革委印发《可再生能源发展"十三五"规划》，提出中国将积极稳妥地推进海上风电开发，推进海洋能发电技术的示范应用。同月，国家海洋局印发《海洋可再生能源发展"十三五"规划》。该规划提出"十三五"时期，将以显著提高海洋能装备技术成熟度为主线，着力推进海洋能工程化应用。这些规划提出到 2020 年海洋能开发利用水平显著提升，科技创新能力大幅提高，核心技术装备实现稳定发电，形成一批高效、稳定、可靠的技术装备产品，工程化应用初具规模，标准体系初步建立。

2016年12月，国家发展改革委、国家海洋局发布《全国海水利用"十三五"规划》。该规划提出，"十三五"时期要扩大海水利用应用规模，提升海水利用创新能力，到2020年，海水利用实现规模化应用，自主海水利用核心技术、材料和关键装备实现产品系列化，产业链条日趋完备，标准体系进一步健全，国际竞争力显著提升。

2016年12月，国务院印发《"十三五"国家战略性新兴产业发展规划》，对"十三五"中国海洋科技多个领域进行了阐述。该产业发展规划提出要超前布局空天海洋技术，打造未来发展新优势；推进卫星全面应用；增强海洋工程装备国际竞争力，推动海洋工程装备向深远海、极地领域发展；发展海洋创新药物，大力推动海水资源综合利用；加快海水淡化及利用技术研发和产业化，提高核心材料和关键装备的可靠性、先进性和配套能力。

2016年12月，国家发展改革委印发《"十三五"生物产业发展规划》，该规划提出"支持具有自主知识产权、市场前景广阔的海洋创新药物，构建海洋生物医药中高端产业链""开发绿色、安全、高效的新型海洋生物功能制品""深度挖掘海洋基因资源""推进……海洋生物材料等规模化生产和示范应用"。

2021年5月，国家发展改革委、自然资源部联合印发《海水淡化利用发展行动计划（2021—2025年）》。该计划提出，"提升海水淡化科技创新和产业化水平。强化技术研发，重点突破反渗透膜组件、高压泵、能量回收装置等关键核心装备，逐步提高技术水平。""拓展淡化利用技术应用领域。推广使用膜分离、能量回收等海水淡化技术，促进浓盐废水处理利用和污水资源化利用、苦咸水综合利用等。"①

2022年3月，国家发展改革委、国家能源局印发《"十四五"现代能源体系规划》（以下简称《规划》），《规划》中提到，增强能源科技创新能力，实施科技创新示范工程，重点在海洋油气高效勘探开发等关键核心技术领域建设一批创新示范工程。

（三）沿海地区的海洋科技政策

在国家宏观政策的带动下，沿海各地区以国家海洋科技的总体规划和顶层设计为指导，结合区域资源优势，积极探索，在本地区的海洋领域发展规划中对海洋科技发展进行了具体部署。沿海地区政府普遍将增强海洋科技创新能力、完善海洋科技创新体系、加快海洋创新型人才的培养和引进作为地区海洋科技发展的重要目标。

《山东省"十三五"科技创新规划》《浙江省科技创新"十三五"规划》《"十三五"广东省科技创新规划（2016—2020年）》《福建省"十三五"科技发展和创新驱动专项规划》《天津市科技创新"十三五"规划》等11个沿海省、自治区、直辖市的科技创新规划相继出台。这一系列规划明确了"十三五"时期各地区海洋科技发展的重点方向和重点任务，是各地区促进海洋科技发展的纲领性文件，也是指导地方编制相关专项规划的重要依据。

进入"十四五"时期，海洋经济高质量发展成为海洋事业发展的重心。海洋科技创新作为海洋经济高质量发展的重要组成部分，成为沿海地区"十四五"海洋经济发展规划的重要板块。如2021年5月，浙江省人民政府发布的《浙江省海洋经济发展"十四五"规划》提出："十四五"

---

① 国家发展改革委联合自然资源部印发《海水淡化利用发展行动计划（2021—2025年）》的通知[EB/OL].（2021-05-24）[2023-03-16].https://www.mnr.gov.cn/dt/ywbb/202106/t20210602_2636079.html.

期间，浙江要"强化海洋科技创新能力""做强海洋科创平台主体；增强海洋院所及学科研究能力；推动关键技术攻关及成果转化。"[①] 2021 年 6 月，海南省人民政府发布《海南省海洋经济发展"十四五"规划（2021—2025 年）》，在发展目标中提出，到 2025 年，海洋科技创新能力显著增强……涉海科研机构达到 25 家，集聚效应开始显现，海洋科技成果转化率达到 60%，海洋科技创新驱动力显著增强。到 2035 年，全省深海科技创新能力达到国内领先、国际一流水平。该规划提出增强海洋科技创新能力的途径为："聚焦深海科技，以搭建海洋科技创新平台为重点，汇聚全球海洋创新要素，强化海洋重大关键技术创新，促进海洋科技成果转化，建立开放协同高效的现代海洋科技创新体系，着力打造深海科技创新中心，增强海洋科技创新驱动力。"[②]

（四）海洋科技体制变革

党的十八大后，中国海洋科技管理体制实现改革创新。2014 年 12 月，国务院印发《关于深化中央财政科技计划（专项、基金等）管理改革方案的通知》。该通知的发布，表明未来中国科技管理体制将有大幅度改革，也预示未来中国海洋科技管理体制创新的步伐将显著加快。

该通知规定建立公开统一的国家科技管理平台。各政府部门通过统一的科技管理平台，构建决策、咨询、执行、评价、监督等各环节职责清晰、协调衔接的新管理体系。具体内容包括：联席会议制度（一个决策平台），专业机构、战略咨询与综合评审委员会、统一的评估和监管机制

---

① 浙江省人民政府关于印发浙江省海洋经济发展"十四五"规划的通知[EB/OL].（2021-05-17）[2023-03-16]. https://www.zj.gov.cn/art/2021/6/4/art_1229019364_2301508.html.

② 海南省海洋经济发展"十四五"规划（2021—2025年）[EB/OL].（2021-06-08）[2023-03-16]. https://www.hainan.gov.cn/hainan/tjgw/202106/f4123d47a64a4befad8815bf1b98ea4e.shtml.

（三大运行支柱），国家科技管理信息系统（一套管理系统）。

该通知规定依托专业机构具体管理项目，通过明确专业机构的确定程序、规定专业机构的资质以及对专业机构的运行提出要求等手段，规范专业机构的行为。该通知提出优化中央财政科技计划（专项、基金等）布局，整合形成 5 类科技计划（专项、基金等），即国家自然科学基金、国家科技重大专项、国家重点研发计划、技术创新引导专项（基金）、基地和人才专项。科技计划（专项、基金等）优化整合工作的具体进度安排为：2014 年启动国家科技管理平台建设，对部分具备条件的科技计划（专项、基金等）进行优化整合；2015—2016 年基本建成公开统一的国家科技管理平台，基本完成各类科技计划（专项、基金等）；2017 年，经过 3 年的改革过渡期，全面按照优化整合的 5 类科技计划（专项、基金等）运行，现有各类科技计划（专项、基金等）经费渠道将不再保留。

2014 年前，海洋领域的各类科技研发计划散布在国家自然科学基金、"863 计划"、"973 计划"、公益性科技支撑计划中。到 2017 年，这些海洋科技研发内容已全部统一整合在 5 类国家科技计划（专项、基金等）中。

综上所述，党的十八大以来，党和国家在继承中华人民共和国成立以来海洋科技发展政策的基础上，高度重视海洋建设，把建设海洋强国提升为中国特色社会主义事业的重要组成部分，注重统筹国内国际两个大局，按照"创新、协调、绿色、开放、共享"理念，围绕海洋科技总体发展顶层设计、分领域国家专项规划、地方海洋科技实践、海洋科技管理体制创新，提出了一系列推动认识海洋、经略海洋、海洋科技创新与产业化发展的重大政策，有力地促进了中国海洋科技发展，成为建设海洋强国、建设 21 世纪海上丝绸之路、落实国家创新驱动战略的有力支撑。

第二节 中国海洋科技创新的成功经验与启示

自中华人民共和国成立以来，各个时期海洋科技领域的规划和战略为我国实现海洋科技整体战略目标提供了保障，为我国海洋科技快速发展提供了强有力的政策支持，使得我国在海洋科学基础研究和技术开发方面都取得了显著的成就。从我国历年来海洋科技发展的规划布局，以及近年来出台的若干重要规划战略，可得出以下成功经验与启示。

一、重视海洋科技创新的顶层设计

在确定和规划未来海洋科技发展方向的过程中，我国科技管理部门十分重视研究方法和研究过程。一套科学合理的科技规划研究方法是确保高质量科技计划产生的基础保障。我国海洋科技规划内容一般由国家海洋科技战略愿景、国家海洋科技的现状、重点优先事项和保障措施等部分构成。相关机构通过严谨的专家咨询、最新资料调研等方法确定优先主题，遴选出对我国最为重要的海洋科技问题，广泛征求各方的意见和建议并最终形成规划。这种基于大量资料调研、深度专家咨询、广泛征求各方面意见和建议的规范化的规划编制模式，是我国海洋科技规划和战略制定取得成效的重要因素。

二、保证海洋科技领域的投入充足

国家在海洋研究与开发方面投入的多寡，是决定一个国家海洋科技水平高低的关键因素。中国在海洋科技方面投资渠道单一、长期投入不足是致使海洋基础研究和应用研究相对滞后的主要原因之一。在长期的计划经济体制下，中国海洋科技投资来源主要依靠政府的财政拨款，投入总量与实际需求存在着较大的差距，社会、企业、民间及外资等参与程度低，创业投资和风险投资机制尚处于初建阶段，参与科技创新的程度低，支持力度小。例如，我国自主研制的海洋仪器装备由于资金不足，更新缓慢，存在材质差、性能差、稳定性差的问题，资金的匮乏，同样导致自我研发落后，导致中国海洋科技研究设施相当长时间仍主要依赖进口，其后续维修、保养费用较高造成经费紧张，制约进一步投入，从而形成恶性循环。另外，中国海洋科技人才供给数量与质量仍难以满足需求。

充足的经费支持，不仅有利于完善科研方面的基础设备等，吸引更多的高端科技人才投入海洋科技事业当中，还可以收集到完备的海洋信息等，使海洋科技发展形成一个良好的循环链条，如吸引足量优质的人力资源，可为海洋科技带来更多的创新思想，也是海洋科技发展的不竭动力。因此，海洋科技创新应投入多少经费、增加多少经费、经费投入哪些领域、资金来源于何处，海洋科技人才应当如何培养、如何引进、如何激励等，都是海洋科技政策制定者需要重视的问题。

三、海洋人才是加速海洋科技发展的核心力量

海洋人才是推动我国海洋科技快速发展的主要因素，我国海洋科技人才培养速度长期落后于海洋科技的发展速度。中华人民共和国成立初期，我国初步建立了海洋人才培养体系。当时海洋科技人员素质不高，对海洋科技领域和海洋技术不熟悉；海洋人才水平有限，对海洋科技发展的支撑能力不足，海洋人才发展滞后制约了我国海洋科技的发展。改革开放之后，我国海洋经济结构亟须转型升级，但我国海洋科技人才培养和海洋高等院校建设明显落后于海洋经济结构调整的速度。海洋科技人才有效供给不足严重限制了海洋科技的发展。只有提高海洋科技人才的培养水平，培育高素质海洋科技人才，才能保证海洋科技健康稳定发

展。只有培养和造就一大批高素质海洋科技人才，才能为海洋科技发展提供坚实的人力资源保障和强有力的智力支持。

四、多学科综合进行海洋科技管理

海洋科技与社会科学的关系日益紧密。当前，人类面临的海洋问题，如海洋污染、海洋生态系统恶化、海洋生物多样性锐减、海洋灾害等，不仅涉及自然科学，同时还涉及经济、政治、法律、社会发展、文化和教育等。这些问题已超出海洋自然科学技术的范围，必须采用自然科学与社会科学相结合的手段，从管理学、社会学和经济学角度寻找解决海洋问题和危机的途径，实现人类社会全面协调可持续的发展。

五、科学合理确定优先研究方向

我国目前已经建立起了较为完善的海洋研究体系，各研究领域已基本实现全覆盖。当前，我国正处在加快建设海洋强国、实施创新驱动战略、实施 21 世纪海上丝绸之路、推动海洋经济高质量发展的关键时期，未来研究优先领域的确定是否科学合理是海洋科技能否发挥其重要作用的关键。在确定未来重点研究领域方面，我国科研人员应紧密结合我国海洋事业发展的战略需求，科学确定关乎我国海洋科技发展的重点优先研究主题和方向，促进海洋科技创新支撑国家中长期的发展战略。

六、加强产、学、研合作

我国海洋科技领域取得成功的一个重要原因在于产、学、研的紧密合作。以藻酸双酯钠（PSS）的成功为例。PSS 的研制与产业化创造了由大学、医院、企业三方人员所组成的适合于科技成果产业化的创新模式。这种模式在国际上也是一种很成功的模式，被称为"能力中心"——即由政府、大学、企业三方出资，大学、企业两方出研究人员，组建研究与开发中心。这种模式将科研人员与企业的生产实际密切结合，使得科研活动有较高的针对性，科研成果的产业化也具有较高的成活率。而PSS的成功研制与生产，正是这种模式有效性的一个有力的佐证。

03 第三章
我国海洋科技发展现状

本章从海洋科学、海洋高技术、海洋科技创新能力、海洋调查和科学考察等方面全面阐述我国海洋科技发展实践，并对我国海洋科技发展水平进行定量综合评价。

第一节　中国海洋科学进展

海洋科学一般指海洋自然科学，是研究海洋的自然现象、性质及其变化规律，以及与开发利用海洋有关的知识的科学。海洋科学是在物理学、化学、生物学、地理学背景下发展起来的，形成了海洋气象学、物理海洋学、海洋化学、海洋生物学和海洋地质学等学科方向。中华人民共和国成立70多年来，随着国家整体实力的逐步提升，中国主要在物理海洋学、化学海洋学、海洋生物学、海洋卫星遥感技术与应用、南大洋地质研究等海洋科学领域取得了长足的进展。

一、物理海洋学

中华人民共和国成立以来，中国的物理海洋学研究在调查观测、理论研究和数值模拟及预报方面取得了长足的进步，在海浪、潮汐与海平面、大洋环流、水团和陆架环流、海洋中尺度过程、湍流与混合、数值模拟与同化、实验室模拟、海气相互作用与气候、海冰与极地、海洋气象、海洋物理研究等方面取得了丰硕的成果，组织实施了针对中国近海、大洋和极地的多个大型观测计划和国际合作项目，成果在海洋环境安全保障中得到良好的应用。[①]

近些年，中国的物理海洋学研究主要在全球海洋碳循环、海洋环流、厄尔尼诺现象、海洋水动力、海水能量循环等领域取得了突破性进展。

我国在全球海洋碳循环机制领域取得了四项主要成果。一是揭示了深海两步硝化过程的耦合机制，量化深海硝化过程对全球海洋碳循环的贡献，为深海物质与能量循环研究提供了新的参数，对深入认识深海生

[①] 魏泽勋，郑全安，杨永增，等. 中国物理海洋学研究70年：发展历程、学术成就概览[J]. 海洋学报，2019，41（10）：23-64.

物地球化学过程具有重要意义。[1] 二是首次在定量水平上揭示潮间带内碳、氮的耦合与传输过程存在层次清晰的水平嬗变规律，并对潮汐和波浪的外部驱动产生响应和反馈，形成"海绵式呼吸"的碳、氮交换模态。[2] 三是深入研究了气候变化对亚热带构造稳定区的山脉侵蚀、山溪性河流沉积输运过程及入海沉积物组成的主要控制作用，这显示浙闽河流入海沉积物组成的时空多样性，强调气候因子在亚热带构造稳定区的山脉侵蚀作用、在沉积输运过程中的重要角色，对地史时期构造—气候—沉积耦合关系研究有启示意义。[3] 四是发现了升温可直接刺激沉积物反硝化过程释放 N_2O，其温度响应显著高于反硝化和厌氧氨氧化过程；相对于厌氧氨氧化过程，反硝化过程具有较高的最适温度。[4]

我国在海洋动力学领域取得四项主要成果。一是中国科学家解决了海水垂向运动引发的热量输送及其动力机制这一物理海洋学研究领域的经典难题。中国科学家在国际上首次提出了中尺度涡旋垂向热输送与海气热交换间的耦合动力机制，这是对中尺度涡旋垂向热输送理论的重要发展。这项研究揭示了中尺度涡旋垂向热输送对海洋锋面的重要维持作用，改变了"中尺度涡旋通过水平热输送过程破坏海洋锋面"这一传统观

[1] Zhang Y, Qin W, Hou L, et al. Nitrifier adaptation to low energy flux controls inventory of reduced nitrogen in the dark ocean[J]. Proceedings of the National Academy of Sciences, 2020, 117（9）: 4823-4830.

[2] Cai P, Wei L, Geibert W, et al. Carbon and nutrient export from intertidal sand systems elucidated by $^{224}Ra/^{228}Th$ disequilibria[J]. Geochimica et Cosmochimica Acta, 2020, 274: 302-316.

[3] Jian X, Zhang W, Yang S, et al. Climate-Dependent Sediment Composition and Transport of Mountainous Rivers in Tectonically Stable, Subtropical East Asia[J]. Geophysical Research Letters, 2020, 47（3）: e2019G2086150.

[4] Tan E, Zou W, Zheng Z, et al. Warming stimulates sediment denitrification at the expense of anaerobicammonium oxidation[J]. Nature Climate Change, 2020, 10（4）: 349-355.

点，为海洋环流理论提供了新的认识。[①] 二是中国科学家揭示了新几内亚沿岸海流的垂直结构及其季节和年际变化规律与动力机制。该研究促进了我国对新几内亚沿岸海域海流垂直结构及其变化规律的认识，并为进一步研究太平洋跨赤道物质能量输运过程及其对印尼贯穿流变异的影响奠定了基础。[②] 三是中国科学家发现了涡旋影响北阿拉伯海冬季水华的观测证据。该研究利用海洋—生态耦合模型计算发现，涡旋效应可以导致沿海地区的冬季水华发展成熟，据估计这种涡旋效应可达到"混合加深"效应的两倍。该研究揭示的 2017—2018 年冬季北阿拉伯海水华的发生机制，有助于深入理解海洋动力—生态过程的耦合效应。[③] 四是中国科学家关于海洋边界层动量通量的研究成果"海洋中的动量通量可超过风应力"，在美国地球物理学会会刊《地球与空间科学新闻》上发表。该成果颠覆了传统边界层理论一直认为海洋边界层中的动量通量等于或小于海面风应力的假定，在国内外首次发现海洋中动量通量可以显著大于风应力，且基于现场观测揭示了海洋动量通量与海浪之间的直接关系，颠覆了传统的理论假设，深化了对海洋边界层动量通量的科学认知，可进一步提高海洋和气候的预测预报精度，更好地服务社会与经济的可持续发展。[④]

---

① Jing Z, Wang S, Wu L, et al. Maintenance of mid-latitude oceanic fronts by mesoscale eddies[J]. Science Advances, 2020, 6 (31): eaba7880.

② Zhang L, Wu J, Wang F, et al. Seasonal and interannual variability of the currents off the New Guinea coast from mooring measurements[J]. Journal of Geophysical Research: Oceans, 2020, 125 (12): e2020JC016242.

③ Wang T, Du Y, Liao X, et al. Evidence of Eddy-Enhanced Winter Chlorophyll-a Blooms in Northern Arabian Sea: 2017 Cruise Expedition[J]. Journal of Geophysical Research: Oceans, 2020, 125 (4): e2019JC15582.

④ Huang C J, Qiao F. Simultaneous Observations of Turbulent Reynolds Stress in the Ocean Surface Boundary Layer and Wind Stress over the Sea Surface[J]. Journal of Geophysical Research: Oceans, 2021, 126 (2): e2020JC016839.

我国在有关厄尔尼诺现象研究方面取得了两项主要成果。一是中国科学院海洋研究所科学家依托"热带西太平洋暖池热盐结构与变异的关键过程和气候效应"项目，完整刻画出暖池三维热盐结构（温度和盐度结构），这有利于精准预报厄尔尼诺现象及暖池对中国气候的影响。这一项目获得了 2019 年度山东省自然科学奖一等奖。[①] 根据这一科研成果，中国科学家建立了新型气候变化预报系统，显著提升了中国对厄尔尼诺现象的预报能力。二是中国科学家首次发现并提出，厄尔尼诺现象可以通过气候系统的非线性作用"记住"其过去的表现并对其将来变暖下的响应做出相应调整。中国科学家通过对历史与将来温室气体强迫的气候模型进行若干次重复试验，每次试验只在初始条件中增加一点随机的微小扰动，研究发现模型气候系统接下来厄尔尼诺的演变发展都会截然不同（类似于"蝴蝶效应"）。这看似杂乱无章的演化过程背后却蕴含着深刻的内在联系，即：如果初始阶段的厄尔尼诺较为活跃，那么在这个世纪以后的全球变暖下厄尔尼诺现象的变率增加幅度较小，反之亦然。导致这种变化的原因在于起始阶段较活跃的厄尔尼诺会使得热带海洋向大气输送更多的热量，这就延缓了全球变暖引发的上层海洋层结增加的进程，进而减缓了海洋—大气之间的耦合效率，使得厄尔尼诺现象的变率增加减缓。这一厄尔尼诺现象的自我调节机制在国际主流气候模式中均得到了验证。[②] 该项研究成果为认识气候变率尤其是厄尔尼诺事件在跨时间尺度以及气候变化背景下的调整演化提供了全新的视角，为理解气候模式对未来预测的差异化结果提供了合理的科学解释，对国际社会应对气

---

① 我国科学家完整刻画出全球"气候心脏"三维热盐结构[N].中国自然资源报，2020-07-09.
② Cai W, Ng B, Geng T, et al. Butterfly effect and a self-modulating El Nio response to global warming[J]. Nature，585:68-73.

候变化与制定气候政策具有重要指导作用。

在海水能量循环方面，中国科学家在《地球物理通讯》上发表研究成果，提出了"北冰洋淡水储能"的新概念，为北冰洋淡水含量的诊断和预测提供了新思路。[①]中国科学家在国际著名地学类学术期刊《全球生物地球化学循环》上发表了题为《揭示西北冰洋海冰消退后表层海水二甲基硫浓度及海气通量变化机制》的论文，揭示了北冰洋海冰快速消退如何影响海洋生源硫化物释放变化。该成果对于评估海洋生源硫化物对北冰洋气候变化的影响具有重要意义。[②]

二、化学海洋学

中华人民共和国成立后至 20 世纪 80 年代初，我国开展了大量的化学海洋学研究，这一阶段绝大部分的化学海洋学研究均关注海水中化学物质的分布与迁移，聚焦于研究海水元素的地球化学特征，以 1959 年的全国海洋普查、系列区域海洋调查以及 20 世纪 70 年代末的中外联合调查最具代表性，这些调查研究基本查清了中国近海及邻近环境中常规化学物质的分布特征，完成了中国化学海洋学领域的基础性工作。改革开放至今的 40 多年间，中国的化学海洋学研究在生源要素的海洋生物地球化学过程、微 / 痕量元素和同位素的海洋化学以及生物过程作用下的物质迁移转化等领域取得了重要进展，在揭示人为作用下中国近海和深海大洋相互作用机制以及探明人为影响和自然变化下的海洋

---

① Wang S, Wang Q, Shu Q, et al. Nonmonotonic Change of the Arctic Ocean Freshwater Storage Capability in a Warming Climate[J]. Geophysical Research Letters, 2021, 48（10）: e2020GL090951.

② Zhang M, Marandino C.A, Yan J, et al. Unravelling Surface Seawater DMS Concentration and Sea-To-Air Flux Changes After Sea Ice Retreat in the Western Arctic Ocean[J]. Global Biogeochemical Cycles，2021，35（6）: e2020GB006796.

生态环境变化机制方面有许多独到见解。目前中国的化学海洋学研究实现了与国际水平接轨，研究方法、研究手段、研究领域、研究的深度与广度等均与世界先进水平国家相当，发表的论著量巨大。[①]

三、海洋生物学

中华人民共和国成立 70 多年来海洋生物学相关研究的发展历程可以归纳总结为四个阶段，即：中华人民共和国成立前的零星基础研究阶段、中华人民共和国成立后学科的全面填补基础研究阶段、20 世纪 90 年代起至 2009 年的追踪国际主流和热点研究的跟跑阶段以及 2010 年后的快速发展阶段。[②]

1920—1948 年，是我国海洋生物学研究的启蒙阶段。中国早期的海洋生物学研究，零星起源于各地海洋生物学家的兴趣研究，研究以生物分类和地理分布为主，多为近岸或近海的工作。

1949—1989 年，是中华人民共和国成立后全面建设学科的填补阶段。这一时期中国陆续建立了 100 多个海洋生物学研究的科研机构，并开展了一系列的海洋调查。这一时期，海洋调查主要取得了三方面的成绩：一是初步划分了中国海动植物区系。二是对中国各海域的浮游生物、底栖生物和游泳生物开展了系统研究，对生态系统的概念也进行了探讨。三是在主要经济海洋动植物的实验生态学研究方面有了显著的进展，其中，对海带、紫菜、对虾、贝类以及 20 多种鱼的实验生态学研究较有成效，成功解决了苗种培育、育珠技术和人工养殖技术难题。

---

① 宋金明，王启栋，张润，等. 70 年来中国化学海洋学研究的主要进展[J]. 海洋学报，2019，41（10）：65-80.
② 孙军，蔡立哲，陈建芳，等. 中国海洋生物研究70年[J]. 海洋学报，2019，41（10）：81-98.

1990—2009 年，中国海洋生物学研究紧跟国际潮流，围绕着海洋生态系统各种过程的展开。中国从 20 世纪 90 年代开始逐渐引入生态系统概念和模型方法，海洋生物学研究逐渐起步。中国科学家较早认识到海洋生态系统动力学的重要性，并成为首届国际全球海洋生态系统动力学（Global Ocean Ecosystem Dynamics，GLOBEC）科学指导委员会成员，直接参与了 GLOBEC 科学计划和实施计划的制定。

2010 年至今，是海洋生物学研究的快速发展阶段。2010 年前后，中国科学家在海洋分子生物学领域做出显著成果。例如，焦念志研究团队提出了基于微型生物生态过程的"微型生物碳泵"（Microbial Carbon Pump，MCP）理论[1][2]。托德（Todd）博士和张晓华合作的研究首次发现海洋异养细菌可以合成二甲基硫基丙酸（Dimethylsulfonio Propionate，DMSP）[3]，对海洋石油降解菌代谢机制的认识有了突破性进展，相关研究成果获评 2014 年中国十大海洋科技进展之一。

近年来，中国海洋生物学研究主要在发现海洋生物物种、海洋生物光合作用机制以及海洋生物基因组学、深海微生物人工培育、深海细菌耐压机制探究等领域取得重要进展。

在发现海洋生物物种方面，2020 年，中国科学家发现并命名了 5 个深海生物新物种和 1 个西沙群岛新物种。5 个深海生物新物种分别是海

---

① Jiao Nianzhi, Herndl G J, Hansell D A, et al. Microbial production of recalcitrant dissolved organic matter : long-term carbon storage in the global ocean[J]. Nature Reviews Microbiology, 2010, 8（8）: 593-599.

② He Y, Li M, Perumal V, et al. Genomic and enzymatic evidence for acetogenesis among multiple lineages of the archaeal phylum bathyarchaeota widespread in marine sediments[J]. Nature Microbiology, 2016, 1（6）: 16035.

③ Curson A R J, Liu Ji, Martínez B A, et al. Dimethylsulfoniopropionate biosynthesis in marine bacteria and identification of the key gene in this process[J]. Nature Microbiology, 2017, 2（5）: 17009.

洋所紫柳珊瑚（新种）、海洋所镖毛鳞虫（新种）、海洋所三歧海牛（新种）、海洋所异胸虾（新种）、海洋所长茎海绵（新种）。① 在西沙群岛发现的新物种命名为石屿海泽甲。这是继命名羚羊礁海蟳后，中国科学家再次以南海单一岛礁的名称命名新的动物物种。石屿海泽甲的模式产地是石屿礁，该礁位于西沙群岛永乐环礁的东部，以石屿作为该新物种的合法名称，具有维护国家南海权益的特殊意义。同时，该新物种的发现，也有助于中国在未来开展海洋生物学、进化生物学、行为学、仿生学等领域的相关研究。② 2021 年，国际学术期刊《危险材料杂志》发表了中国最新研究成果，首次发现能有效降解聚乙烯对苯二甲酸酯（PET）和聚乙烯（PE）两种塑料的海洋微生物菌群和酶，为获得塑料降解微生物和功能酶、发展降解塑料垃圾生物制品提供了重要理论依据和候选材料，并有望突破难降解塑料聚乙烯的降解瓶颈。③ 同年，国际著名动物学期刊《林奈学会动物学杂志》发表中国成果，中国科学家在西太平洋雅浦海沟和马里亚纳海沟附近 4 座海山中发现 11 个深海铠甲虾新种。④

我国在海洋生物光合作用机制研究方面取得两项主要成果。一是中国科学家首次对南极海冰生态系统特有的南极衣藻进行了基因组适应性进化研究，揭示了南极嗜冷绿藻基因组水平适应极端环境的分子机制。

① 中科院海洋研究所正式公布5个深海生物新物种[EB/OL].（2020-08-04）[2020-11-14]. http://www.nmdis.org.cn/c/2020-08-07/72510.shtml.

② 中山大学科学家再在西沙群岛发现新物种[EB/OL].（2020-06-24）[2020-11-14]. http://www.nmdis.org.cn/c/2020-06-24/72112.shtml.

③ Gao R, Sun C. A marine bacterial community capable of degrading poly（ethylene terephthalate）and polyethylene[J]. Journal of Hazardous Materials, 2021, 416: 125928.

④ Dong D, Gan Z, Li X. Descriptions of eleven new species of squat lobsters （Crustacea : Anomura）from seamounts around the Yap and Mariana Trenches with notes on DNA barcodes and phylogeny[J]. Zoological Journal of the Linnean Society, 2021, 192（2）: 306-355.

该研究成果揭示了南极冰藻适应极端环境的分子机制与南极冰藻基因组的演化历程，为深入理解南极冰藻对极端环境的适应机制提供了重要理论依据，为发掘和开发利用极地资源提供了重要基础。[①] 二是中国海洋大学与英国利物浦大学合作，在揭示复合物在天然类囊体膜上的结构状态和协作关系，以及如何通过动态协作实现能量的传递及调控方面取得重要进展。该研究对近生理状态下蓝细菌类囊体膜结构的认知，不仅可以加深我们对蓝细菌、真核藻类以及高等植物的光合装置的生理功能和环境适应的理解，而且为利用合成生物学制造高效的人工光合膜和光能生物转化系统等研究提供了重要的理论基础。[②]

在海洋生物基因组学领域，中国建立了国际首个软体动物综合基因组数据库（MolluscDB）。MolluscDB提供了目前国际上最为系统全面的软体动物基因组数据库平台，使软体动物研究人员能够应对并充分利用日益增长的海量组学资源，从而加快对重要基因资源的发掘研究进程，推动对海洋生物独特生命过程的遗传演化规律的认知，为贝类遗传育种工作提供了有力的支持。[③]

在深海微生物人工培育方面，国际生物学期刊《国际微生物生态学协会期刊》发布了中国科学家关于深海难培养微生物——软壁菌门（Tenericutes）细菌首次纯培养及其特殊生命过程的研究成果，为突破深

① Zhang Z, Qu C, Zhang K, et al. Adaptation to Extreme Antarctic Environments Revealed by the Genome of a Sea Ice Green Alga[J]. Current Biology, 2020, 30（17）: 3330-3341.

② Zhao L S, Huokko T, Wilson S, et al. Structural variability, coordination and adaptation of a native photosynthetic machinery[J]. Nature Plants，2020, 6（7）:869-882.

③ Fuyun L, Yuli L, Hongwei Y, et al. MolluscDB: an integrated functional and evolutionary genomics database for the hyper-diverse animal phylum Mollusca[J]. Nucleic Acids Research, 2021, 49（1）: 988-997.

海难培养微生物的培养瓶颈及深入了解深海稀有微生物类群的环境适应机制提供了重要理论依据和研究范例。[①]

在深海细菌耐压机制研究方面，中国科学家发现三甲胺氧化为氧化三甲胺可以协助海洋细菌适应高静水压，该项研究成果在线发表在期刊《科学进展》上。深海具有高压、低温、黑暗等极端环境特性，曾被认为是生命的禁区。但该项研究发现，在深海高压条件下，氧化三甲胺能够保护蛋白质等生物大分子维持正常的构象，发挥生物学功能，从而使得菌株具有耐受深海高静水压的能力，维持生存和生长。[②]

四、中国海洋卫星遥感技术

中国的海洋遥感技术起步稍晚，但自 20 世纪 60 年代以来，取得了丰硕成果。中国制定了长远的海洋卫星发展规划，发展了海洋水色、海洋动力环境和海洋监视监测三大系列海洋卫星，逐步形成了以自主卫星为主导的海洋空间监测网。从 2002 年发射中国第一颗海洋卫星 HY-1A 以来，中国至今已发射了 3 颗海洋水色卫星、3 颗海洋动力环境卫星、1 颗海洋监视监测卫星，实现了对全球海洋环境的逐日观测，遥感产品质量也得到极大提升，部分遥感产品已达到国际先进水平。我国在海洋卫星遥感反演技术方面也取得了全方位的突破。[③]

---

① Zheng R, Liu R, Shan Y, et al. Characterization of the first cultured free-living representative of Candidatus Izimaplasma uncovers its unique biology[J]. The ISME Journal, 2021, 15（9）: 2676-2691.

② Qin Q L, Wang Z B, Su H N, et al.Oxidation of trimethylamine to trimethylamine N-oxide facilitates high hydrostatic pressure tolerance in a generalist bacterial lineage[J]. Science Advances, 2021, 7（13）: eabf9941.

③ 林明森, 何贤强, 贾永君, 等. 中国海洋卫星遥感技术进展[J]. 海洋学报, 2019, 41（10）: 99-112.

五、中国海洋卫星遥感应用

中国海洋卫星遥感应用先后经历了20世纪70年代的起步和探索阶段，20世纪80年代的试验和初步应用阶段，以及20世纪90年代以来的业务化应用阶段。

1973年，中国开始接收美国国家海洋和大气管理局（NOAA）气象卫星资料[1]。20世纪70年代末至80年代末，中国利用气象卫星和陆地卫星数据开展了海洋气象分析、中尺度涡旋等应用研究，并在渤海湾、杭州湾等海域使用航空遥感开展了溢油、海表温度等遥感应用研究。20世纪80年代末至90年代初，中国将卫星遥感数据应用于海洋渔场速报、海洋灾害监测等领域。如蒋兴伟等[2]利用意大利COSMOSky-Med卫星合成孔径雷达（SAR）图像，开展浒苔（绿潮）信息快速提取应用研究，并依托国家卫星海洋应用中心构建了浒苔灾害卫星遥感应急监视监测系统。

2002年至2011年间，中国分别开展了HY-1和HY-2卫星的海温监测、海岸带动态监测、海洋风暴潮监测、海—气相互作用应用等领域的示范应用。2016年8月，中国发射了搭载C波段SAR的GF-3卫星，其高分辨率SAR数据已广泛应用于海上目标、绿潮、台风灾害等海洋应用领域。此外，中国于2002年3月和12月发射的"神舟三号""神舟四号"飞船上分别搭载了中分辨率水色成像光谱仪（CMODIS）和多模态微波遥感器。2016年发射的"天宫二号"空间站上搭载了中分辨率宽谱段水色成像仪和三维成像微波高度计，对新型海洋卫星遥感载荷进行研制和试验。2018年9月和10月，我国分别发射了中国第一批业务化海洋

① 郑全安，吴克勤. 我国的海洋遥感十年发展回顾（1979—1989）[J]. 海洋通报，1990,9（3）：90-96.

② 蒋兴伟，刘建强，邹斌，等. 浒苔灾害卫星遥感应急监视监测系统及其应用[J]. 海洋学报，2009, 31（1）：52-64.

卫星HY-1C 和HY-2B，研制了业务化运行的地面应用系统。2018 年10月，我国发射了国际合作科研试验卫星——中法海洋卫星（CFOSAT），该卫星搭载了微波散射计和波谱仪两个微波遥感载荷。[①]

六、海洋地质学

中国科学家经过近几十年的研究积累，尤其是通过实施5 个国际大洋钻探航次（1999—2018 年）与国家自然科学基金委"南海深海过程演变"重大研究计划（2011—2019 年），获得了大量宝贵的第一手资料，取得了一系列关于南海研究的创新进展与重大突破，这标志着我国南海海洋地质与地球物理研究正走向国际前沿。我国取得了五方面的重要研究成果：一是新提出南海是"板缘张裂"盆地；二是大洋钻探首次获取了基底玄武岩样品，精确测定了南海海盆玄武岩年龄，揭示了南海海盆从东向西分段扩张的事实；三是大洋钻探结果发现，南海陆缘岩石圈减薄之初岩浆迅速出现，未发现缓慢破裂造成的蛇纹岩出露；四是发现南海扩张结束后仍存在大量岩浆活动，可能受控于多种构造与地幔因素；五是地球化学证据与地球动力学模拟都显示南海岩浆的形成受到周边俯冲带的影响。[②]

近年来，中国海洋地质研究取得的新进展主要体现在南大洋生源硫循环、深海反气旋帽观测以及渤海海洋地质方面。

南大洋生源硫循环是海洋生物地球化学循环的重要组成部分，是掌握海洋生物活动与气候变化间作用与反馈机制的关键，也是目前研究的热点和难点。海洋大气中的甲基磺酸（MSA）是由海洋生物代谢过程产

① 蒋兴伟，何贤强，林明森，等. 中国海洋卫星遥感应用进展[J]. 海洋学报，2019，41（10）：113-124.
② 林间，李家彪，徐义刚，等. 南海大洋钻探及海洋地质与地球物理前沿研究新突破[J]. 海洋学报，2019，41（10）：125-140.

生的二甲基硫（DMS）在大气中氧化生成的，对生源硫循环和气候效应具有重要的作用，从而被广泛关注。中国科学家在南大洋生源硫的海——气转化过程及气溶胶生成机制研究方面取得新进展，该研究利用高分辨气溶胶质谱技术，分析了甲基磺酸在不同颗粒上的存在特征，首次揭示了南大洋甲基磺酸在不同细颗粒表面的生成具有选择性，并定量给出了甲基磺酸在不同细颗粒上的生成率，为二甲基硫在大气中的氧化及甲基磺酸生成提供了新认识。[1]

中国科学家 2020 年取得的有关深海反气旋帽观测方面的成果揭示了覆盖采薇平顶海山的深海反气旋帽三维结构。该研究提出了背景流、半日潮与地形非线性相互作用共同激发深海绕海山反气旋帽形的驱动机制。研究发现，平顶海山深海反气旋帽可能对局地沉积物及富钴结壳资源分布有重要的调控作用，对今后结壳资源勘探开发有重要的指示意义。[2]

2021 年，中国科学家在渤海海洋地质方面取得新进展，在国际期刊《第四纪国际》（Quaternary International）上在线发表了题为《中更新世以来辽东湾西北部沉积环境演化与物源分析》的论文。该研究发现，中更新世末期以来该区开始发生大规模海侵，至全新世共发生了三次，与全球海平面变化一致，但与早期渤海及辽东湾海侵的研究结果不同。沉积物来源分析显示，该区为一个混合沉积区，主要沉积物来自黄河、辽河（原双台子河）和大辽河。该研究认为，黄河携带入海泥沙向北扩散最远可以到达北纬 40.5° 以北地区，对此前研究黄河携带入海泥沙只能到达北

---

① Yan J, Jung J, Zhang M, et al. Uptake selectivity of methanesulfonic acid（MSA）on fine particles over polynya regions of the Ross Sea, Antarctica[J]. Atmospheric Chemistry and Physics, 2020, 20（5）: 3259-3271.

② Binbin G, Wang W, Shu Y, et al. Observed Deep Anticyclonic Cap Over Caiwei Guyot[J]. Journal of Geophysical Research Oceans，2020，125（10）: e2020JC016254.

纬 39.6°的认识是一个重要更新。该项研究为渤海晚第四纪沉积环境演化过程、黄河贯通及输送物质运移和渤海环流体系等科学问题的研究提供了重要参考。①

---

①辽东湾北部沉积环境研究获新进展[N]. 中国自然资源报，2021-04-01.

第二节　中国海洋高技术进展

　　根据国家海洋行业标准，海洋高技术包括海洋探测技术、海洋开发技术、海洋装备制造技术、海洋新材料技术、海洋高技术服务 5 个领域①。近十几年来，在国家创新驱动战略和海洋强国建设的指引下，我国在深水、绿色、安全的海洋高技术领域取得了突破，在推动海洋经济转型升级过程中急需的核心技术和关键共性技术方面取得了突破，成为推动新时代海洋经济高质量发展的重要引擎和建设海洋强国的重要支撑力量。目前，我国已基本实现浅水油气装备的自主设计建造，全海深载人潜水器、无人遥控潜水器不断创造深潜新纪录，多项海工船舶已形成品牌，深海装备制造取得了重大进展，部分装备已处于国际领先水平。海洋卫星组网业务化观测格局已全面形成。我国已成功开展 38 次南极科学考察、12 次北极科学考察以及近 70 次的大洋科学考察。

一、海洋探测技术

　　海洋探测技术包括海洋资源勘探技术和海底物体探测技术。海洋资源勘探技术包括海洋矿产地质勘查技术和海洋生物资源勘查技术。海洋矿产地质勘查技术包括海洋石油天然气地质勘查、海底天然气水合物地质勘查、海洋固体矿产地质勘查、海洋地热资源勘查、大洋多金属结核和富钴结壳勘查、海底热液硫化物勘查等。海洋生物资源勘查技术包括深海生物资源勘查和极地生物资源勘查。海底物体探测技术主要包括沉船探测等。①

　　海洋探测需要进入深海大洋、探测深海大洋，其对深海装备要求不

---

① 国家海洋局. 中华人民共和国海洋行业标准: HY/T130—2010[S]. 北京: 中国标准出版社, 2010: 2-10.

断提高。目前，我国已拥有以"蛟龙"号、"海龙"号、"潜龙"号等，"三龙体系"为代表的，能开展深海大洋探测的高新深海装备，我国深海探测、深海调查的工作模式发生了深刻的变化，复合作业、集群作业和协同作业已经成为中国大洋考察新模式。随着我国海洋探测模式发生深刻变化，近些年我国海洋探测技术在大洋勘查、极地探测、海底探测等领域取得了突破性进展。

2018 年，"向阳红 01"科考船在大洋首次布放并成功回收中国自主研发设计的水下滑翔机"海燕"。这是中国首次利用自主研发水下滑翔机开展大洋湍流观测，对加强海洋预报、深海环境保护及气候变化预测等方面的研究具有重要的科学意义。[①]同年，由中国自主研发的"海龙 Ⅲ"无人缆控潜水器（ROV）在西北太平洋海山区成功实施 5 次深海下潜，完成了对典型海山的环境调查任务。"海龙 Ⅲ"ROV 系统的试验性应用成功的结果表明，"海龙 Ⅲ"性能状态稳定、作业模式成熟、取样手段丰富、本体操控娴熟，能够适应多种水深和地形环境，具备了在全球 60%的海域开展科学考察活动的能力，这标志着中国深海科学考察又增添一项新利器 [②]。同年，中国在深海热液原位探测方面取得新突破，在国际上首次获得高温热液流体中溶解二氧化碳及硫酸根离子的原位浓度。中国科学家据此推断，热液活动对全球气候变化的影响可能被低估。这一成果被国际地学期刊《地球化学、地球物理学、地球系统学》（Geochemisy Geophysics Geosystems）以封面研究论文形式刊发。[③]

2019 年，中国自主研制的极地钻探装备成功钻穿近 200 米厚的南极

---

① 打破国外垄断的"海燕"水下滑翔机[N]. 中国海洋报，2018-08-15（1B）.

②"海龙 Ⅲ"在西北太平洋试验性应用获得成功[N]. 中国海洋报，2018-09-04（1B）.

③ 我国深海热液原位探测取得新突破[N]. 中国海洋报，2018-08-07（1B）.

冰盖，获取了连续的冰芯样品和冰下岩心样品。这是中国自行研制的极地冰盖及冰下基岩钻探装备首次在南极应用，所获冰下岩心样品属国际上在这一区域首次获得，为南极冰盖运动和演化研究以及东南极冰下地质学研究提供了重要的科学依据。[①]

2020年，由中国极地研究中心牵头研发的我国首套极区中低层大气激光雷达探测系统，通过技术暨业务试运行验收。该系统与目前正在研发的钠荧光多普勒激光雷达系统相结合，首次在南极地区利用激光雷达系统实现极区大气准全高程地基同步观测，为海洋环境安全保障提供了重要资料，为中国开展极区大气前沿科学问题研究提供了关键技术与装备[②]。同年，中国成功研发了首款可同时探测海底地形、地貌与浅地层剖面的多元海底特性多波束一体化声学探测装备，该设备填补了中国海底特性多波束一体化声学探测装备领域的空白。该技术总体达到国际先进水平，其中海底地形地貌与浅地层剖面共点同步探测技术以及浅剖探测扇面、浅剖探测分辨率、一体化探测波束数等指标处于国际领先水平。[③]同年，中国海岛水下监视监测移动智能平台研发项目通过专家验收。该平台是国内首次将合成孔径声呐与无人智能平台共形安装，建立了一体化智能探测海底掩埋物新模式，集成度、作业效率和作业精度显著提高，在航迹精准控制、主动智能减摇、自动布放回收和海底掩埋物探测方面有重大创新，对海底掩埋物探测专业领域具有推广应用价值。[④]

2021年，中国自主研发的深海4500米级宽频近底声学探测系统开

---

① 中国自主研发装备成功钻取南极冰下基岩[N]. 中国海洋报，2019-02-18（1B）.

② 我国首套极区中低层大气激光雷达探测系统通过验收[EB/OL].（2020-11-03）[2020-11-11]. http://app.iziran.net/tags=极地科考.

③ 海底声学探测添利器[EB/OL].（2020-10-16）[2020-11-11]. http://www.iziran.net/difanglianbo/20201016_128333.shtml.

④ 新"利器"探测海底掩埋物[N]. 中国自然资源报，2020-07-22.

展了试验性应用，为中国在西南印度洋合同区的硫化物资源评价提供了新的支撑。这是国际上洋中脊硫化物区首次开展近底声学高分辨率探测应用，表明中国在海底资源地质与地球物理高分辨率探测方面取得了重要进展。[1] 同年，中国"探索一号"科考船携"奋斗者"号载人潜水器完成 2021 年度第二航段马里亚纳海沟常规科考任务。航次期间"奋斗者"号载人潜水器共下潜 23 次，其中 6 次超过万米，在马里亚纳海沟"挑战者深渊"最深区域进行了科考作业，采集了一批珍贵的深渊水体、沉积物、岩石和生物样品。至此，"奋斗者"号已完成 21 次万米下潜，已有 27 位科学家通过"奋斗者"号载人潜水器到达过全球海洋最深处。我国万米深潜作业次数和下潜人数居世界首位。[2]

二、海洋开发技术

海洋开发技术包括海洋生物资源开发技术、海洋矿产资源开采技术、海洋可再生能源技术、海水综合利用技术和海洋工程技术。[3]

（一）海洋生物资源开发技术

海洋生物资源开发技术包括海水产品高效增养殖技术、海水种植技术和海洋生物医药技术。[3]海水产品高效增养殖技术包括海水苗种生产技术、海洋生物良种培育技术、海洋渔业资源保护及增殖技术、海上高效养殖技术、滩涂高效养殖技术。海水种植技术包括海水植物种植技术、海水植物种质改良技术、海水植物深加工技术、海水植物种质资源保护

---

① 海洋二所声学探测系统开展试验性应用[N]. 中国自然资源报，2021-05-26.
② "奋斗者"号已完成21次万米下潜 27位科学家到达过全球海洋最深处[EB/OL].（2021-12-05）[2023-03-16]. http://news.cctv.com/2021/12/05/ARTIFTOhkz4mA3wLlIrz9fnA211205.shtml.
③ 国家海洋局. 中华人民共和国海洋行业标准：HY/T130—2010[S]. 北京：中国标准出版社，2010：2-10.

技术。海洋生物医药技术包括海洋生物药品制造技术、海洋化学药品制剂制造技术、海洋中药饮片加工技术、海洋中成药制造技术、海洋保健品制造技术。

1.海水产品高效增养殖技术

强大的海水产种业是海水养殖健康可持续发展的重要基础。我国历史上"鱼、虾、贝、藻、参"5次海洋水产养殖浪潮，都是首先通过攻克相关苗种繁育推动大规模养殖产业化的。随着养殖空间挤压和种质资源的衰减，原种引进模式已不能有效推动产业进一步发展。为此，我国海水养殖领域科学家在主要海水养殖物种中开展了大量的育种理论和技术研究，累计培育了海水养殖新品种100余个，有效促进了我国海水养殖业的发展。

近年来，我国在"虾、贝、藻"的新品种繁育方面取得了长足进展。

2020年中国科学院海洋研究所培育的牡蛎新品种"海蛎1号"，成为农业农村部2020年审定通过的14个水产新品种之一。"海蛎1号"是海洋所贝类增养殖与育种生物技术团队在对牡蛎野生种质资源精细评估以及营养品质性状系统解析的基础上，利用分子育种结合传统育种手段，历时十余年培育成功的。该品种的示范推广养殖将带动我国牡蛎产业从产量效益型向质量效益型转变，有望成为牡蛎国际市场的高端产品，助力我国水产养殖业的高质量绿色发展。[1]

2021年，自然资源部第三海洋研究所与亚太海洋生物科技（厦门）有限公司，联合发布了抗"玻璃苗"疫病对虾种苗选育新成果——经过近一年选育的对虾亲本正式亮相。这个新品系具备优良的抗"玻璃苗"病害

---

[1] 中科院海洋所历时十余年培育出牡蛎新品种"海蛎1号"[EB/OL].（2023-03-16）[2020-11-15]. http://www.nmdis.org.cn/c/2020-10-28/73087.shtml.

性能，在感染"玻璃苗"病害后存活率超过 90%，在对虾育种科研方面取得了重大突破。[1]同年，中国发布高产、优质的杂交海带"中宝 1 号"培育成功。该品种具有产量高、藻体宽阔、出成率高、栽培期不形成孢子囊等多项显著优点。在北方地区相同的栽培条件下，与普通养殖的海带相比，"中宝 1 号" 7 月中下旬产量平均提高 63.9%，适宜在辽宁、山东等沿海人工可控的海水水体中栽培。目前，"中宝 1 号"已在辽东和山东（长岛）产区得到规模化推广应用。[2]

2. 海水种植技术

我国在海水种植技术领域起步较晚。我国有盐生植物 424 种，占世界盐生植物的 1/4，其抗盐能力为海水盐度的百分之几到几倍不等[3]，为我国发展海水种植业提供了大量的种质资源。

近 30 年来，我国相继培育出诸多海水种植品种。如：中国科学院成功培育出一种可以用海水灌溉的碱蓬[4]；山东大学利用高度耐盐的长穗高冰草与小麦进行体细胞杂交，培育了耐盐的杂交后代[5]；海南大学培育出耐盐能力明显增强的茄子、辣椒、番茄和豇豆 4 种淡水蔬菜[6]；南京农业大学选育出的"菊芋 1 号"，能够在沿海滩涂及内陆的盐碱地进行种植[7]。

我国海水稻的研究始于 20 世纪 80 年代。1986 年，农业科学家陈日

① 海洋三所攻克虾苗"玻璃苗"病害难题[N]. 中国自然资源报，2021-03-01.
② 中科院海洋所培育出海带新品种"中宝 1 号"[EB/OL].（2023-03-16）[2020-11-25]. http://www.nmdis.org.cn/c/2021-09-08/75570.shtml.
③ 叶利民，徐芬芬，徐卫红，等. 海水灌溉农业[J]. 生物学教学，2010（6）：3.
④ 邢军武. 盐碱环境与盐碱农业[J]. 地球科学进展，2001，16（2）：10.
⑤ 夏光敏，向凤宁，周爱芬，等. 小麦与高冰草属间体细胞杂交获可育杂种植株[J]. Acta Botanica Sinica（植物学报：英文版），1999，41（4）：4.
⑥ 林栖凤，李冠一. 海水灌溉农业和盐土农业研究概况和进展[C]. 全国海洋高新技术产业化论坛，2005.
⑦ 赵耕毛. 莱州湾地区海水养殖废水灌溉耐盐植物——菊芋和油葵的研究[D]. 南京农业大学，2006.

胜发现了一株野生海水稻，并经过一代代的种植、繁殖和筛选，最终在1991年确定了"海稻86"这一选育品种。2012年开始，他在国内部分省份试种，海水稻在盐碱地和滩涂正常生长。2014年9月1日，他培育的品种"海稻86"正式对外发布。2014年11月，陈日胜带领的科研团队第一次完成海水稻全基因组测序，填补了海水稻分子研究的空白。2018年，袁隆平率领的团队在灌溉水盐度为0.6%的条件下培育出了单产超过9000千克/公顷的品系。2018年12月，在国家耐盐碱水稻区试总结会的耐盐碱品种审定平台上，耐盐碱的水稻品种通过了耐盐碱品种区试，并进入了品种审定阶段。2020年，国家耐盐碱水稻技术取得了三个方面的成果，一是耐盐先锋品种"超优千号"单产达到7626千克/公顷。二是从94个供试品种中鉴定筛选出了6个耐盐苗头品种。三是全生育期规模化耐盐鉴定技术体系取得初步成功，并通过专家现场评议，共计4个耐盐碱水稻品种通过品种初审。

目前海水生物育种技术的发展十分迅猛，基于常规育种方式与数字化育种的耐盐碱水稻育种技术也已经比较成熟，但耐盐碱水稻品种的选育仍然需要通过不断杂交整合资源以提升水稻耐盐碱能力。

3.海洋生物医药技术

经过多年发展，我国在海洋药物研发技术、海洋中药开发技术和海洋保健食品研发技术方面取得较为突出的进展。

（1）海洋药物研发技术

我国是最早将海洋生物用作药物的国家之一。《山海经》记载有8种海洋药物，《黄帝内经》《神农本草经》《本草纲目》等医药典籍都记载有常见的海洋生物药①。我国研究人员在 20 世纪六七十年代考证古代医典基础上，编撰了诸多海洋药物专著，如《中国经济海藻志》《中国药用海洋生物》《南海海洋药用生物》等，这些专著为我国现代海洋生物医药技术研发奠定了坚实的理论基础。②

我国现代海洋生物医药技术的研究开始于 20 世纪 80 年代，主要包括防治心血管疾病、抗癌活性、抗微生物感染等药用海洋生物的研究③。中国海洋大学研发了我国第一种海洋药物藻酸双酯纳（PSS），用于心血管疾病治疗。1996 年，"863 计划"将海洋生物技术和海洋药物列为重点研究领域。在"863 计划"的支持下，我国的海藻纤维、海洋生物碱性蛋白酶、修复皮肤组织的"人工皮肤"等方面的技术达到国际先进水平。

截至"十二五"期末的 2015 年，全国获得国家批准的海洋药物相关专利共 26 件④，一批新型抗肿瘤、抗心脑血管疾病和抗感染类的海洋药物和技术面世，海洋医药领域的发明创造蓬勃发展。

进入"十三五"时期，海洋生物医药技术研发不断取得突破。

2017 年，中国科学家用野生海参提取物成功研发出肿瘤免疫力再生剂。中国科学院南海海洋研究所"大佑生宝"科学家小组采用蛋白酶解和分子量截取技术提取加勒比海野生海参全能干细胞肽，用来降低放疗、化疗给癌症病人带来的副作用。经广东岭南肝病研究所的追踪结果证实，全能干细胞肽能快速提升人体白细胞和血红细胞数量，可与医学界公认

---

① 王长云，邵长伦，傅秀梅，等. 中国海洋药物资源及其药用研究调查[J]. 中国海洋大学学报（自然科学版），2009，39（4）：7.

② 石秋艳，宁凌. 我国海洋生物医药产业发展现状分析及对策研究[J]. 宜春学院学报，2014，36（6）：1-4.

③ 王洛伟，韩燕，龚国川，等. 海洋药物开发现状及展望[J]. 中华航海医学杂志，1999，（6）：4.

④ 国家海洋局海洋发展战略研究所. 中国海洋发展报告（2016）[M]. 北京：海洋出版社，2016：134.

最严苛的重组人粒细胞刺激因子媲美。[①]

2018 年 7 月，在全球海洋院所领导人会议上，中国发布了海洋天然产物三维结构数据库，这是中国首次正式发布海洋化合物数据库。此时，中国已构建了全球首个包含 3 万余个人类已知的海洋化合物的三维数据库，首次完成 170 余个美国食品药品监督管理局（FDA）批准的肿瘤药物靶点对海洋化合物数据库的精确筛选，发现 1000 多个具有开发前景的抗肿瘤药物苗头分子，经过生物学、药理药效学分析，海洋药物筛选准确率由 20% 以下跃升到 70% 以上。[②]

2019 年，自然资源部第三海洋研究所在海洋微生物天然药物研究方面取得重要进展。海洋三所海洋生物遗传资源重点实验室从珊瑚来源的放线菌中，分离得到一个结构新颖的笼状聚酮类化合物，并揭示了其可能的生物合成途径。进一步研究发现，该化合物显示出的作用表明了该分子在抗肿瘤药物研发方面具有较好的潜在应用价值。[③] 同年，由中国海洋大学、中科院上海药物研究所、上海绿谷制药有限公司研发的一款治疗阿尔茨海默病的新药通过国家药监局批准后上市。这款名为"九期一"（甘露特钠，代号 GV-971）的原创新药，是以海洋褐藻提取物为原料制备获得的低分子酸性寡糖化合物，是中国自主研发并拥有自主知识产权的创新药。[④]

2020 年，中国在海洋特殊生境微生物开发利用研究方面取得新进展，自然资源部海洋生物资源开发利用工程技术创新中心对来自缺氧海

---

① 我国科学家用野生海参提取物研发成功肿瘤免疫力再生剂[N]. 中国海洋报，2017-02-16（2A）.

② 我国首次发布海洋化合物数据库[N]. 中国海洋报，2018-07-05（1B）.

③ 海洋三所在海洋微生物天然药物研究中取得重要进展[N]. 中国海洋报,2019-10-23（2B）.

④ "蓝色药库"奉献治疗阿尔茨海默症新药[N]. 中国海洋报，2019-11-05（1B）.

域一株拟微小球藻和来自南极沉积物的一株希瓦氏菌开展了产业化应用研究，其中拟微小球藻对二氧化碳的利用策略研究表明，将气体中的氧气去除可以提高其固碳能力至原先的 4.8 倍和提高其油脂产量至原先的 4.4 倍。如果采取逐步递增二氧化碳的策略，那么其固碳能力和油脂产量可以进一步分别提高 72% 和 25%。该新发现为未来利用微藻吸收工业二氧化碳生产生物能源同时进行碳减排提供了更有效的策略。该中心对南极希瓦氏菌胞外分泌的生物多糖活性测试及应用评价进行的研究显示，生物多糖注射使红罗非鱼血清中某些酶活性有不同程度的提高，进而有效提升了红罗非鱼血清的非特异性免疫功能。这两项研究的相关成果分别发表在国际期刊《应用能源》和《水产养殖》上。[1]

（2）海洋中药开发技术

海洋中药主要包括海洋植物药、海洋动物药和海洋矿物药。2015 年版《中国药典》收录了 145 个含海洋中药的成方制剂[2]。现可查含牡蛎成方制剂如乌鸡白凤丸等 216 个，含珍珠成方制剂如安宫牛黄丸等 125 个，含珍珠母成方制剂如清开灵等 41 个；剂型除药典收录的 12 种外，新增了泡腾片和注射用（冻干）针剂[3]。现阶段我国海洋生物单方药物约 20 余种，复方制剂中成药约 150 种[4]。

（3）海洋保健食品研发技术

海洋保健食品是保健食品的一部分，它主要指那些具有调节机体机

① 龙邹霞. 我国海洋特殊生境微生物开发利用研究取得新进展[EB/OL].（2020-08-27）[2020-11-10]. http://www.mnr.gov.cn/dt/hy/202008/t20200827_2544633.html.
② 李聪，杜正彩，郝二伟，等. 2015版《中国药典》含海洋中药成方制剂收录情况及其临床应用分析[J]. 中成药，2018，40（11）: 5.
③ 国家药品监督管理局. 药品查询[DB/OL].（2018-07-29）[2022-04-22]. https://www.nmpa/yaopin/index.
④ 龚世禹，刘艺琳，李世明，等. 海洋中药的研究进展[J]. 安徽农业科学，2020，48（8）: 4.

能，可预防疾病发生，能够促进健康或有助于机体恢复，但不以治疗为目的、供人食用、无毒无害、符合应有的营养要求的鲜活海产品以及由其加工而成的海产制成食品[1]。截至 2002 年底，经卫生部批准的海洋保健食品有 208 个[2]。截至 2009 年 7 月底，获批准的海洋保健食品有 599 个[3]。截止到 2020 年 4 月底，我国注册的海洋保健食品约有 848 个[4]。我国海洋保健食品的结构较为单一，产品剂型以胶囊和片剂最为常见，主要功能集中在增强免疫力、辅助降血脂和缓解体力疲劳等方面[5]。

（二）海洋矿产资源开采技术

海洋矿产资源开采技术包括海洋矿产资源开采和海洋油气开采技术。海洋矿产资源开采包括海底金属矿采选、海底煤矿采选、海底化学矿采选、海底热液矿床开采、海底地热开采、大洋多金属结核结壳开采以及其他深海矿产开采。海洋油气开采技术包括海洋原油开采、海洋天然气开采、海底天然气水合物开采、海上油气生产系统服务、海上油气集输系统服务和海上油气储油系统服务[6]。近些年来，我国海洋矿产资源开采技术发展较快，在海洋油气资源勘探技术、海洋油气资源开采技术等领域取得了重要进展，尤其是在海底天然气水合物开采方面取得了重大突破。

---

① 郝记明，马丽艳，李景明. 食品安全问题及其控制食品安全的措施[J]. 食品与发酵工业，2004（2）: 5.
② 我国海洋保健食品研究开发现状与发展趋势[EB/OL]. [2022-07-13]. https://wenku. baidu.com/view/ab78bd26f22d2af90242a8956bec0975f465a4fe.html.
③ 郭雷，阎斌伦，王淑军，等. 我国已获批准的海洋保健食品现状分析及其开发前景[J]. 食品与发酵工业，2010，36（1）: 109-112，121.
④ 国家市场监督管理总局. 特殊食品信息查询平台[DB/OL]. [2020-050-06]. http:// tsspxx. gsxt. gov. Cn/gcbjp /tsspindex. xhtml.
⑤ 丁国芳，郑玉寅，杨最素，等. 海洋保健食品研发进展[J]. 浙江海洋学院学报（自然科学版），2010，29（2）: 162-166.
⑥ 国家海洋局. 中华人民共和国海洋行业标准: HY/T130—2010[S]. 北京: 中国标准出版社，2010: 2-10.

1. 海洋油气资源勘探技术

海洋油气资源勘探技术包括地球物理勘探技术和地球化学勘探技术。地球物理勘探是运用地震、重力和磁力等物理手段，获取海底地层相关资料，分析了解海底地下岩层的分布、地质构造的类型、油气圈闭的情况，寻找油气构造，并确定勘探井位。自21世纪以来，海洋油气地震勘探技术、重磁震联合勘探技术发展迅速，成为油气勘探的主要技术，在南海油气勘探中得到了良好应用。中国的地球化学勘探经过多年发展，已经积累了丰富的地球化学资料。目前，中国已建立了近海海域海洋油气地球化学探查技术规范和作业流程，进一步发展和完善了适合中国近海条件的海洋油气地球化学探查技术。"十三五"以来，我国海洋油气勘探技术获得多项突破。

2016年，中国在海洋油气资源勘探技术领域取得了新突破。由山东省第三地质矿产勘察院承担的"中国东部海区大陆架科学钻探工程"CSDP-2井顺利竣工，终孔孔深2843.18米，创下全球海洋地球科学钻探全取心孔深最高纪录。施工过程中该工程首次证实了南黄海中—古生界海相地层油气资源的存在。支撑海上施工的"探海一号"海上钻探平台，由山东省第三地质矿产勘查院自主研发生产，可在水深30米以浅陆架区作业，抗风14级，成本仅为类似石油钻井平台的1/10。①

2017年，中海油旗下中海油田服务股份有限公司资助投资建造的第6代深水半潜式钻井平台"海洋石油982"在大连成功出坞下水，这标志着我国深水钻井高端装备规模化、全系列作业能力的形成。"海洋石油982"按照国际最高标准建造，满足国际海洋钻探的最新规范要求，更加

---

① 我国创下全球海洋地球科学钻探全取心孔深最高纪录[N].中国海洋报,2016-09-21（1A）.

适合在南海等热带台风多发深水海域进行钻探作业。[①]

2018 年，中国首条国产化海洋脐带缆在宁波东方电缆码头交付。此前只有少数国外企业垄断着脐带缆核心技术，该脐带缆将应用于中国南海西部文昌 9-2/9-3/10-3 油气田群项目，进而打破中国大长度海洋脐带缆主要依赖进口的现状，标志着中国在深海油气勘采领域的核心装备上取得重大突破。[②]

2019 年，中国近海底油气勘采领域核心技术取得新进展。中国地质调查局广州海洋地质调查局牵头承担的国家重点研发计划项目"近海底高精度水合物探测技术"，利用"海洋四号"船，在南海北部海域完成了第一次深海联合测试任务。此次深海测试对研发设备在中深水环境下的多项性能指标进行了逐一测试，有效推动了深海关键技术装备的国产化进程。[③]

2. 海洋油气资源开采技术

海洋油气平台是海洋油气资源开发的关键技术设备，其设计和制造能力，是沿海国家科学技术水平和工业化水平的重要标志。近年来，中国在深水半潜式钻井平台、自升式钻井平台等海洋工程设备的研究和制造方面取得了一大批重大自主创新成果，部分产品实现了历史性突破，获得国际同行的认可。目前，中国已形成"五型六船"20 多艘船规模的"深水舰队"，具备从物探到环保、从南海到极地的全方位作业能力。近年来，我国海洋油气开采技术获得多项突破性进展。

2016 年，中国海洋石油完井海底防砂技术实现重大突破，标志着以

---

① 我国深水半潜式钻井平台"海洋石油982"出坞下水[N]. 中国海洋报,2017-05-02（1A）.
② 首条国产大长度海洋脐带缆交付[N]. 中国海洋报，2018-06-21（1A）.
③ 我国近海底水合物探测技术项目获新进展[N]. 中国海洋报，2019-07-04（3B）.

一趟多层砾石充填工具为代表的中国系列防砂工具技术达到国际先进水平，打破了国外的技术垄断。[①] 同年，中国首套拥有自主知识产权的"海上单点系泊系统核心设备"在青岛研发成功。单点系泊系统是可供海上邮轮不停靠码头就进行原油装卸的"浮动式码头"，此前中国尚不能制造单点系泊系统，核心技术一直被国外公司垄断。[②]

2017年，中国建造的深水半潜式钻井平台又有新突破。由烟台中集来福士海洋工程有限公司建造的全球最先进超深水双钻塔半潜式钻井平台"蓝鲸1号"在烟台命名交付，这具有里程碑意义。"蓝鲸1号"平台是目前全球作业水深、钻井深度最深的半潜式钻井平台，适用于全球深海作业。[③] 同月，中国建造的首座海上移动式试采平台"海洋石油162"在烟台芝罘湾海域交付，该平台是目前世界上功能最完善的海上移动式试采装备。[④] 同月，中远海运集团所属中远海运重工有限公司旗下南通中远船务为英国DANA石油公司设计建造的圆筒型浮式生产储卸油平台（FPSO）总包项目"希望6号"完工开航，即将投入英国北海区域服役，成为中国海工装备制造业向高端迈进的又一里程碑。"希望6号"的设计建造开辟了我国海工装备制造业在浮式生产储卸油平台总包工程建造的先河，打破了国外的技术垄断。该项目在FPSO技术设计、模块建造方面和平台调试上首次实现了在一家船厂总体完成，多项技术创新填补了国内海工装备制造业的空白，达到了世界领先水平。[⑤] 同年8月，中国船厂首次建造交付的两座Super 116E型自升式钻井平台"智慧引领幸福1

① 中国海油完井海底防砂技术实现重大突破[N]. 中国海洋报，2016-01-06（4A）.
② 我国研发成功首个海上邮轮"浮动式码头"[N]. 中国海洋报，2016-04-18（2A）.
③ 我国制造的全球最强深水钻井平台命名交付[N]. 中国海洋报，2017-02-15（1A）.
④ 我国首座海上移动式试采平台交付[N]. 中国海洋报，2017-03-02（2A）.
⑤ 我国首个自主浮式生产储卸油平台开航[N]. 中国海洋报，2017-02-14（1A）.

号"和"智慧引领幸福 2 号"在大连同时交付,这两座平台将用于完成印度西海岸的钻探作业。这两座平台的制造方为大连中远船务,船东为完成英国福赛特公司,目前已获得印度石油天然气公司租约,用于完成印度西海岸的钻探作业。这是中国造海工产品首次获得印度石油天然气公司认可并用于印度洋海域作业,这对积极推进 21 世纪海上丝绸之路海洋工程技术领域的合作,推进"一带一路"建设具有积极的示范引领作用。[①]

2019 年,国内第二大海洋油气平台——东方 13-2CEPB 平台在珠海高栏港区正式完工装船。东方 13-2CEPB 平台是一座高温高压燃气综合处理平台,堪称海洋超级工程。[②]

2020 年,由中国自主建造的首批 1500 米深水中心管汇在天津正式交付,交付周期创造了全球同类型中心管汇的新纪录。这也是目前中国应用水深最大的中心管汇,其工艺复杂性、建造难度均属国内之最,它的成功交付标志着中国深水油气田水下生产系统制造技术取得重要突破。[③] 同年,中国海上首座大型稠油热采开发平台——旅大 21-2 平台在渤海顺利投产,此举填补了中国海上油田稠油规模化热采的技术空白,标志着中国油气行业在开发开采海上稠油和特稠油进程中迈出了关键一步,具有里程碑意义。[④] 同年,由中国自主设计、自主建造的 4 座 22 万方液化天然气(LNG)储罐在江苏盐城成功升顶,这是国内最大单罐容积 LNG 储罐项目,也是国内一次性建设规模最大的 LNG 国家储备基地,

---

① 两座"中国首造"自升式钻井平台交付[N]. 中国海洋报,2017-08-26(1A).
② 我国第二大海洋油气平台建成装船启运[N]. 中国海洋报,2019-04-09.
③ 我国自主建造的首批 1500 米深水中心管汇交付[EB/OL].(2020-09-25)[2022-11-16]. http://ccnews.people.com.cn/n1/2020/0925/c141677-31875576.html.
④ 中国首个海上大规模超稠油热采油田投产[EB/OL].(2022-04-24)[2023-03-16]. http://news.cctv.com/2022/04/24/ARTINn0BdvJMu1BGXa1CIDXM220424.shtml.

标志着中国LNG储罐核心建造技术再上新台阶。① 同年，由中国自主建造的全球首个半潜式储油平台在山东烟台主体建造完工，该平台将用于开发中国首个1500米深水自营大气田——陵水17-2项目，这标志着中国深水油气田开发能力和深水海洋工程装备建造水平迈上了新的台阶。② 同年，由中国自主设计建造的世界最大桁架式半潜平台组块在中国海油青岛场地完工装船，本次建造完工的组块是全球首个万吨级半潜式储油平台的重要组成部分，它的成功建造，进一步提升了我国深水海洋工程装备自主设计建造技术和能力水平。③ 同年，中国研制的首台国产海上平台用25兆瓦双燃料燃气轮机发电机组通过验收。该机组成为我国第一套具有工程应用业绩、拥有自主知识产权的双燃料燃气轮机发电机组，它打破了外国燃气轮机在国内海洋油气开采领域的垄断格局。④

2021年，由中国海油自主研发、具有自主知识产权的首套浅水水下采油树系统在渤海海试成功，全面验证了该系统的可靠性、安全性和功能性，与国外同类产品相比，该套系统重量降低40%、成本降低30%，这标志着中国在海洋石油工程装备领域取得重大突破。⑤ 同年，中国海油研发项目"国产自主天然气水合物钻探和测井技术装备海试任务"顺利完成海试作业，获得了高质量的测井数据，验证了国产自主深水技术装

① 我国自主设计建造的最大LNG储罐成功升顶[EB/OL]. (2020-09-28) [2020-11-16]. https://m.gmw.cn/baijia/2020-09/28/1301614752.html.
② 全球首个万吨级半潜式储油平台主体建造完工[EB/OL]. (2020-10-30) [2020-11-16]. http://t.m.china.com.cn/convert/c_lJsYRD88.html.
③ 佚名. 我国自主设计建造的世界最大桁架式半潜平台组块顺利完工[J]. 中国机电工业, 2020, 11:44.
④ 打破国外垄断 海上平台中国"芯"通过国家验收[EB/OL]. (2020-10-12) [2020-11-14]. http://www.zqrb.cn/gscy/gongsi/2020-10-12/A1602455322970.html.
⑤ 我国水下采油树系统海试成功[EB/OL]. (2021-06-08) [2023-03-16]. https://www.mnr.gov.cn/dt/hy/202106/t20210608_2648747.html.

备的可靠性，打破了中国依靠自主力量进行海洋水合物钻井作业深度和作业水深两项纪录，为含水合物浅软地层钻探和测井作业提供了范本，这标志着中国海洋天然气水合物钻探和测井技术取得重要进展。[①] 同年，中国首个自营勘探开发的 1500 米深水大气田"深海一号"在海南陵水海域正式投产，"深海一号"大气田是中国自主发现的水深最深、勘探开发难度最大的海上深水气田，这标志着中国海洋油气勘探开发迈向"超深水"，是中国深水油气勘探开发取得的重要进展。[②] 同年，中国自主设计、建造的最大海上原油生产平台——陆丰 14-4 中心平台，在南海东部海域顺利完成浮托安装，这标志着中国大型海洋油气装备建造和安装能力得到进一步提升。经过十多年技术创新和突破，中国已经相继攻克了常规高位浮托、低位浮托等多种浮托安装技术，掌握的具备了全天候、全海域浮托技术和施工能力，在掌握的浮托安装种类数量、作业难度和技术复杂性等方面均位居世界前列。[③] 同年，我国海域首个大型深水自营气田陵水 17-2 气田群顺利投产，标志着我国已具备 1500 米超深水自主勘探开发能力。[④]

2022 年，我国首套国产化深水水下采油树在海南莺歌海海域完成海底安装，该设备是中国海油牵头实施的水下油气生产系统工程化示范项目的重要组成部分，标志着我国深水油气开发关键技术装备研制迈出关键一步。[⑤]

---

① 王祝华，樊奇，何玉发. 国产自主天然气水合物钻探和测井技术装备海试取得重大进展[N]. 科技日报，2021-07-08（2）.

② "深海一号"气田完成全部钻完井作业[EB/OL].（2021-04-16）[2023-03-16]. http://www.xinhuanet.com/video/2021-04/16/c_1211112517.htm.

③ 我国自主建造海上原油生产平台安装完成[EB/OL].（2021-05-30）[2023-03-16]. https://www.ndrc.gov.cn/fggz/dqjj/qt/202105/t20210530_1281922.html.

④ 王震，鲍春莉. 中国海洋能源发展报告2021[M]. 北京：石油工业出版社，2021.

⑤ 我国首套国产化深水水下采油树完成海底安装[EB/OL].（2022-05-12）[2023-03-16]. http://hi.people.com.cn/n2/2022/0512/c231190-35264415.html.

3.海底天然气水合物开采技术

中国海洋天然气水合物探测工作始于 1999 年，于 2007 年首次在南海北部神狐海域成功钻获天然气水合物实物样品。2011 年，我国启动了对天然气水合物成矿规律的新一轮研究。2013 年，中国海洋天然气水合物成矿预测研究获得突破，并首次在珠江口盆地钻获高纯度天然气水合物样品，通过钻探获得可观的控制储量。2014 年，中国在海域天然气钻探技术和对成矿规律的认识方面取得了突破性进展。其一是海域天然气从调查评价到钻探阶段的技术方法宣告正式形成，该技术方法体系处于国际先进水平。其二是揭示了南海北部天然气水合物富集规律，首次提出天然气水合物成核机制的笼子吸附假说，这标志着中国建立起海域"可燃冰"基础研究系统理论。2015 年，中国在神狐海域再次发现了大型天然气水合物矿藏，并首次在珠江口盆地西部海域目标区发现大规模的活动冷泉区，获取了天然气水合物样品，这充分证明了相关技术的有效性和可靠性。2016 年 1 月，由中国地质调查局青岛海洋地质研究所研发的 3000 米级声学深拖系统顺利通过了首次水下试验。该系统是国内首套针对海域天然气水合物资源勘察研发的 3000 米级轻型弱正浮力声学深拖系统，它的成功研发，将有效提升中国海洋天然气水合物资源勘察水平，为海域天然气水合物调查提供技术支撑。[①] 2016 年 4 月，中国地质调查局广州海洋地质调查局承担的"南海天然气水合物资源勘探"项目取得突破性成果。依托南海天然气水合物勘察结果，科研人员在神狐钻探区开展了天然气水合物钻探工作，并首次发现 Ⅱ 型天然气水合物。该成果对认识南海天然气水合物赋存状态及指导勘察具有重要意义。[②]

---

① 国内首套3000米级声学深拖系统试水成功[N]. 中国海洋报，2016-01-11（2A）.
② 我国南海海域首次发现Ⅱ型天然气水合物[N]. 中国海洋报，2016-04-18（1A）.

2017 年 5 月 18 日，中国海域天然气水合物试采实现了连续 8 天稳定产气，平均日产超过 1.6 万立方米，累计产气超过 12 万立方米。此次试开采同时达到了日均产气一万方以上以及连续一周不间断的国际公认指标，不仅表明中国天然气水合物勘查和开发的核心技术得到验证，也标志着中国抢占了天然气水合物理论和技术的世界最高点。① 同年，广州海洋地质调查局承担的"863 计划"——海洋技术领域"天然气水合物勘探技术开发"项目通过了科技部组织的项目技术验收。该项目针对天然气水合物资源开展了地质、地球物理、地球化学探测技术与装备关键技术的研究，取得了一批具有自主知识产权的技术成果，形成了天然气水合物资源勘探技术体系。②

2020 年，由中国地质调查局组织实施的我国海域天然气水合物第二轮试采取得成功，并超额完成目标任务。在水深 1225 米的南海神狐海域，试采创造了产气总量 86.14 万立方米、日均产气量 2.87 万立方米两项新的世界纪录，实现从探索性试采向试验性试采的重大跨越，天然气水合物产业化进程取得重大标志性成果。③

2021 年，中国首台"海牛Ⅱ号"海底大孔深保压取芯钻机系统在南海超 2000 米深水成功下钻 231 米，刷新世界深海海底钻机钻探深度。"海牛Ⅱ号"的保压取芯是勘探和开采天然气水合物等海底矿产资源的关键。这一深海试验的成功，填补了中国海底钻探深度大于 100 米、具备保压取芯功能的深海海底钻机装备的空白，标志着中国在这一技术领域

---

① 历史性突破！南海可燃冰试采成功 [N]. 中国海洋报，2017-05-19（1A）.
② 我国自主建成可燃冰勘探技术体系 [N]. 中国海洋报，2017-06-29（1A）.
③ 佚名. 试采创纪录 我国率先实现水平井钻采深海"可燃冰"[J]. 录井工程，2020，31（1）：11.

已达到世界领先水平。①

（三）海洋可再生能源技术

海洋可再生能源技术主要包括海洋风能开发利用技术、潮汐能开发利用技术、波浪能开发利用技术、潮流能开发利用技术、海流能开发利用技术、温差能开发利用技术和盐差能开发利用技术。②

1.海洋风能开发利用技术

中国海洋风能的开发利用起步较陆地风能开发利用晚，但发展速度快，开展了一些基础性研究，产业已形成一定规模。"十二五"和"十三五"时期是我国海洋风能开发技术快速发展的时期，我国海洋风能开发技术领域几乎每年都有突破性的进展。

2012年，中国自主研发设计制造的6兆瓦海上风力发电机组在江苏连云港成功下线，这是当时国内单机功率最大的风力发电机组。6兆瓦风力发电机组配套的66.5米的碳纤维叶片长度列国内第一、世界第二。该机组的下线大大地推动了中国海上风电资源的开发进程③。同年11月，中国规模最大的海上风电场——江苏如东150兆瓦海上（潮间带）示范风电场全部投产发电，总装机容量达182兆瓦，年上网电量约3.75亿千瓦·时。④

2013年，中船重工两台5兆瓦风电机组在江苏如东潮间带风电场并网发电。中船重工5兆瓦机组是国内第一个采用多桩基础的5兆瓦级别

---

① 中国"海牛Ⅱ号"海试成功刷新世界纪录[EB/OL].（2021-04-09）[2023-03-16]. http://ocean.china.com.cn/2021-04/09/content_77390839.htm.

② 国家海洋局.中华人民共和国海洋行业标准: HY/T130—2010[S].北京: 中国标准出版社, 2010:2-10.

③ 国电联合动力6MW风电机组下线[EB/OL].（2012-01-06）[2023-03-16]. http://www.nea.gov.cn/2012-01/06/c_131345802.html.

④ 国内最大海上风电场建成　核心关键部件国产化攻关未来可期[EB/OL].（2021-07-02）[2023-03-16]. https://m.gmw.cn/baijia/2021-07/02/34967410.html.

海上风电机组，拥有完全自主知识产权，是国内目前同类型中"风轮直径最大、机头重量最轻、发电量最高"的机组，可极大地提高风能资源的利用效率和发电量。①

2016 年，由中国广核集团自主开发建设的江苏如东 150 兆瓦海上风电场示范项目成功实现首批 6 台风机并网发电。②该项目是中国首个满足"双十"标准（即海上风电场原则上应在离岸距离不少于 10 千米、滩涂宽度超过 10 千米时海域水深不得少于 10 米）的海上风电场示范项目，成功实现并网发电是中国海上风电开发的重大突破。

2016 年，中国东南沿海首座海上风电场在福建莆田平海湾海域正式全面建成投产。每台机组每小时发电 5000 度，采用 10 台具有中国自主知识产权的 5 兆瓦大功率海上风电机组。这些风电机组是目前中国投入商业化运行中单机容量最大的海上风力发电机组。该风电场的建成投产为中国东南沿海台风高发区建设海上风电项目积累了丰富经验。③ 10 月，由中船重工研发试制的 5 兆瓦海上风电机组在江苏批量生产下线，成为中国第一个具有自主知识产权并批量生产的海上风电机组。这标志着中国装备制造业成功掌握了大型海上风电设计制造技术，打破了国外技术垄断。④

2017 年，中国海上风电场送电系统与并网关键技术研究取得重要进展。该项技术基于中国海上风电发展现状和亟须解决的并网技术难题，以邻近负荷中心的近海风电场为研究对象，进行相关的试验平台建设和

① 海装风电 5 兆瓦风机并网发电 [N]. 中国海洋报，2013-01-21（3）.
② 我国首个满足"双十"标准海上风电场并网发电 [N]. 中国海洋报，2016-02-01（1A）.
③ 我国东南沿海首个海上风电场建成投产 [N]. 中国海洋报，2016-08-16（1A）.
④ 发电量比国际同水平提高 20%，我国首个自主知识产权海上风电机组研制成功 [N]. 中国海洋报，2016-10-28（1A）.

系统研发，并以此实现示范应用，填补了国内该领域的空白。[①]

2019 年，国内最大海上风电项目——中国广核集团有限公司阳江南鹏岛 40 万千瓦海上风电场的关键设备海上升压站模块吊装就位。南鹏岛 40 万千瓦海上风电场是目前国内单体容量最大的海上风电场，也是国内离岸最远、施工水深最深的海上风电工程。[②] 同年，国内首台 10 兆瓦海上永磁直驱风力发电机在东方电气集团东方电机有限公司研制成功，这标志着中国实现了大兆瓦级风力发电机自主品牌的历史性突破。[③] 同年 11 月，由中国海装自主设计研发的 H210-10MW 海上风电机组通过设计认证，填补了中国超大型海上风力发电机组的空白。[④]

2. 潮汐能开发利用技术

中国潮汐能利用技术是国内海洋可再生能源开发利用技术中较为成熟的，居世界领先地位。近些年来，我国潮汐能利用技术以及相关的示范进展较少。

20 世纪 60 至 80 年代，中国曾成功地建设了多座潮汐能电站。到 2008 年为止仍有 3 座潮汐能电站在运行。

2010 年，中国第一座万千瓦级潮汐能电站——三门县健跳港潮汐电站开工建设，规划容量 2000 万千瓦，静态总投资 6.8 亿元。同年，东莞市百川新能源公司与美国绿色电力公司签订合作发展协议，在东莞组建国内首家专门研制新型海洋潮汐发电机的合资公司。[⑤]

① 我国海上风电场送电系统与并网关键技术研究取得重要进展[N]. 中国海洋报，2017-08-02（1A）.
② 国内单体最大海上风电场首台发电在即[N]. 中国海洋报，2019-08-12（2B）.
③ 国内首台 10MW 海上永磁直驱风力发电机研制成功[N]. 中国海洋报，2019-08-23（2B）.
④ 10 兆瓦级海上风电机组通过认证[N]. 中国海洋报，2019-11-11（2B）.
⑤ 潮汐能发电基地落户东莞[N]. 南方都市报，2010-12-14.

3.波浪能开发利用技术

我国的波浪能开发利用技术研究起步于 20 世纪 80 年代，虽晚于欧美等地的发达国家，但目前技术并不落后，许多国内科研机构，例如中国科学院广州能源研究所、国家海洋技术中心、清华大学、中国海洋大学、浙江大学、华南理工大学、集美大学等都对波浪能有深入研究。目前，国内唯一一个进入了商业化生产的波浪能装置是我国在 20 世纪 80 年代研发的航标灯用波浪能发电装置，累计销售约 1000 台，其中部分出口国外。目前，中国波浪能发电技术基本成熟，正处于商业化、规模化的发展进程中。

波浪能发电技术根据工作原理的不同可分为振荡体式、振荡水柱式和聚波越浪式三类。与振荡水柱式和聚波越浪式相比，我国在波浪能技术方面研究得较多的是振荡体式。

（1）振荡体式

振荡体式具有代表性的装置有鸭式波浪能发电装置、哪吒波浪能发电装置、鹰式波浪能发电装置和振荡浮子式波浪能发电装置四种。

一是鸭式波浪能发电装置。2009 年至 2013 年，我国先后成功研制了"鸭式Ⅰ号""鸭式Ⅱ号"和"鸭式Ⅲ号"波浪能发电装置，并进行了海上测试。[1]

二是哪吒波浪能发电装置。2011 年，我国研制的"哪吒一号"和"哪吒二号"先后在大万山岛成功进行了海试，经测试，发电机输出最高电压可达 381 伏。[2]

① 路晴，史宏达．中国波浪能技术进展与未来趋势[J]．海岸工程，2022（1）:1-12.
② 吴必军，刁向红，王坤林，等．10kW漂浮点吸收直线发电波力装置[J]．海洋技术，2012（3）:72-77.

三是鹰式波浪能发电装置。我国研发的鹰式波浪能发电装置"鹰式一号"总装机容量10千瓦，于2012年正式通过海试。[①]我国研制的鹰式波浪能发电装置"万山号"于2015年成功进行海试，最大发电功率为128.32千瓦，整机能量转换效率基本在20%以上，最高可达37.7%[②]。2017年，我国自主研发的鹰式波浪能发电技术和整套装备设计，不仅获得了中国、美国、澳大利亚三国的发明专利授权，还获得了法国船级社的认证，这标志着这一技术具备了产业化和走向国际市场的技术条件。[③]2018年，260千瓦"先导一号"波浪能发电装置平台并入永兴岛电网。"先导一号"的成功并网使我国成为全球首个在深远海布放波浪能发电装置并成功并网的国家[④]。同年，中国对"LHD潮流能发电装置"与"万山号"波浪能发电装置开展了现场测试与评价。这是中国首次完成波浪能和潮流能发电装置的第三方现场测试与评价，实现了中国海洋能发电装置现场测试与评价零的突破。开展海洋能发电装置现场测试与评价，一方面可为海洋可再生能源的开发利用、管理工作、装置改进、项目验收提供第三方测试分析报告，另一方面可推动海洋能发电装置的产业化进程和商业化示范应用。[⑤]2019年，我国研制的首座半潜式波浪能养殖网箱"澎湖号"交付使用。"澎湖号"集旅游观光和养殖发电功能于一体，在海洋装备产业化应用上实现了突破[⑥]。2020年7月，自然资源部海洋可再生能源专项

① 盛松伟，张亚群，王坤林，等."鹰式一号"波浪能发电装置研究[J]. 船舶工程，2015, 37（9）: 5.
② 盛松伟，张亚群，王坤林，等. 鹰式波浪能发电装置发电系统研究[J]. 可再生能源，2015, 33（9）: 1422-1426.
③ 只争朝夕的"海洋能"[N]. 中国海洋报，2017-08-07（1A）.
④ 赵淑莉，王冬海，郭明瑞，等. 海上多能源高效互补智能供电系统技术研究[J]. 环境技术，2020, 38（2）: 123-126.
⑤ 我首次完成海洋能发电装置现场测评[N]. 中国海洋报，2018-06-22（1B）.
⑥ 孔一颖，王明晔. 全国首座半潜式波浪能养殖网箱广东交付[J]. 海洋与渔业，2019（8）: 2.

资金项目"南海兆瓦级波浪能示范工程建设"研制的首台 500 千瓦鹰式波浪能发电装置"舟山号"在深圳正式交付。该装置是中国单台装机功率最大的波浪能发电装置，采用具有中、美、英、澳四国发明专利的鹰式波浪能发电技术，设计图纸获法国船级社认证。[①] 2022 年 1 月，我国研发的半潜式波浪能深远海智能养殖旅游平台"闽投 1 号"开工建设，"闽投 1 号"采用波浪能、太阳能等清洁能源供电，可实现零碳源供给。[②]

四是振荡浮子式波浪能发电装置。该装置具有可灵活布置、易于阵列化扩展等优点。近些年来，我国在振荡浮子式波浪能发电技术方面取得了许多进展。例如，装机容量为 120 千瓦的漂浮式振荡浮子式波浪能发电装置"山大一号"于 2012 年成功地进行了海试[③]；装机容量为 1 千瓦的振荡浮子式波浪能转换装置于 2014 年成功进行了海试[④]；"海院一号"装置具有自动升降系统，可适应水位变化，作为阵列式发电场方面的尝试[⑤]；"海灵号"组合型振荡浮子式波浪能发电装置是阵列化的又一尝试，该装置总装机容量为 10 千瓦，于 2014 年在青岛斋堂岛海域投放使用[⑥]；"集大一号"振荡式点吸收波浪能发电装置在我国台湾海峡进行了长达 3

① 我国首台 500 千瓦波浪能发电装置"舟山号"交付 [N]. 经济参考报，2020-08-07.
② 朱汉斌，郑望舒. 广州能源所波浪能智能养殖旅游平台"闽投 1 号"开建 [N]. 中国科学报，2022-01-05.
③ 刘延俊，武爽，王登帅，等. 海洋波浪能发电装置研究进展 [J]. 山东大学学报（工学版），2021，51（5）：13.
④ Chen Z, Yu H, Liu C, et al. Design, construction and ocean testing of wave energy conversion system with permanent magnet tubular linear generator[J]. Transactions of Tianjin University, 2016, 22(1):72-76.
⑤ Lü Q，Li D T, Tang W T, et al. Design of Energy Harvesting Efficiency of 'Haiyuan 1'Wave Power Generating Platform's Buoy Testing System based on LabVIEW[J]. Journal of Ship Mechanics，2015, 19（3）: 264-271.
⑥ 史宏达，曹飞飞，马哲，等. 振荡浮子式波浪发电装置物理模型试验研究 [C] //第三届中国海洋可再生能源发展年会暨论坛.国家海洋技术中心；国家海洋局，2014.

个月的实海况测试，测试期间装置最大发电功率达 36 千瓦。[①]

（2）振荡水柱式

我国在 20 世纪 80 年代就开始研制用于航标灯的 BD 系列微型振荡水柱式波浪能发电装置，并成功实现商业化生产。我国研制的 5 千瓦后弯管振荡水柱式波浪能发电装置功率大，特性也较为平缓[②]。我国研制的"中水道 1 号"灯船振荡水柱式发电装置在琼州海峡成功进行了海试，运行良好[③]。我国在珠海大万山岛建设的我国第一座振荡水柱式波浪能发电站经过 3 年海上测试，被改建为装机容量 20 千瓦的波浪能发电站，于 1996 年试发电成功，峰值功率可达 14.5 千瓦。[④]这之后，我国在广东省汕尾市建造了我国第一座并网岸式振荡水柱式波浪能发电站，装机功率达到 100 千瓦，安全运行超 2 年。[⑤]振荡水柱式波浪能发电装置的缺点主要在于建造和运行成本居高不下。

（3）聚波越浪式

聚波越浪式波浪能发电装置发电效率受到安装位置、海岸线地形、潮差等诸多因素的限制，因此，国内研究机构对聚波越浪式波浪能发电装置的研发和投入远远不及振荡体式和振荡水柱式，相关装置只进行了

① Yang S, He H, Chen H, et al. Experimental study on the performance of a floating array-point-raft wave energy converter under random wave conditions[J]. Renewable energy, 2019, 139: 538-550.

② 梁贤光，蒋念东，王伟，孙培亚. 5kW后弯管波力发电装置的研究[J]. 海洋工程，1999, 17（4）: 55-63.

③ 高祥帆，梁贤光，蒋念东，等. 中水道1号灯船波力发电系统模拟试验和设计[J]. 海洋工程，1992（2）: 79-87.

④ 余志，蒋念东，游亚戈. 大万山岸式振荡水柱波力电站的输出功率[J]. 海洋工程，1996, 14（2）: 78-83.

⑤ You Y, Zheng Y, Ma Y, et al. Structural Design and Protective Methods for the 100 kW Shoreline Wave Power Station[J]. China Ocean Engineering, 2003, 17（3）: 438-447.

水池物理模型试验。[①]

4. 潮流能开发利用技术

我国对潮流能的开发利用相对较早。目前，国外的许多潮流能技术初步实现了商业化运行。与国外潮流能发电技术相比，中国的潮流能技术通过多年科研攻关，已达到国际领先水平，已经形成了特色产品。

20世纪80年代，哈尔滨工程大学率先对垂直轴潮流能水轮机进行了理论和试验研究。1996—2005年，哈尔滨工程大学先后自主研发了国内第一座漂浮式潮流能发电装置——"万向Ⅰ"号70千瓦潮流实验电站[②]以及"万向Ⅱ"号40千瓦座海底式潮流能发电站[③]。

2000年以后，我国参与潮流能发电的涉海科研单位逐渐增多。2010年后，更是迅速发展。2006—2009年，浙江大学在舟山先后完成了5千瓦、25千瓦漂浮式潮流能装置的研发工作。[④]

2012年8月—2013年8月，哈尔滨工程大学先后研发了"海能Ⅰ"号2座150千瓦漂浮式垂直轴潮流能发电装置、"海能Ⅱ"号2座100千瓦和"海能Ⅲ"号2座300千瓦潮流能发电装置。[⑤]"海能Ⅰ"号是我国首座漂浮式立轴潮流能示范电站。"海能Ⅱ"号装机容量为200千瓦。2013年6月，"海能Ⅱ"号安装在青岛市斋堂岛海域。[⑥]2013年8月，"海能

---

① 路晴，史宏达. 中国波浪能技术进展与未来趋势[J]. 海岸工程，2022，41（1）:1-12.

② 王智峰，周良明，张弓贲，等. 舟山海域特定水道潮流能估算[J]. 中国海洋大学学报：自然科学版，2010(8):7.

③ 姚齐国，刘玉良，李林，等. 潮流发电前景初探[J]. 长春工程学院学报：自然科学版，2011(2):5.

④ 陈梦雪. 基于BEM-CFD模型的水平轴潮流能发电装置叶轮优化研究[D]. 杭州：浙江大学，2018.

⑤ 李振宇. 潮流能水轮机制动策略及实现方法研究[D]. 哈尔滨：哈尔滨工程大学，2016.

⑥ 谭俊哲，郑志爽，李仁军，等. 潮流能发电装置支撑结构对水轮机水动力学性能影响研究[J]. 海洋工程，2018，36（3）: 43-50.

Ⅲ"号漂浮式潮流能发电站在浙江省舟山市岱山县龟山水道投入运行[1]，这标志着中国潮流能发电技术向产业化开发阶段迈出了坚实的一步。

2014—2015 年，浙江大学在舟山摘箬山岛先后测试了 60 千瓦、120 千瓦漂浮式潮流能发电装置。2016 年，120 千瓦的漂浮式潮流能发电机组完成安装并成功并网发电。2018 年 3 月，以浙江大学研发的 120 千瓦的样机为基础，国电联合动力技术有限公司自主研发的 300 千瓦潮流能发电机组在浙江舟山摘箬山岛完成安装及并网。发电机组稳定运行 5 个月，累计发电总量超过 19 万千瓦时，在技术指标、首创技术和性能方面，均居国际领先水平。

2016 年，国内最大兆瓦级潮流能发电机组（装机容量 3.4 兆瓦）在浙江舟山秀山岛南部海域安装，该发电机组是世界首台 3.4 兆瓦模块化大型海洋潮流能发电机组，该机组由杭州林东新能源科技股份有限公司（2HD）团队研制。其成功下水，标志着中国海洋潮流能发电技术达到世界领先水平。[2]

2017 年，国家海洋可再生能源资金项目"LHD-L-1000 林东模块化大型海洋能发电机组项目（一期）"通过专家验收。该模块化大型海洋潮流能发电机装机容量达 3.4 兆瓦，是中国自主研发生产的装机功率最大的潮流能发电机组，也是世界上装机功率最大的潮流能发电试验平台。该项目的研制成功破解了海流能稳定发电的技术难题，是我国海洋清洁能源利用技术上的重大突破，成为我国潮流能发电技术领先世界的重要标志，使中国成为世界上第三个实现海流能发电并网的国家。[3]

---

① 北极星电力网. 中国最大的潮流能发电站投运 [J]. 电力安全技术，2013（9）：1.
② 国内最大兆瓦级潮流能发电机组在舟山下海 [N]. 中国海洋报，2016-01-14（1A）.
③ 我国海流能发电攻克"稳定"难题 [N]. 中国海洋报，2017-01-16（1A）.

到 2018 年，位于浙江舟山的 LHD 模块化大型海洋潮流能发电机组项目正式并网两周年，全天候连续发电并网运行 15 个月，稳定发电并网运行时间打破世界纪录。目前，世界上仅有英国、美国和中国掌握海流能发电并网技术。在持续稳定发电并网时间上，中国 LHD 海洋发电项目已领跑世界。与国际主流技术相比，中国 LHD 海洋发电项目采用"平台式+模块化"路径，有效解决了海上安装、运行维护、垃圾防护、电力传输等方面的关键问题，具有装机功率大、资源利用率高、环境友好性强、海域兼容性好、项目可复制性强等特点，实现了海洋能开发规模化、产业化、商业化的重大突破。[①] LHD 海洋潮流能发电机组是目前世界上唯一一个连续发电并网运行的海洋潮流能发电项目，标志着中国海流能发电技术进入产业化应用阶段。

2019 年，浙江舟山联合动能新能源开发有限公司和国网岱山县供电公司签订购售电合同，进行已并网发电量的首次结算。这标志着 LHD 海洋潮流能发电项目——国内首座海洋潮流能发电站正式投入运营，率先实现中国海洋清洁能源开发的重大突破。[②] 截至 2019 年 8 月底，该 1 兆瓦机组连续发电并网运行 27 个月，稳定运行时间打破世界纪录。此前，世界上最先进的潮流能机组由通用电气、劳斯莱斯、阿尔斯通 3 家国际巨头联合研发，机组最长发电并网时间未超过 4 个月。

5. 海流能开发利用技术

我国开展海流能开发利用技术研究始于 20 世纪 70 年代末。当时，我国舟山地区曾进行了海流能开发利用研究，建造了一个试验装置并获得了 6.3 千瓦的电力输出。20 世纪 80 年代，哈尔滨工程大学开始研究一

---

① 舟山潮流能发电机组创世界纪录[N]. 中国海洋报，2018-08-28（1B）.

② 国内首座潮流能发电站首次结算已并网发电[N]. 中国海洋报，2019-08-28（1B）.

种直叶片的新型海流透平，获得较高的效率，并于 1984 年完成 60 瓦模型的实验室研究，之后开发出千瓦级装置并进行了河试。

20 世纪 90 年代，中国开始建造海流能示范应用电站。"八五""九五"科技攻关计划都对海流能开发利用进行了支持。

2006 年，浙江大学成功研制出国内第一台新型海洋能源发电装置——"水下风车"，并在浙江舟山地区岱山县进行了海流试验[①]。2009年，浙江大学成功研制出 30 千瓦"半直驱"海流发电装置原型机组，在舟山海域海试发电成功。2010 年，浙江大学研制出世界首台液压传动和变桨的海流发电机组。

2011 年，我国第一个商用海流能发电项目落户山东荣成。此次荣成项目采用的海流能发电系统由哈尔滨电机厂和哈尔滨工程大学联合研发，技术成熟、稳定，在国内外处于领先水平。[②]

2013 年，国家海洋技术中心主持的"十一五"国家科技支撑计划"海洋能开发利用关键技术研究与示范"项目通过验收。该项目研建了设计装机容量为 100 千瓦的离岸的漂浮鸭式波浪能装置、设计装机容量为 100 千瓦的摆式波浪能装置、设计装机容量为 20 千瓦的低流速水下水平轴潮流能装置，以及设计装机容量为 150 千瓦的漂浮式立轴水轮机潮流能装置，同时研发了装机容量为 15 千瓦的温差能发电试验装置。项目组还研建了海洋能发电系统转换效率综合检测平台，编制针对海洋能发电装置的测试方法和规程。该项目的实施极大地推动了我国海洋能开发利用技术的发展。[③]

---

① 佚名. 浙大研制出国内首台"水下风车"模型样机成功发电[J]. 流体传动与控制，2006（6）: 19.

② 国内第一个海流能发电项目花落荣成[N]. 大众日报，2011-03-20（4）.

③ 夏登文. 海洋能开发利用关键技术研究与示范[J]. 中国科技成果，2013（22）: 4.

2014 年，浙江大学自主研制的 60 千瓦大长径比半直驱水平轴机组，在摘箬山海洋科技示范岛浙大海流能试验平台入海试验。

2016 年，浙江大学在国家海洋局专项支持下研制的 120 千瓦水平轴半直驱液压变桨机组成功下海，实现了并网运行。该机组在国际上首次实现了在半直驱水平轴海流能发电机组狭长轮毂空间内的大驱力液压变桨，在提高机组获能效率和可靠性方面取得突破。

2017 年，浙江大学自主研制的大长径比半直驱 650 千瓦机组成功海试并网发电，成为目前国内单机功率最大的海流能发电装备。

2018 年，由国家海洋局专项支持，国电企业和浙江大学共同研制的 300 千瓦工业级海流能发电样机在舟山摘箬山岛海域发电成功。

2020 年，浙江大学自主研发的 650 千瓦海流能发电机组在舟山并网发电，最大发电功率达 637 千瓦，创国内海流发电装备最大发电功率纪录。[①]

6. 温差能开发利用技术

与其他先进国家相比，我国的温差能开发利用技术在示范规模和净输出功率方面，还存在明显的差距。直到 2012 年，我国的温差能发电才有所进步。2012 年 8 月，我国"十一五"国家科技支撑计划 15 千瓦温差能发电装置研究及试验项目通过验收，建立了我国第一个实用的千瓦级试验用温差发电装置，填补了我国在此领域内的空白。[②]我国为解决海洋观测平台的电能供给难题，研制了 300 瓦小型温差能发电原理试验样机，于 2015 年在千岛湖进行了湖试，于 2016 年 8 月在北黄海冷水团进行了温差能发电试验，试验过程中最大发电功率达到 302 瓦。该温差能发电装置采用了混

---

① 637千瓦，单机发电新纪录 浙大研制的海流发电装备在舟山"复工"[N]. 浙江日报，2020-04-22.

② 海洋温差能发电初露曙光[N]. 中国海洋报，2012-09-07（3）.

合工质循环方式，该装置功率不低于 5 千瓦，在试验运行工况下成功发电720 小时。之后，该项目团队在青岛市研制建设了 10 千瓦海洋温差能发电系统。[①]

7. 盐差能开发利用技术

盐差能开发利用技术研究以美国、以色列、瑞典、荷兰较为领先，中国和日本也开展了一些研究和实践。总体来看，盐差能开发利用技术目前仍处于关键技术突破期[②]。

我国于 1979 年开始研究盐差能开发利用技术。1985 年，我国采用半渗透膜法研制了一套可利用盐湖盐差发电的试验装置，半透膜的面积为 14 平方米，推动水轮发电机组发电功率为 0.9 瓦～1.2 瓦。[③] 2015 年，国家海洋可再生能源专项资金设立了盐差能利用项目"盐差能发电技术研究与试验"，该项目通过对盐差能发电机理和相关技术的深入研究，在关键技术领域取得了突破。2018 年，我国成功制备了系列表面电荷密度和孔隙率可调控的大面积 3D Janus 多孔膜。该渗透膜在模拟海水/淡水盐度差条件下的功率密度可达 2.66 瓦/平方米，而在 500 倍浓度梯度下的功率密度更是高达 5.1 瓦/平方米。

（四）海水综合利用技术

中国的海水利用主要在海水淡化、海水直接利用、海水化学资源的综合利用三个方面得到了研究。经过多年的科技攻关，中国在海水淡化、海水直接利用等海水利用关键技术方面取得重大突破，在海水化学资源综合利用技术方面取得积极进展，部分技术，如低温多效海水淡化技术、

---

① 青岛海洋温差能发电驶向产业化　为企业降本增效[N].青岛财经日报，2015-07-30.

② 刘伟民，刘蕾，陈凤云，等.中国海洋可再生能源技术进展[J].科技导报，2020，38（14）：13.

③ 赵严，胡梦青，阮慧敏，等.逆向电渗析法海水盐差能发电工艺研究[J].过滤与分离，2015（1）：5.

海水循环冷却技术已跻身国际先进水平。

1.海水淡化技术

经过近50年的科技攻关、工程示范以及产业培育发展，我国海水淡化技术已日趋成熟，反渗透、低温多效等海水淡化关键技术取得重大突破，反渗透膜实现了产业化。海水淡化产业基本形成，海水淡化成本不断下降。海水淡化设计能力不断提高，人才队伍不断壮大。[①] 中国已成为世界少数几个掌握海水淡化先进技术的国家之一，海水淡化技术出口多个国家和地区。目前我国商业化的海水淡化技术中，热法占全球市场份额的30%，膜法占全球海水淡化市场份额的65%。

2.海水直接利用技术

我国已形成了海水循环冷却的自主成套技术和产品。早在2011年，"十一五"国家科技支撑计划"海水淡化与综合利用成套技术研究和示范"项目课题"10万吨级海水淡化循环冷却技术与装备研发"[②]，就已突破了国外海水循环浓缩倍率2.0的极限，在中国首次建成2套10万吨/时海水循环冷却技术示范工程，实现海水循环冷却2.0±0.2高浓缩倍率运行和大规模应用技术创新。我国海水循环冷却技术在沿海推广应用，沿海核电、火电、钢铁、石化等行业海水冷却用水量稳步增长。截至2020年底，我国已建成海水循环冷却工程22个，总循环量为192.48万吨/时。2020年，全国海水冷却用水量1698.14亿吨，比2015年增加了572.48亿吨。[③]

我国海水直流冷却技术已成熟，主要应用于沿海电力、石化和钢铁等行业。2020年，江苏、福建两台核电机组实现并网运行，核电行业海

---

① 我国跻身国际海水淡化综合运用第一梯队[N].中国海洋报，2019-10-18（2B）.
② 10万吨级海水循环冷却技术与装备研发课题圆满完成[N].中国海洋报，2011-08-26（3）.
③ 自然资源部海洋战略规划与经济司.2020年全国海水利用报告[R/OL].（2021-12-03）[2023-03-16].http://gi.mnr.gov.cn/202209/t20220927_2760473.html.

水冷却用水量持续上升。③

3.海水化学资源的综合利用技术

我国海水化学资源利用开始于 20 世纪 80 年代。进入 21 世纪，中国海水化学资源利用技术进展迅速，积极开展了钾、溴及镁等化学资源的提取技术研究。目前，我国已形成较为成熟的海水提溴、海水提镁、海水提钾技术。截至 2020 年，我国除海水制盐外，海水化学资源利用产品主要包括溴素、氯化钾、氯化镁、硫酸镁、硫酸钾。

（五）海洋工程技术

海洋工程技术包括海上工程建筑和海底工程建筑。海上工程建筑包括海底矿产资源开发利用工程建筑、海洋能源开发利用工程建筑、海洋空间资源开发利用工程建筑、海洋工程基础建筑等。海底工程建筑包括海底隧道工程建筑、海底电缆光缆铺设、海底管道铺设、海底仓库建筑等。近年来，得益于国家推动海洋经济快速发展，海洋领域的基础设施不断加强，我国海洋工程技术不断取得突破，已具备自主建设海底输油管线、海底电缆、建跨海大桥和海底隧道的能力。

2018 年，中国深水起重铺管船 "海洋石油 201" 在南海北部湾海域圆满完成了长达 195 千米的海底管线铺设，填补了国内长距离海管作业的空白。这是中国迄今为止自主铺设的最长海底管线。①

2018 年，国产 500 千伏交联聚乙烯海缆完成预鉴定试验，这意味着该型号海缆能够正式投入使用。国产 500 千伏交联聚乙烯海缆将首先应用于舟山 500 千伏联网输变电工程。该工程是浙江电网建设史上规模最大、难度最大的 500 千伏跨市联网工程，新建海缆路由 17 千米。该工程

---

① 中国自主铺设海底最长管线完工[N]. 中国海洋报，2018-02-23（1A）.

建成后成为世界上第一个交流 500 千伏聚乙烯绝缘海底电缆工程。[①]

2018 年，中国国内首创履带式海上自行走平台试验机研制成功。该平台采用了主动液压悬挂和行走履带，可在潮间带与最大 10 米深沿海海域作业，其移动和定位不受 2 米以下波高涌浪的影响，定位精度高，适用于受中长周期波、涌浪影响的沿海海域，可用于码头、人工岛等基础工程的建设，能在较大程度上保证施工平台的平稳性，作业窗口条件远远优于传统驳船和自升式平台作业方案，且制造成本低，适宜推广。[②] 同年，港珠澳大桥正式开通。港珠澳大桥跨越伶仃洋，东接香港特别行政区，西接广东省珠海市和澳门特别行政区，总长约 55 千米，是"一国两制"下粤港澳三地首次合作共建的超大型跨海交通工程。大桥开通对推进粤港澳大湾区建设具有重大意义。[③]

2019 年，中国首座跨海高速铁路（福厦高铁）桥水下桩基基础施工结束，转入水上施工阶段。[④] 同年，中国首座公路铁路两用跨海大桥——平潭海峡公铁两用大桥完成全部桥梁合拢。2020 年 12 月，平潭海峡公铁大桥建成通车。平潭海峡公铁两用大桥是中国第一座真正意义上的公路、铁路两用跨海大桥，也是世界上当时在建难度最大的公铁两用跨海大桥。[⑤] 同年，中国深中（深圳至中山）通道已全面开建。深中通道是继港珠澳大桥之后的又一超级工程，其沉管隧道长 6.8 千米，是世界最长的海底沉管隧道，也是世界首次使用双向 8 车道超宽钢壳混凝土的沉管

① 国产500千伏交联聚乙烯绝缘海缆完成预鉴定试验[N]. 中国海洋报，2018-08-23（1B）.
② 国内首创履带式海上自行走平台试验机研制成功[N]. 中国海洋报，2018-08-10（2B）.
③ 习近平出席开通仪式并宣布港珠澳大桥正式开通[N]. 中国海洋报，2018-08-23（1B）.
④ 我国首座跨海高铁桥即将完成水下桩基施工[N]. 中国海洋报，2019-03-27（1B）.
⑤ 中国首座公路铁路两用跨海大桥加快施工进度[N]. 中国海洋报，2019-04-12（2B）.

隧道。[①] 中船黄埔文冲船舶有限公司为中交一航局自主研发的世界首艘自航式沉管运输安装一体船"一航津安 1"成功试航，这标志着海底隧道沉管施工专用船舶研发取得重大阶段性成果。[②]

三、海洋装备制造技术

海洋装备制造技术包括海洋探测装备制造技术、海洋开发装备制造技术、海洋观测装备制造技术、海洋环境保护装备制造技术。[③] 中国海洋装备制造始于 20 世纪 60 年代，重点用于海洋油气资源开发利用。目前，中国在浅水油气装备方面已基本实现自主设计建造，深海装备制造技术也已取得一定突破，部分海工船舶品牌效应明显，装备技术水平持续提高。然而，与国际先进水平相比，中国海工技术水平和研发能力还远不能适应国内国际深海油气开发的需要，核心技术严重依赖国外，海工企业集中于浅水和低端深水装备领域，在高端、新型装备设计建造领域的涉足相当有限。

（一）海洋探测装备制造技术

海洋探测装备包括海洋石油和海洋矿产勘探设备，具体包括潜水器、深海探测成像设备、通信和定位设备、深海作业及相关配套设备等。[④] 21 世纪以来，中国主要围绕深海大洋调查观测，逐步形成了以载人潜水器、无人有缆潜水器以及无人自治航行器等为主的适应多尺度、多环境和多学科联合的多类型海洋调查监测与观测平台。潜水器的迅猛发展也带动了深海探测成像设备、通信和定位设备、深海作业及相关配套设备

---

① 深中通道进入最难建设阶段[N]. 中国海洋报，2019-03-27（2B）.

② 世界首艘自航式沉管运输安装一体船成功试航[N]. 中国海洋报，2019-08-21（1B）.

③ 国家海洋局. 中华人民共和国海洋行业标准: HY/T130—2010[S]. 北京: 中国标准出版社，2010: 2-10.

制造等领域的快速发展。

1.潜水器

（1）载人潜水器

我国的载人潜水器主要包括"蛟龙"号、"深海勇士"号、"奋斗者"号和"彩虹鱼"号。

2002 年，国家"863 计划""7000 米载人潜水器"重大专项正式启动，国内约 100 家单位联合攻关。2010 年，7000 米载人潜水器被命名为"蛟龙"号。经过概念设计、初步设计、详细设计、加工建造、总装联调和水池试验等不同研制阶段，从 2009 年至 2012 年，"蛟龙"号成功开展了 1000 米级、3000 米级、5000 米级和 7000 米级的海上试验，这表明了"蛟龙"号载人潜水器集成技术的成熟，标志着我国深海潜水器成为海洋科学考察的前沿与制高点之一。自 2013 年起，"蛟龙"号载人潜水器转入试验性应用阶段，先后在南海、东太平洋、西太平洋、西南印度洋等七大海区下潜，实现 100% 安全下潜。

"深海勇士"号是我国第二台深海载人潜水器，是"十二五"期间"863 计划"的重大研制任务，由中国船舶重工集团组织国内 94 家单位共同参与。"深海勇士"号在"蛟龙"号载人潜水器研制与应用的基础上，进一步提升了中国载人深潜核心技术及关键部件的自主创新能力，降低了运维成本，有力地推动了深海装备功能化、谱系化建设。"深海勇士"号的浮力材料、深海锂电池、机械手都是中国自己研制的，国产化在 95% 以上。2017 年 8 月，"深海勇士"号搭载"探索一号"作业母船海试，完成了从 50 米到 4500 米，不同深度的总计 28 次下潜。2017 年 10 月，搭载着"深海勇士"号载人潜水器的"探索一号"作业母船和中国海监 2168 船警戒船，在中国南海完成"深海勇士"号的全部海上试验。"深海勇士"号载人潜水器的试验成功，标志着我国在海洋大深度技术领域拥有全面自主技术的时代已到来。

"奋斗者"号是我国研发的万米载人潜水器，于 2016 年立项，2020 年 6 月正式命名为"奋斗者"，其研发任务由"蛟龙"号、"深海勇士"号载人潜水器的研发力量为主的科研团队承担。2020 年 10 月至 11 月，"奋斗者"号在马里亚纳海沟多次成功下潜突破万米。2020 年 11 月 28 日，习近平总书记致信祝贺"奋斗者"号全海深载人潜水器成功完成万米海试并胜利返航。[①] 2021 年 3 月 16 日，"奋斗者"号全海深载人潜水器在三亚正式交付。"奋斗者"号研制及海试的成功，标志着我国具有了进入世界海洋最深处开展科学探索和研究的能力。

"彩虹鱼"号是世界上第一个全海深的"深渊科学技术流动实验室"，该实验室由一条 5000 吨级的科考母船、一台万米级的全海深载人潜水器、一台万米级的全海深无人潜水器和三台全海深着陆器组成。2018 年 11 月，中国"彩虹鱼"号搭乘"沈括"号科学调查船赴马里亚纳海沟海试，开展了"彩虹鱼"号万米级载人潜水器超短基线定位系统海上试验、2 台第二代"彩虹鱼"号着陆器万米级海上试验、1 台 4500 米级大深度浮标海上试验等工作，同时完成了科学样本采集和海底拍摄任务。

（2）无人有缆潜水器

我国无人有缆潜水器主要包括"海马"号无人有缆潜水器和"海龙"系列无人有缆深海潜水器。

"海马"号是我国自主研制的首台 4500 米级深海遥控无人潜水器作业系统，是科技部通过"863 计划"支持的重点项目，是中国自主研发

---

① 习近平致信祝贺"奋斗者"号全海深载人潜水器成功完成万米海试并胜利返航[N]. 人民日报，2020-11-29（1）.

的下潜深度最大、国产化率最高的无人遥控潜水器系统，是中国深海高技术领域继"蛟龙"号载人潜水器之后的又一标志性成果。"海马"号于2014年4月在南海完成海上试验，并通过海上验收。

"海龙Ⅲ"是在中国大洋协会组织下、由上海交通大学水下工程研究所开发的勘查作业型无人缆控潜水器。它最大作业水深6000米，具备海底自主巡线能力和重型设备作业能力，可搭载多种调查设备和重型取样工具。

（3）无人自治航行器

我国无人自治航行器主要包括"潜龙"系列无人无缆自治潜水器、"海斗"号无人潜水器、"海燕"系列水下滑翔机、"海翼"号滑翔机、"悟空"号全深海无人潜水器以及浮标和潜标。

"潜龙"系列无人无缆自治潜水器包括"潜龙一号""潜龙二号"和"潜龙三号"。"潜龙一号"是我国自主研发、研制的服务于深海资源勘察的实用化深海装备。"潜龙一号"于2011年11月正式启动，2013年3月完成湖上试验及湖试验收，2013年5月搭乘"海洋六号"船在南海进行首次海上试验，总体达到海试目的，这标志着中国在深海资源勘查装备实用化改造领域实现重要进步。"潜龙二号"由中国大洋矿产资源研究开发协会组织实施，中科院沈阳自动化所研究作为技术总体单位，与国家海洋局第二海洋研究所等单位共同研制。"潜龙二号"在6000米级"潜龙一号"的基础上进行研究，是一套集成了热液异常探测、微地形地貌探测、海底照相和磁力探测等技术的实用化深海探测系统，主要用于多金属硫化物等深海矿产资源的勘探作业。"潜龙三号"是中国自主研制的潜水器，于2018年4月20日凌晨在南海进行首次海试，并通过现场专家组验收。"潜龙三号"在"潜龙二号"基础上进行了优化升级，是我国目前最先进的无人无缆潜水器。

"海斗"号无人潜水器于 2014 年 4 月立项，由中国科学院沈阳自动化研究所研发，2016 年 6 月至 8 月，"海斗"号跟随"探索一号"船执行马里亚纳海沟科考任务，完成了多次超过 10000 米的下潜，最大潜深达 10767 米，是我国首台下潜深度超过万米并进行科考应用的无人自主潜水器，创造了我国无人潜水器的最大下潜及作业深度记录，使我国成为继日、美两国之后第三个拥有研制万米级无人潜水器能力的国家，这标志着我国深潜科考开始进入万米时代。

"海燕"系列水下滑翔机是天津大学自主研发的一种新型水下滑翔机，该机采用了最新的混合推进技术，可持续不间断工作 30 天左右，天津大学已具备水下滑翔机产品定型与批量生产条件。该机在南海北部水深大于 1500 米海域通过测试，创造了中国水下滑翔机无故障航程最远、时间最长、剖面运动最多、工作深度最大等诸多纪录，一举打破国外对中国的技术封锁。

"海翼"号滑翔机是 2007 年开始研制的，由中国科学院沈阳自动化研究所完全自主研发、拥有自主知识产权的水下滑翔机。针对不同海上观测任务需求，"海翼"号水下滑翔机已经发展形成最大作业深度从 300 米到 7000 米不等的系列水下滑翔机。"海翼"号水下滑翔机可以搭载温度、盐度、溶解氧、浊度、叶绿素、硝酸盐、声学多普勒流速剖面仪（ADCP）、水听器等海洋探测传感器，满足中国海洋观测应用需求。"海翼"号 7000 米水下滑翔机是中国首台下潜深度超过 6000 米的水下滑翔机，创造了中国水下滑翔机的最大下潜深度纪录，打破了水下滑翔机下潜深度的世界纪录。同时"海翼"系列滑翔机也是中国深海滑翔机海上作业航程最远、作业时间最长新纪录的创造者，使中国成为继美国之后第二个具有跨季度自主移动海洋观测能力的国家，对构建新一代智能移动海洋观测网、提供海洋环境信息保障具有重要意义。①

"悟空"号全海深无人潜水器（AUV）在2021初创造了7709米的亚洲深潜纪录，又于2021年10月完成4次超万米深度下潜——10009米、10888米、10872米和10896米，超过国外AUV于2020年5月创造的10028米的AUV潜深世界纪录，并顺利完成海试验收。②

海洋浮标是海上连续、长期、自动观测多学科环境参数的重要平台，是弥补船舶调查和遥感观测不足的有效手段。我国从1965年开始研制海洋资料浮标，在1965年至1974年间，先后研制了H23和2H23两种浮标。这两种浮标在海上试用过两次，均未投入实际运行。大型浮标是从1975年开始研制的。1975年至1984年间，我国研制出了HFB-1型10米大型浮标。HFB-1型浮标海上工作时间超过300天。1985年至2000年是我国大型浮标发展的黄金时期，我国先后研制出了FZF2-1型、FZS2-1型和FZF4-1型等大型锚系海洋浮标，直径均为10米。③ 2012年，中国自主研发的7000米级深海气候观测系统"白龙"浮标正式布放缅甸海，这是中国唯一一个进入全球海洋观测系统的浮标。2002年初，中国正式加入全球实时海洋观测网（Argo）计划，并成立中国Argo实时资料中心。截至2014年5月底，我国已在西北太平洋和印度洋海域上布放Argo剖面浮标196个④，正式建成了中国首个Argo实时海洋观测网，填补了中国在这一领域的空白，并达到了同类成果的国际先进水平。截止到2021

① 海翼号"滑翔"深海创纪录[N].人民日报海外版，2017-03-29（11）.
② 佚名.10896m！"悟空号"再创潜深纪录[J].机电设备，2021，38（6）:123.
③ 路晓磊，陈默，王小丹，等，2020.我国海洋水文调查设备的发展历程[J].海洋开发与管理，37(9): 44-48.
④ 潘锋.中国Argo大洋观测网初步建成[N].中国科学报，2014-10-08（4）.

年 6 月 25 日，全球一共投放了 12886 个浮标，其中活跃浮标为 4682 个。中国共投放了浮标 131 个，活跃浮标 23 个。[①]

海洋潜标是一种可以机动布放在水下的定点连续剖面观测仪器设备，是海洋环境离岸监测的重要工具。从 20 世纪 80 年代以来，我国先后开展了浅海潜标测流系统、千米潜标测流系统和深海 400 米测流潜标系统的技术研究，已掌握系统设计、制造、小布放、回收等技术。2008 年，中国科学院海洋研究所研制的深海潜标测量系统，监测深度在 200 米以上，不仅能准确可靠地监测水面、浅层的波高、波向、波周期，还能监测所在深度的整个三维分层剖面流速、流向等水文参数，获得了国家发明专利授权。[②] 2014 年 6 月，我国在潜标技术上有新突破，在西太平洋公海海域成功回收了 2013 年航次布放的近 5500 米深的潜标一套，首次在该海域获取了长时间序列的监测资料，为了解西太平洋海域长时间序列的海洋水文和建立数值预测模型奠定了坚实基础。[③] 2014 年 10 月，中国最先进的海洋科学综合考察船"科学"号在太平洋西边界关键海域成功布放 17 套深海潜标，并回收 3 套深海潜标。其中包括 1 套 6100 米深的潜标，收放潜标总长度在 20 万米以上，这是中国首次在大洋大规模布放深海潜标阵列。[④] 2015 年，中国海洋综合科考船"科学"号完成了热带西太平洋主流系和暖池综合考察航次。这个航次开创了单一科考航次布放、回收深海潜标套数和观测设备数量最多的世界纪录，并在热带西太平洋初步建成潜标观测网。这个航次成功回收了 2014 年布放在这个海域的

① 中国 Argo 资料中心（CADC）.（2021-06-25）[2021-07-05]. http://www.esi.so/argo 130423/index.php.

② 佚名."深海潜标测量系统"获国家发明专利授权 [J]. 军民两用技术与产品，2007（12）：19.

③ 龙邹霞. 2014 年西太平洋放射性监测第一航次顺利返航 [N]. 中国海洋报，2014-06-17.

④ 张旭东. 中国首次在北太平洋大规模布放深海潜标阵列 [N]. 中国海洋报，2014-10-23.

15套深海潜标，建立的潜标观测网奠定了中国在这个海域观测研究的核心地位，为中国大洋观测网建设和运行积累了宝贵经验，同时也填补了国际上对这个海域中深层环流大规模同步观测的空白。[1] 2017年，中国首次建成西太平洋"深海实时传输潜标系统"，研发了无线水声通信传输方案，实时传输水深400～4000米的海水温度、盐度、环流、回声强度等数据资料，改变了传统潜标每年只能采集一次数据的状况，跻身世界海洋观测先进行列。[2]在南海，我国从2009年开始连续布放潜标观测系统，到2018年已建成国际规模最大的区域海洋潜标观测网，实现了对环流、中尺度涡、内波、混合等多尺度海洋动力过程的长期观测，观测海域横跨吕宋海峡、南海深海盆、南海东北部与西北部陆坡陆架区。[3]

此外，中国自主研发的"海角"号和"天涯"号深渊着陆器、"原位实验号"深渊升降器等已应用于国内外深海海域探测，取得了多项突破性成果。

2.通信和定位设备

近年来，我国深海通信和定位设备取得长足进展。

2020年，由东方物探承担的"海洋地质勘探导航定位关键技术与国产装备研发"项目荣获国家卫星导航定位科技进步一等奖。专家认定该技术成果达到国际先进水平。该成果独创的声学粗差数据处理技术，能够自动探测与剔除基于抗差估计的水下高精度非差、差分定位处理以及附有深度约束的水下高精度定位处理数据，在海上海底电缆（OBC）勘探

---

① 我国科学家在西太平洋初步建成潜标观测网[N]. 中国海洋报，2015-11-16（2）.

② "科学"号西太平洋综合考察 我国实现深海潜标数据实时传输.（2017-01-04）[2021-07-05]. http://tv.cctv.com/2017/01/04/VIDEomEt6TKsy14PAbwipSFC170104.shtml.

③ 我国建成最大区域潜标观测网[N]. 中国科学报，2018-03-26（1）.

作业等实际应用中取得显著的经济和社会效益。[①]

2021年，哈尔滨工程大学展示了多个海洋机器人通过组网通信共享信息，快速变换队形，在线执行观察、调整、决策、行动等动作，并自主完成了协同探测、作业等任务，实现了海洋机器人的团队协作的过程，这标志着中国海洋机器人集群智能协同技术取得实质性突破并达到了国际先进水平。[②] 国家重点研发计划"无人无缆潜水器组网作业技术与应用示范"项目绩效评估会议宣布中国已实现大规模、多类型无人无缆潜水器组网观测与探测应用。该项目完成了"探索100"自主式潜水器，"海翼1000"与"海燕1000"水下滑翔机，"海鳐""蓝鲸"与"黑珍珠"波浪滑翔机的定型、改装，制造了50套平台系统。该项目工作水深跨越100至1000米，使中国海洋移动组网技术从理论仿真研究进入成规模试验乃至应用示范阶段。[③]

3.深海作业及相关配套设备

近年来，我国在深海作业及相关配套设备制造领域取得多项成果，处于国际领先水平。

2019年，湖南科技大学自主研制的"海牛"号深海海底深孔钻机系统与取芯技术，在取芯、实际最大作业水深、平均取芯率、作业效率等技术指标上均居国际领先水平。[④] 中国科学院沈阳自动化研究所研制的深海机械手，成为中国首套出口国外的深海机械手，这标志着中国深海机械手实现了从依赖进口到出口的技术跨越。[⑤]

2020年，中国自主研发的全国产化装备"OST15M型船载高精度自

---

① 天工. 东方物探海洋勘探导航定位关键技术国际领先[J]. 天然气工业，2020，40(11):67.
② 我国首次实现海洋机器人集群全自主协同作业[N]. 中国自然资源报，2021-03-01.
③ 我国实现大规模多类型无人无缆潜水器组网作业[N]. 科技日报，2021-09-24.
④ 技术指标国际领先的"海牛"号[N]. 中国海洋报，2019-01-28（2B）.
⑤ 我国首套出口深海机械手完成现场验收[N]. 中国海洋报，2019-05-24（1B）.

容式温盐深测量仪"在西太平洋海域夏季调查航次中，圆满完成 3 次海上试验任务，最大布放深度为 5915 米，突破了国产高精度温盐深测量仪最大试验水深纪录。"OST15M 型船载高精度自容式温盐深测量仪"已具有完全自主知识产权，核心部件国产化率达 100%。该装备代表着中国温盐深测量技术的最高水平，也是国际海洋高科技技术产品市场的主要竞争商品，广泛应用于海洋资源开发、海洋科学研究、海洋环境监测和军事海洋环境保障等领域。[①]

（二）海洋开发装备制造技术

海洋开发装备包括海洋油气开采设备、海洋矿产资源开采设备、海洋电力装备、海水利用设备、海洋生物制药设备、海洋船舶及设备和海洋固定及浮动装置。近些年来，我国海洋开发装备制造在海洋油气设备制造、海洋电力装备制造、海洋船舶及设备制造等领域取得了长足进展，多项海工船舶已形成品牌，部分装备已处于国际领先水平。

2018 年，我国海洋开发装备设计制造取得丰硕成果。"港航平 9"多功能海上自升式施工平台船交付使用，该船代表中国海上风电施工装备最高水平，集中了国内外同类型平台的许多优点，特别是 9600 毫米整体式回转轴承的应用，更是创下世界之最，充分体现了中国在超大型轴承领域的"高端智造"水准。[②]由中国自主研制的超大型 1900 千焦双作用式全液压打桩锤在天津成功完成满负荷打击试验。这是中国首台自主研发的应用于海上基础设施建设的打桩锤装备，填补了中国在海上超大型打桩装备领域的空白，一举打破了国外同类产品的长期垄断。[③]首艘由中

---

① 全国产化定型装备"OST15M 型船载高精度自容式温盐深测量仪"交付用户[EB/OL].（2021-01-29）[2023-03-16]. http://notcsoa.org.cn/cn/index/show/3084.

② 我国最先进海上风电施工平台船交付[N]. 中国海洋报，2018-02-01（1B）.

③ 我国首台自主研发海上超大型打桩锤通过验收[N]. 中国海洋报，2018-04-11（1B）.

国自主设计建造的亚洲最大自航绞吸挖泥船"天鲲号"成功完成首次试航,这标志着中国大型疏浚装备自主创新向前迈进了一大步,实现了该船型关键技术的突破。① 同月,由中国自主研制建造的世界最大级别集装箱船"宇宙"轮正式交付。"宇宙"轮的交付,标志着中国超大型集装箱船建造能力日臻成熟完善。② 同月,中国核工业集团有限公司发布消息,将建造中国第一艘核动力破冰综合保障船。该船具备破冰、开辟极地航道的能力,并且还需要具备供电、海上补给保障以及救援等一系列功能。③ 由中国自主研发、设计、建造的国内首艘海底管道巡检船"海洋石油791"在广州黄埔文冲船厂交付。该船的成功交付填补了国内海底管道和海底电缆巡检领域的空白,大幅提升了中国近海海底管道和海底电缆治理及维护保养能力,对确保中国海上油气开采安全和保护海洋环境具有重大意义。④ 2018年9月,中国最先进的、世界一流的新型深潜水工作母船在青岛开建。该新船型是中国首艘深潜水工作母船"深潜号"的升级版。按设计,该船能在除南北极外的全球海域作业,集抢险打捞、饱和潜水、深水海洋工程吊装和铺管作业等功能于一体,可在恶劣海况条件下开展大水深应急抢险打捞作业。届时该船将使中国深水作业能力由3000米拓展至6000米。⑤ 同年11月,中国建造的全球首艘40万吨级智能超大型矿砂船"明远"号交付。这是中国智能船舶发展进程中具有里程碑意义的事件,标志着中国智能船舶迈入了"1.0"时代。"明远"号是中国当前智能化系统程度最高的大型远洋商船,实现了多方面的突破

① 我国自主研发的疏浚重器"天鲲号"试航成功[N].中国海洋报,2018-06-13(1B).
② 中国造超大型集装箱船"宇宙"轮交付[N].中国海洋报,2018-06-14(1B).
③ 我国将建造首艘核动力破冰船[N].中国海洋报,2018-06-28(1B).
④ 我国有了首艘海底管道巡检船[N].中国海洋报,2018-07-09(2B).
⑤ 国内最先进深潜水工作母船在青岛开建[N].中国海洋报,2018-09-18(1B).

和提升，也为未来的船舶深度智能化打下了基础。同时，"明远"号还成为全球首艘获得DNV GL（2021年更名为DNV）认证的船级社智能船符号的船舶，也获得了中国船级社的智能船符号。①同月，中远海运重工有限公司承建的比利时德米集团N829风电安装船下水。该船配备世界先进的液化天然气双燃料主机、8台大功率推进器、DP3定位系统、8点系泊及目前海上风电安装/维护类项目中全球最大吨位的主吊机等海工高端设备。②2018年11月30日，中国新兴大洋综合资源调查船（大洋号）在广州下水。"大洋号"是中国首艘按照绿色化、信息化、模块化、便捷化、舒适化和国际化原则设计建造的，具有国际先进水平的全球级综合调查船。船上配有最先进的直流母排电力推进系统，采用了直叶推进器等特种技术，拥有超过50台套多种类型调查装备，是一艘集多学科、多功能、多技术手段为一体的新一代大洋综合资源调查船。③

2019年，全球首款水陆两栖智能无人防务快艇"海蜥蜴"通过验收，这标志着中国智能海洋防务装备科研达到了世界先进水平。④同年，中船重工大船集团建造的30.8万吨全球超大型智能原油船"凯征"轮成功交付，该船是第一艘获得中国船级社"i-Ship"符号的超大型智能原油船，填补了国际智能原油船的空白。⑤同年，中国第一艘自主建造的极地科学考察破冰船"雪龙2"号交付使用，这标志着中国在极地考察现场保障和支撑能力方面取得新突破。⑥2019年7月，中国自主研制的4000吨级大

① 全球首艘40万吨级职能船交付[N].中国海洋报，2018-11-29（1B）.
② "中国造"欧洲最先进海上风电安装船下水[N].中国海洋报，2018-11-29（1B）.
③ 我国新型大洋综合资源调查船"大洋号"下水[N].中国海洋报，2018-12-03（1B）.
④ 全球首款水陆两栖智能无人防务快艇"海蜥蜴"交付[N].中国海洋报，2019-04-15（2B）.
⑤ 全球首艘超大型智能原油船在大连成功交付[N].中国海洋报》，2019-06-26（2B）.
⑥ "雪龙2"在沪顺利交付使用[N].中国海洋报，2019-07-12（1B）.

洋综合资源调查船"大洋号"成功交付。该调查船代表了中国船舶工业和海洋科技的最高水平，是首艘获得中国船级社首次颁发的Underwater Noise 3+1 附加标志的船舶，其水下噪声控制达到世界先进水平。[1]同年，沪东中华造船有限公司为法国达飞海运集团建造的全球首艘 23000 标准箱液化天然气动力集装箱船"达飞雅克·萨德"号在上海下水。该集装箱船是当时国内外建造的最大型集装箱船，打破了国外船企的长期技术垄断，标志着中国高端海洋装备制造实现从"跟跑"到"领跑"的飞跃。[2]同年，中国首艘国产大型邮轮在上海开工建造，这标志着中国船舶工业正式跨入大型邮轮建造新时代。[3]

2020 年，由中国自主研发的当时世界上最大的船用双燃料发动机正式面向全球市场发布。该机型的成功研制标志着中国高端海洋装备自主研发制造水平实现了新的突破。[4]

2021 年，中船 708 所与广船国际、广东智能无人系统研究院在南沙签订了由中船 708 所研发设计的综合科学考察船建造采购合同。该船最大作业排水量达到 10100 吨，建成后将成为国内排水量最大、性能最强的海洋综合科学考察船。[5]同年，中国最大的海洋综合考察实习船"中山大学"号在中国东海海域完成常规航行试验，试验结果表明，"中山大学"号的设计和建造非常成功，船舶的安全性、经济性、操纵性全面达到预设目标，在空船重量控制、振动噪声、总体布置、抗风稳性及配载、

---

① 新型全球级科考船"大洋号"交付[N]. 中国海洋报，2019-07-29（1B）.
② 全球最大型液化天然气动力集装箱船下水[N]. 中国海洋报，2019-09-30（2B）.
③ 首艘国产大型邮轮在上海开工建造[N]. 中国海洋报，2019-10-22（1B）.
④ 我国高端海洋装备自主研制造水平实现新突破[EB/OL]. [2020-11-14]. http://ocean. china.com.cn/2020-05/27/content_76096368.html.
⑤ "万吨科考船"来了！建成后将成为国内性能最强海洋综合科学考察船[N]. 文汇报，2021- 03-25.

电站负荷和油耗、动力系统可靠性以及生活环境舒适度等方面均达到或超过国际先进水平。[1]同年，由中国舰船设计研究中心设计的智能型无人系统母船在广州黄埔文冲船厂开工建造。该船拥有"i-Ship（No, R1, M, I）"智能船级符号，有望成为全球首艘具有远程遥控和开阔水域自主航行功能的科考船。[2]同年，国内第一艘海洋牧场养殖观测无人船在山东省威海市德明海洋牧场进行了海试并交付使用。该无人船是由哈工大威海创新创业园孵化企业威海天帆智能科技有限公司与哈尔滨工业大学（威海）共同研发的，是世界上第一个专门针对海洋牧场的无人船，其交付使用将极大地推动当地智慧海洋牧场和透明海洋的发展。[3]同年，"实验6"号综合科考船实施首航，在珠江口—南海北部海域执行多学科综合观测科学任务。"实验6"号综合科考船填补了目前国内中型地球物理综合科考船的空白，是国内首艘采用最先进的混合冷却D型吊舱推进技术的科考船，实现了国产大容量地震空压机和国产科考升降鳍板的首次装船应用。[4]

（三）海洋观测装备制造技术

海洋观测装备包括海洋水文专用仪器、海洋气象专用仪器、海洋化学专用仪器、海洋地球物理专用仪器、海洋地质专用仪器、海洋航海专用仪器和海洋观测调查浮标潜标。[5]近年来，中国海洋观测装备取得了长足进展，海洋监测已迈入自主创新时代。

目前，我国在海洋无人观测平台研制方面，已基本掌握主要海洋无

---

① 我国最大海洋综合科考实习船"中山大学"号试航成功[N]. 光明日报，2021-06-19（1）.
② 中国首艘智能型无人系统母船开工建造[N]. 光明日报，2021-07-21.
③ 我国首艘海洋牧场养殖观测无人船下水[N]. 科技日报，2021-08-15.
④ 我国海洋科考重器"实验6"开启首航[N]. 光明日报，2021-09-07（9）.
⑤ 国家海洋局. 中华人民共和国海洋行业标准: HY/T130—2010[S].北京：中国标准出版社，2010: 2-10.

人观测平台研制技术，实现了无人水面艇（Unmanned Surface Vessel，简称USV）、波浪滑翔器[1][2]、水下滑翔机、自主式水下航行器（Autonomous Underwater Vehicle，简称AUV）[3][4][5][6]、表面漂流浮标 、剖面漂流浮标[7]、遥控无人潜水器（Remote Operated Vehicle，简称ROV）的商业化生产，其中USV、AUV等个别海洋无人观测装备达到国际先进水平[8][9]。此外，全海深无人潜水器（Autonomous and Remotely Operated Vehicle，简称ARV）工程样机、深海剖面漂流浮标和基于北斗系统的表面漂流浮标等也相继研制成功[10]。在无人观测平台研制方面，我国相继成功研制了"海马"号、"海龙"系列、"潜龙"系列、"海斗"号无人潜水器、"海燕"系列水下滑翔机、"海翼"号滑翔机。

在海洋无人观测载荷研制方面，我国开发了多波束测深仪、海洋磁力仪、多普勒测流仪等产品，但没得到普遍应用。国内海洋无人观测载荷大多依靠进口，并通过集成搭载于海洋无人观测平台上。在海洋无人

① 田应元，吴小涛，王海军，等."海鳐"波浪滑翔器研究进展及发展思路[J].数字海洋与水下攻防，2020，3（2）：12.

② 王海军.波浪滑翔机海上试验研究[J].数字海洋与水下攻防，2020，3（2）：6.

③ 钱洪宝，卢晓亭.我国水下滑翔机技术发展建议与思考[J].鱼雷技术，2019，27（5）：474-479.

④ 吴尚尚，李阁阁，兰世泉，等.水下滑翔机导航技术发展现状与展望[J].水下无人系统学报，2019，27（5）：529-540.

⑤ 沈新蕊，王延辉，杨绍琼，等.水下滑翔机技术发展现状与展望[J].水下无人系统学报，2018，26（2）：89-106.

⑥ 孙芹东，兰世泉，王超，等.水下声学滑翔机研究进展及关键技术[J].水下无人系统学报，2020，28（1）：10-17.

⑦ 王鹏，胡筱敏，熊学军.新型表层漂流浮标体设计分析[J].海洋工程，2017，35（6）：9.

⑧ 郑华荣，魏艳，瞿逢重.水面无人艇研究现状[J].中国造船，2020，61（S01）：13.

⑨ ALAAELDEEN M.E.Ahmed，段文洋.自主水下航行器发展概述[J].船舶力学，2016，20（6）：768-787.

⑩ 唐庆辉，范开国，徐东洋.海洋无人观测装备发展与应用思考[J].数字海洋与水下攻防，2021，4（5）：401-404.

观测装备业务化应用方面，表面漂流浮标和剖面漂流浮标应用比较成熟，已实现了业务化运作。

在载人观测平台方面，我国已研制成功"蛟龙"号、"深海勇士"号、"奋斗者"号和"彩虹鱼"号等载人深潜器，核心国产设备性能和技术状态稳定，这标志着我国大深度载人深潜技术和装备制造已取得重大进展。

近年来，我国主要在浮标建造等领域取得了突破性进展，部分产品进入国际先进行列，有力地支撑了我国海洋观测网建设。2018年，我国研发的"三锚式浮标综合观测平台"完成主体建造[①]，自主研发的"漂流式海气通量浮标"关键技术在西北太平洋黑潮延伸体综合海上比测应用中取得突破[②]，并在业务化应用中取得重要进展。"三锚式浮标综合观测平台"在国际上也是首次研发建造。"漂流式海气通量浮标"所获观测数据质量达到国际先进水平，其业务化运行的成功也标志着中国浮标技术已进入国际先进行列。[③]2020年，我国完成了海气界面观测浮标的全系统国产化技术研究。浮标全系统成功布放在西北太平洋海域。该型浮标是中国自主研发的首套全国产化的资料浮标，填补了中国大深度、高密度、长期实时获取深海剖面观测数据的技术空白。同时，我国创新性地研制了具有完全自主知识产权的小型一体式感应耦合传输温盐深流传感器，填补了一体式千米温盐深流产品的国内空白，其性能指标达到国内领先水平。[④]同年，中国在太平洋海域成功布放一台采用铱星通信方式的COPEX型自动剖面漂流浮标，并成功传输数个剖面测量数据。该浮标

---

① 中科院海洋所首次研制直径15米浮标[N]. 中国海洋报，2018-04-17（2B）.
② 我"漂流式通量浮标"比测应用获突破[N]. 中国海洋报，2018-06-14（1B）.
③ 我国海气界面浮标应用又获新进展[N]. 中国海洋报，2018-10-10（1B）.
④ 首套国产化海气界面观测浮标布放西北太平洋[N]. 中国自然资源报，2020-08-28.

搭载了自然资源部国家海洋技术中心自主研制的自动剖面漂流浮标专用温度、盐度、深度传感器，这标志着浮标的国产化率进一步提高。[①]

（四）海洋环境保护装备制造技术

海洋环境保护装备包括海洋环境监测专用仪器仪表、海洋环境污染防治专用设备等。近年来，随着近海海洋环境保护需求迫切度的提升以及智能化技术的发展，我国海洋环保装备不断取得进展。

2019年，天津大学与天津联通共同研发的"海豚"号5G无人船，标志着我国海洋环境智能立体监测技术发展进入新阶段。"海豚"号5G无人船是业内首次尝试基于5G的海洋环境进行多参数智能立体监测，这标志着5G技术已正式参与智慧海洋建设。[②]

2021年，我国首艘近千吨级海洋生态环境监测船——"中国环监浙001"建造完成，交付浙江省海洋生态环境监测中心使用。该船是我国同类环监船中速度最快的海洋生态环监船之一。[③]

四、海洋新材料技术

海洋新材料是指主要用于极寒、高温、高盐、高压等海洋环境下的各类特殊材料。海洋新材料主要应用于造船、港口码头及跨海大桥建造、海底隧道铺设、海洋平台搭建、海水淡化、沿海风力发电、海洋军事等领域。目前，海洋新材料的主要产品包括海洋用钢（钢筋和各类不锈钢）、海洋用有色金属（钛、镁、铝、铜等）、防护材料（防腐涂料、防污涂料、牺牲阳极材料）、混凝土、复合材料与功能材料等。海洋新材料属

---

① 铱星通信自动剖面漂流浮标布放太平洋[N]. （2020-09-10）[2020-11-16]. http://www. nmdis.org.cn/hyxw/gnhyxw/index_12.shtml.

② "海豚"5G无人船首次发布[N]. 中国海洋报，2019-10-10（3B）.

③ 浙江海洋生态环境监测又多了"重型武器"！[N]. 钱江晚报，2021-12-29.

于海洋领域的"卡脖子"构件。

（一）海洋防腐涂料和防污涂料

海洋装备材料的腐蚀防护和防污是严重制约重大海洋工程技术和装备发展的技术瓶颈之一，目前海洋装备工程最有效的防护方法是运用有机涂层防护技术。[1] 海洋防腐涂料的研究、开发与应用受到全球强烈关注，欧美国家在海洋防腐涂料领域处于领先地位。[2]

我国在海洋防腐涂料领域虽起步较晚，但近年来发展较为迅速，已在重要领域取得突破。如，2021 年 1 月架设完成的舟岱大桥，其钢管桩的防护涂层采用了我国自主研发具有自主知识产权的、新型高性能长寿命的、有机/无机纤维复合增强的新一代海洋重防腐涂层材料。该涂层材料性能达到国际领先水平，能够满足现代海工结构大跨、高耸、重载、轻质、高强与在恶劣条件下工作的重大需求。[3] 2020 年 4 月，我国自主研制的新型海洋重防腐涂料在国家"一带一路"海外重大工程"柬埔寨 200 兆瓦双燃料电站"和"印尼雅万高铁"工程建设中实现了规模应用。该防腐涂料兼具优异力学性能、长效防腐耐候、耐高温、耐低温、抗菌阻燃、深海耐压等性能，通过了化工、涂料等领域权威鉴定机构的性能检测，成功应用于沿海地区国家电网、临海石油化工、海洋工程和海洋装备等重防腐领域。[4]

---

[1] 中国海洋新材料市场研究报告[EB/OL]. (2019-05-04) [2021-03-05]. http://www.ecorr.org/news/industry/2017-05-04/165595.html.

[2] 王博，魏世丞，黄威，等. 海洋防腐蚀涂料的发展现状及进展简述[J]. 材料保护，2019，52（11）:7.

[3] 洪恒飞，高晓静，张超梁，江耘. 增强海洋工程结构耐久性复合涂层为钢管桩披上"防护衣"[N]. 科技日报，2021-02-03（6）.

[4] 宁波材料所新型海洋重防腐涂料应用于"一带一路"海外重大工程[EB/OL]. (2020-04-11) [2021-03-09].http://www.nimte.cas.cn/news/progress/202004/t20200410_5537761.html.

尽管我国在海洋防腐、防污涂料领域发展迅猛，但仍存在海洋防腐涂料防护性能单一化，综合性能有待进一步提高，防护周期短，耐久性亟待提升，以及需要更加绿色节能环保等问题。

（二）船舶及海工用钢材料

我国船舶与海工用钢及耐蚀钢需求量为 60 万吨/年，目前国内的钢铁企业已能生产各种规格、品种的船舶和海工用钢，但具有高强度、抗层状撕裂、大热输入量焊接、超低温韧性、高止裂等性能的高级别特种钢材仍依赖进口。这些特种钢材的自给率不足 15%。在超高强船舶及海工用钢领域，日本和欧洲钢企处于领先地位。[①] 如，日本 JFE 钢铁公司开发了适用于不同温度下、不同强度级别并具有优良焊接性能的船体和海工用钢板，可按照日本工业标准（简称 JIS）、美国材料实验协会标准（简称 ASTM）、美国石油学会标准（简称 API）、欧洲标准（简称 EN）以及各国船级社规范供货。针对船体和海工用钢板的不同用途，日本 JFE 钢铁公司还形成了自己的企业标准。[②]

我国船舶与海工用钢与国外存在差距的原因有以下几方面。

一是研发新产品的创新性和前瞻性不足。日本钢企在研发新产品时，经常走访船东和船企等用户，了解其需求并根据其要求组成由研究所、船级社、协会等相关机构共同参加的联合研发体系。这样用户会积极配合钢企研发、使用和推广新产品。而国内的钢企满足于规模产量大、效益好的成形产品，对新产品首先关心有多大产量和效益，缺乏创新性和前瞻性。

二是知识产权保护意识较弱。国外钢铁强国研发出新产品后，就在别国申请专利，并在相关的国际组织中提出标准草案，以达到引领新产

---

① 赵捷. 我国高品质船舶、海洋工程用钢研究进展[J]. 材料导报，2018，32（A01）:4.
② 任秀平. JFE 船舶及海工用钢开发现状及发展方向[N]. 世界金属导报，2020-12-08.

品的目的，同时也可对其他国家形成贸易壁垒。而我国对专利、标准作用的认识仍存在不足。

三是海洋用钢体系不健全。我国海洋用钢基本模仿美、日、欧盟，缺乏系统的材料数据库和共享平台，尚未建立系统的服役性能评价体系和腐蚀防护理论体系，无法为建立标准提供支撑，严重限制了海洋用钢的推广和应用。

（三）海洋工程和船舶用复合材料

复合材料是由两种或两种以上不同性质的材料，通过物理或化学的方法组成的具有新性能的材料。复合材料按组合成分不同，可分为聚合物基体复合材料、金属基复合材料和无机非金属复合材料。[1]复合材料由于具有综合优越性能，因此广泛应用于船舶、潜水器以及海底油田、浮岛建设等海工领域。

我国在海工和船舶领域应用复合材料起步较晚，尚处于初级阶段。在技术水平和数据积累方面较之发达国家有较大的差距。

我国海工领域应用复合材料存在的问题主要有：一是能够满足深远海装备需要的新型复合材料制备技术、耐海水腐蚀性更优的树脂制备技术、耐海水腐蚀涂层技术仍需突破。二是复合材料结构设计能力仍不足。目前，我国仍未完全建立针对海洋环境的复合材料结构设计方法，缺乏相应的设计规则和设计手段，长期海洋环境性能数据的积累不足。三是大型结构复合材料产品的制造、无损检测技术仍需继续研究。[2]

我国船舶用复合材料存在的问题主要有：一是成本问题。成本过高

[1] 李健，洪术华，沈金平. 复合材料在海洋船舶中的应用[J]. 机电设备，2019, 36（4）：57-59.
[2] 严侃，黄朋. 复合材料在海洋工程中的应用[J]. 玻璃钢/复合材料，2017（12）: 99-104.

是船舶用复合材料的短板。解决这一问题需要引进大量的先进生产技术。二是缺乏船用复合材料可靠性评价技术。三是复合材料的基础数据积累较为缺乏。复合材料的结构性能包括其物理力学性能、环境老化性能等。当前我国非常缺乏能够准确评价这些性能的数据，这是当前船舶用复合材料发展中的一个十分重要的问题。[①]

（四）深海浮力材料

深海装备必须装配具备高强度、低密度、低吸水率等优异性能的浮力材料，以便为其提供浮力和保证平衡。海工装备用的浮力材料主要包括传统浮力材料（如橡胶等）、固体浮力材料、玻璃和陶瓷浮球几类[②]。不同海深环境所要求浮力材料的性能不同。目前，深海浮力材料主要应用的是固体浮力材料。陶瓷等新型浮力材料是未来的重要发展方向，但目前其可靠性仍不足。[③]

固体浮力材料包括化学泡沫复合材料、轻质合成复合材料和微珠复合泡沫材料三大类。微珠复合泡沫材料由于抗压强度远优于其他两类材料，是理想的全海深浮力材料之一。国外始终禁止超低密度的固体浮力材料向中国出口。[④]

我国深海浮力材料的研究始于20世纪90年代，"十五"期间，我国开展了原创性"高性能空心玻璃微珠产业化关键技术"的研发，掌握了原位气化成形的核心技术。2014年，采用我国自主研发的深海浮力材料

---

① 李健，洪术华，沈金平. 复合材料在海洋船舶中的应用[J]. 机电设备，2019，36（4）：57-59.

② 何成贵，张培志，郭方全，等. 全海深浮力材料发展综述[J]. 机械工程材料，2017，41（9）：5.

③ 刘坤，王金，杜志元，等. 大深度载人潜水器浮力材料的应用现状和发展趋势[J]. 海洋开发与管理，2019，36（12）：4.

④ 何成贵，张培志，郭方全，等. 全海深浮力材料发展综述[J]. 机械工程材料，2017，41（9）：5.

作为主浮体的无人遥控潜水器"海马"号在南海成功进行了 4500 米下潜试验，浮力材料性能达到国际水平，这标志着我国自主掌握了浮力材料的重要核心关键技术。[①] 2016 年，我国突破了 4500 米级载人潜水器用固体浮力材料生产过程中残存应力释放等关键技术，生产出批产稳定的产品，性能达到国际先进水平，这使我国成为世界上为数不多的能生产深潜用固体浮力材料的国家之一，打破了国外对我国固体浮力材料禁运的被动局面，具备了关键核心材料自主保障的能力。[②] 2017 年，采用我国自主研制开发的全国产化浮力材料的"万泉"号深渊着陆器完成万米海深科考任务，这表明我国已掌握万米级浮力材料的研制生产技术，并达到世界先进水平，改变了我国深海浮力材料长期依赖进口的局面。[③] 2020年，我国自主研制的万米级固体浮力材料的全海深载人潜水器"奋斗者"号圆满完成载人万米深潜海试任务，该固体浮力材料已实现了批量化生产，其中的核心原材料高强空心玻璃微球，是我国浮力材料研究的重大突破。[④] 至此，我国自主研发的浮力材料，已形成从水面至水下万米全海深用系列化产品，性能已达到国际先进水平。

伴随着不断加快的国产化进程，我国深海浮力材料生产成本也实现了大幅降低，从最初的每立方米 100 万元降到 10 万元左右[⑤]，深海固体

---

① "海马号"海试验收　实现关键核心技术国产化[EB/OL].（2014-04-23）[2021-03-19]. http://scitech.people.com.cn/BIG5/n/2014/0423/c1007-24932578.html.
② 我国自主研制的4500米载人潜水器深潜用固体浮力材料实现批量生产[EB/OL].（2017-02-08）[2021-03-19]. https://www.most.gov.cn/ztzl/lhzt/lhzt2017/jjkjlhzt2017/201702/t20170227_131385.html.
③ 理化所研制的固体浮力材料获得万米应用突破[EB/OL].（2017-03-31）[2021-03-09]. http://www.ipc.ac.cn/xwzx/kyjz/201811/t20181118_5181828.html.
④ "奋斗者"号声学系统实现完全国产化　万米级浮力材料研制获得突破[EB/OL].（2020-11-29）[2021-03-20]. https://m.gmw.cn/baijia/2020-11/29/1301847971.html.
⑤ 国产化深海浮力材料在青"突围"[N]. 青岛财经日报，2015-09-25.

浮力材料的应用领域正经历着由窄变宽的过程，正从特种专业的小众市场逐渐走向大众市场。

（五）海洋用有色金属材料

海洋用有色金属主要包括钛及钛合金、铝合金、铜合金等。在海洋工程用铝合金、铜合金等有色金属材料方面，我国已经具备了较完善的研发生产以及相当规模的加工制造能力，尤其是我国大规格铝合金加工能力已达到世界先进水平。

钛及钛合金轻质、高强、耐蚀，是优异的"海洋金属"，已广泛应用于海洋工程装备的各个领域。我国目前已形成了较完整的钛合金研究、中试和规模化生产的工业体系。海洋用钛及钛合金是未来海洋用有色金属材料研发和应用的重点领域。近年来，我国海洋用钛及钛合金在研发新产品和服役性能领域取得显著成果。

在新产品开发方面，国内多家钛合金研发团队开发设计出多种高强、耐冲击、耐腐蚀和易焊接的新型钛合金。如南京工业大学以廉价铁元素改性为主开发出了低成本、高强韧的钛合金，该钛合金拥有较好的耐腐蚀性。[1] 哈尔滨工业大学通过添加锆、钼元素开发了钝化能力提高的耐蚀钛合金。[2] [3] 西北有色金属研究院以可焊性为主要思路，开发了高强韧海洋工程用可焊钛合金。[4] 中船重工725研究所针对现有高强钛合金焊接处

① 常辉，李佳佳，高桦，等. 一种含Fe的低成本近β型高强钛合金及其制备方法: CN106521236A[P]. 2017-03-22.
② 王妍. 高强耐蚀Ti-Al-Zr-Sn-Mo-Nb合金的成分优化及组织性能研究[D]. 哈尔滨: 哈尔滨工业大学，2019.
③ 陈才敏. 耐蚀Ti-Al-Nb-Zr-Mo合金的成分优化及组织性能研究[D]. 哈尔滨: 哈尔滨工业大学，2018.
④ 尹雁飞，赵永庆，贾蔚菊，等. 一种海洋工程用高强高韧可焊接钛合金: CN110106395A[P]. 2019-08-09.

冲击韧性较低的特点，添加铝、钼、钒、铌、铬、锆等元素，开发出高强高冲击韧性的耐蚀可焊钛合金。[①]

服役性能是海洋工程装备用钛耐久性的重要指标。国内钛合金研发单位针对海洋多场耦合服役环境下面临的主要失效形式开展了钛合金周疲劳[②][③][④][⑤]、应力腐蚀[⑥][⑦][⑧]和高压蠕变[⑨][⑩]等方面的研究，并形成了一批成果。

尽管运用于我国海洋工程的钛合金研发和应用已经获得了长足进步，但仍存在诸多问题亟待解决。一是成本问题，这是制约钛合金在海洋工程领域推广的瓶颈性因素。二是未确定主攻方向。俄罗斯的海工用钛合金以易焊接、焊后不预热为发展方向，美国以军民兼用为主要原则，而我国在强度级别外，至今没有形成海工用钛合金材料体系的主攻方向。三是规格型号不全。宽厚板、大口径无缝管等大尺寸钛合金产品加工技

① 李士凯，杨治军，张斌斌，等. 一种高强度高冲击韧性的耐蚀可焊钛合金及其制备方法：CN106148761A[P]. 2016-11-23.

② 孙洋洋，常辉，方志刚，等. 稀有金属材料与工程[J]. 2020，49（5）：1623-1628.

③ Wang F, Jiang Z, Cui W C. Low-Cycle Dwell-Fatigue Life and Failure Mode of a Candidate Titanium Alloy Material TB19 for Full-Ocean-Depth Manned Cabin[J]. Chuan Bo Li Xue/Journal of Ship Mechanics, 2018, 22(6):727-735.

④ Wang F, Cui W. Experimental investigation on dwell-fatigue property of Ti-6AI-4V ELI used in deep-sea manned cabin[J]. Materials Science and Engineering A, 2015, 642:136-141.

⑤ Wang K, Wang F, Cui W C,et al. Prediction of Cold Dwell-Fatigue Crack Growth of Titanium Alloys[J]. Acta Metallurgica Sinica (English Letters), 2015, 28(5):619-627.

⑥ 渠佳慧. 高强Ti-35421合金应力腐蚀及表面钝化膜自修复[D]. 南京：南京工业大学，2019.

⑦ 山川. 钛合金的应力腐蚀开裂与腐蚀电化学研究[D]. 青岛：中国海洋大学，2013.

⑧ 董月成，方志刚，常辉，等. 中国材料进展[J]. 2020，39（3）：185-189.

⑨ 陈博文. Ti80和TC4 ELI钛合金的室温高压压缩蠕变行为研究[D]. 南京：南京工业大学，2017.

⑩ 屈平. 深海钛合金耐压结构蠕变特性探索研究[D]. 北京：中国舰船研究院，2015.

术尚不成熟，批次稳定性仍有待提高。四是基础研究仍不足。合金元素和杂质元素对合金性能的影响缺乏定量描述，对多场耦合条件下（腐蚀介质、应力、温度等）钛合金的主要失效形式和防护技术的研究缺乏。五是缺乏用钛装备的设计方法，缺乏使用及评价的相关规范和标准。

五、海洋高技术服务

海洋高技术服务包括海洋信息技术、海洋环境观测预报技术等。[1]

（一）海洋信息技术

随着海洋资源开发过程对信息技术的应用，近年来我国在海洋信息技术领域取得了显著成就。

1.海洋信息感知技术

我国海洋观测传感器、仪器、测量系统研究起步较晚，得益于国家支持取得了较快进展，部分测量要素技术（如船用高精度CTD剖面仪、XCTD剖面仪、XBT剖面仪等）的研发水平已经接近国际先进水平[2]，一些海洋水下观测装备形成了系列产品，一些水文仪器在大洋考察、国际联合调查中得到应用。我国在基于光纤、雷达等新方法和新原理的物理海洋传感器方面已具备部分技术基础，但国内90%的传感器仍依赖进口。[3] 在水下大型传感器方面，近年来，我国重点突破了水下滑翔机的长续航、大潜深等技术。我国"海翼7000"是目前世界上唯一能在7000米深度长期稳定观测作业的水下滑翔机。[4] 目前，我国海洋卫星和以海洋为

① 国家海洋局. 中华人民共和国海洋行业标准: HY/T130—2010[S]. 北京: 中国标准出版社, 2010: 2-10.
② 李红志, 贾文娟, 任炜, 等. 物理海洋传感器现状及未来发展趋势[J]. 海洋技术, 2015, 34（3）: 5.
③ 闫亚飞.海洋传感器产业分析报告[J]. 高科技与产业化, 2021, 27（12）: 8.
④ 沈新蕊, 王延辉, 杨绍琼, 等. 水下滑翔机技术发展现状与展望[J]. 水下无人系统学报, 2018（2）: 89-106.

主要用户的卫星已达到 12 颗，包括"海洋一号"系列卫星、"海洋二号"系列卫星、"高分三号"系列卫星以及中法海洋卫星。其中"高分三号"C频段多极化合成孔径雷达（Synthetic Aperture Radar，简称 SAR）成像卫星分辨率为 1 米，达到国际主流的 SAR 卫星分辨率水平[①]。目前，我国多型海洋卫星运行良好，海洋卫星组网业务化观测格局全面形成。

2. 海洋信息通信组网技术

海洋信息通信网主要包括海上无线通信系统、海洋卫星通信系统和岸基移动通信系统。海上无线通信系统通信成本低廉，但是信息传输速率较低，只能进行传输短消息和低速语音等业务。与海上无线通信系统相比，海洋卫星通信系统的优点是覆盖范围广、信道稳定、传输速率较高，缺点是成本较高。岸基海洋通信应用的缺点是覆盖的沿岸海域范围较小，优点是直接使用岸基移动通信系统终端即可实现近海通信。

我国海洋通信技术与世界海洋通信技术强国还存在较大的差距。首先，虽然我国在海上无线通信领域采用的技术与其他海洋通信技术强国采用的技术相类似，但我国海上无线通信的通信技术更新不足、通信可靠性受海洋环境影响较大，这在远距离通信时表现得尤为突出，且存在通信覆盖盲区。其次，我国海洋卫星通信网络正逐步完善，虽然可供选择的通信卫星较多，既有国际海事组织的通信卫星，又有我国自主开发的"北斗"卫星导航系统和"天通一号"卫星移动通信系统，但是现有卫星系统资源仍不能满足不断增长的海洋事务的要求，且海洋卫星通信的成本较高。最后，岸基的 4G 公共移动通信系统为我国近海海上用户提供了便利的数据服务，但是近海覆盖面仍很有限。

---

① 佚名.《海洋卫星业务发展"十三五"规划》发布[J]. 海洋与渔业，2018（1）: 1.

3.海洋信息基础设施

经过多年发展，我国海洋信息基础设施建设初具规模。自然资源部初步建成由近岸海洋观测、离岸海洋观测以及大洋和极地观测组成的海洋观测网基本框架：近岸观测系统包括 133 个海洋站、35 套大型锚系浮标、3 套岸基高频地波雷达、8 套 X 波段雷达、51 艘志愿船和 15 条海洋断面。离岸海洋观测系统主要由各种浮（潜）标、调查断面、海上平台、志愿船和卫星等组成。我国已建成业务化观测浮锚系浮标 237 套、表层漂流浮标 200 套、Argo 浮标 200 余套、潜标 40 余套，主要布设在我国陆架海域；漂流浮标常年保持数十个，主要布放在中远海和大洋；海洋标准断面调查站位 100 多个；在近海海域建有多座海上观测平台，依托数十个海上生产作业平台以及近百艘近海和远洋船舶组织开展海上志愿观测；海洋卫星和以海洋为主要用户的卫星已达到 12 颗。大洋观测由大洋科学考察船、浮潜标、卫星和志愿船等承担。南北两极已形成"两船、六站、三飞机、一基地"的极地考察保障格局[①]。中国气象局建设了 290 个海岛自动气象站、39 个船舶自动气象站、25 个锚系浮标气象站、6 部地波雷达和 2 个风暴潮站等。[②] 交通运输部管理海洋观测站点近 20 个，沿海航标（AIS）岸基台站 201 座，海区级 AIS 中心 3 个，国家级 AIS 中心 1 个[③]。中科院海洋所在黄海、东海布设了 21 套浮标观测系统和 2 套海岛自动气象站观测系统，在中国近海至西太平洋海域布设了 22 套浮标和 74 套潜标[④]。中国海洋大学在南海构建了国际上规模最大的区域海洋潜标观测网，观测范围横跨吕宋海峡、南海深海盆、南海东北部与西北

---

①②③ 智慧海洋工程顶层设计报告[R]. 天津：国家海洋信息中心，2017.

④ 国家海洋科学数据中心建设运行实施方案（2020-2025）[R]. 天津：国家海洋信息中心，2019-09-10.

部陆坡陆架区，奠定了中国在"两洋一海"动力环境观测领域的国际地位 ①。其他涉海部委以及地方海洋管理部门和涉海企事业单位根据本部门的业务需要，部署了一定数量的岸基和海上观测站点。

经过多年发展，目前我国已初步建成国家海洋立体观（监）测系统。该系统包括海洋站（点）、雷达、海洋观测平台、浮标、移动应急观测、志愿船、标准海洋断面调查和卫星等多手段，在近岸近海的观测已初步覆盖管辖海域，在极地和大洋热点海域的观测正有效开展，卫星遥感观测手段趋于成熟，海洋观测数据传输效率大幅提高，初步具备了全球海洋立体观测能力。②

（二）海洋环境观测预报技术

中国海洋环境观测预报技术开展较早，已突破一批海洋环境监测技术，形成了一定的海洋监测关键技术。我国海洋卫星组网业务化观测格局全面形成，我国建立了沿海区域性海洋环境立体监测系统。

1.海洋动力环境监测技术

海洋动力环境观测技术包括船基海洋监测技术、岸基海洋监测技术、海基海洋监测技术。

船基海洋监测技术是利用船舶作为活动平台进行海洋调查和观测的技术。

岸基海洋监测技术是利用近岸作为活动平台进行海洋调查和观测的技术。

海基海洋监测技术是在海面、深海中进行海洋调查和观测的技术。

---

① 突破技术瓶颈 组网观测南海——中国海洋大学团队构建国际规模最大的区域潜标观测网[N]. 中国海洋报，2019-03-07（3B）.
② 国家全球海洋立体观测网：认知海洋的宏伟计划[N]. 自然资源报，2019-07-17.

中国海基海洋监测技术，特别是浮标、潜标、海床基、水下移动观测平台等技术已取得重大进展。浮标是一种观测/监测平台，与传感器、控制系统、通信系统相结合，可形成能满足不同需要的观测/监测系统。中国自 2002 年加入国际 Argo 计划以来，在太平洋和印度洋等海域已经累计布放了 400 多个自动剖面浮标，建成中国 Argo 大洋观测网，并成为全球 Argo 实时海洋观测网的重要组成部分。建立的针对自动剖面浮标的资料接收、处理和交换共享系统，使中国成为 9 个有能力向全球 Argo 资料中心提交经实时和延时质量控制的资料的国家之一。

潜标是一种可以机动布放在水下的定点连续剖面观测仪器设备，是海洋环境离岸监测的重要手段。从 20 世纪 80 年代以来，中国先后开展了浅海潜标测流系统、千米潜标测流系统和深海 4000 米测流潜标系统的技术研究，已掌握系统设计、制造、布放、回收等技术。

2. 海洋遥感观测技术

海洋遥感观测技术包括卫星遥感和航空遥感，具有宏观大尺度、快速、同步和高频度动态观测等优点，是现代海洋观测技术的主要发展方向。

（1）卫星遥感

20 世纪 80 年代以来，中国海洋卫星及其探测技术的研发与应用取得了令人瞩目的成就。目前，中国已形成了以"海洋一号"（HY-1）系列卫星、"海洋二号"（HY-2）系列卫星、"高分三号"（GF-3）系列卫星为代表的海洋水色、海洋动力环境及海洋监视监测系列卫星组网，并与中法卫星、地面应用系统组合建设了北京、三亚、牡丹江站，实现了从单一型号向多个系列卫星组网、从试验应用向业务应用的跨越，建立起了优势互补的海洋遥感卫星观测体系。

"海洋一号"（HY-1）卫星（海洋水色卫星）系列，包括 2002 年发射的

HY-1A卫星、2007年发射的HY-1B卫星、2018年发射的HY-1C卫星。"海洋一号"卫星的主要功能是观测海水光学特征、叶绿素浓度、海表温度、悬浮泥沙含量、可溶有机物和海洋污染物质，并兼顾观测海水、浅海地形、海流特征和海面上大气气溶胶等要素，掌握海洋初级生产力分布、海洋渔业及养殖业资源状况和环境质量，了解重点河口港湾的悬浮泥沙分布规律，为海洋生物资源合理开发利用、沿岸海洋工程、河口港湾治理、海洋环境监测、环境保护和执法管理等提供科学依据和基础数据。

"海洋二号"（HY-2）卫星（海洋动力环境卫星）系列，包括2011年发射的HY-2A卫星、2018年发射的HY-2B卫星以及2018年发射的中法海洋卫星（CFOSAT）等。"海洋二号"卫星的主要使命是监测和调查海洋环境，获得包括海面风场、浪高、海流、海面温度等在内的多种海洋动力环境参数，直接为灾害性海况预警预报提供实测数据。①

"高分三号"（GF-3）系列卫星是我国首颗分辨率达到1米的C频段多极化合成孔径雷达（SAR）卫星。这一卫星可以获取海岸变迁、海岸带植被、海岸类型、海岸带地质与生态环境、海岸人工设施、海域使用功能区划等监测数据，为海岸带综合管理与海域使用管理提供重要的客观依据。"高分三号"卫星还可以获取高分辨率海浪、海面风场、浅海水下地形、中尺度涡和锋面数据，为全球海洋动力环境研究提供支撑，为沿海核电站等海外重大工程的论证、运行提供海洋环境监测保障。

此外，2018年开始运行的中法海洋卫星是国际合作卫星，主要用于获取全球海面波浪谱、海面风场、南北极海冰信息。我国在2022年4月发射的第二颗C频段多极化合成孔径雷达业务卫星1米C-SAR业务卫

---

① 我国多型海洋卫星运行良好 海洋卫星组网业务化观测格局全面形成[EB/OL].（2022-04-07）[2022-07-11]. http://news.cctv.com/2022/04/07/ARTlmf1k7mqJr0fsM3jAeE5O220407.shtml.

星，可与已在轨运行的首颗1米C-SAR业务卫星及"高分三号"科学试验卫星实现三星组网运行。1米C-SAR业务卫星能够获取多极化、高分辨率、大幅宽、定量化的海陆观测数据。与"高分三号"卫星相比，1米C-SAR业务卫星在成像质量、探测效能、定量化应用等多个方面进行了提升。三颗卫星完成组网可为海洋环境监测与海上目标监视、自然灾害与安全生产事故应急监测、土地利用、地表水体等多要素观测提供高时效、稳定、满足业务化应用的定量遥感数据。[①]

（2）航空遥感

航空遥感主要用于海岸带环境和资源监测以及赤潮和溢油等突发事件的应急监测、监视。中国海洋航空遥感能力不断增强，一批航空遥感传感器，在近海突发海洋灾害的遥测中得到应用，获得了大量的监测观测资料。

---

① 我国首个海洋监视监测雷达卫星星座正式建成[EB/OL].（2022-04-08）[2022-07-11]. https://m.gmw.cn/baijia/2022-04/08/35644380.html.

第三节　海洋科技创新能力发展

海洋科技创新能力是指涉海企业、学校、科研机构或自然人等在海洋科学技术领域所具备的发明创新的综合实力。[①]海洋科研能力、海洋教育水平、海洋调查船队水平、海洋科技领域的国家专项等因素都较大程度地反映了海洋科技创新能力的水平。

一、海洋科研能力发展

（一）海洋科研机构数量

海洋科研机构是开展海洋科技创新的重要载体，其数量和规模是海洋科技投入水平的重要标志。我国海洋科研机构数量基本经历了三个发展阶段（图3-1）。第一个阶段是1996—2005年的缓慢下降阶段。其中1996—2001年海洋科研机构数量有所下降，从1996年的109个下降到2001年的104个。2002年，海洋科研机构数量又回升到1996年的水平，但此后三年又有所下降，到2005年降至104个。第二个阶段是2006—2009年的大幅增长阶段，由2005年的104个增长到了2009年的186个，增长幅度达到78.85%。第三个阶段是2010—2019年较为稳定的发展阶段。这一阶段，我国海洋科研机构数量从2010年的181个微降到2019年的170个。

---

① 孟庆武. 海洋科技创新基本理论与对策研究[J]. 海洋开发与管理，2013, 30（2）: 40-43.

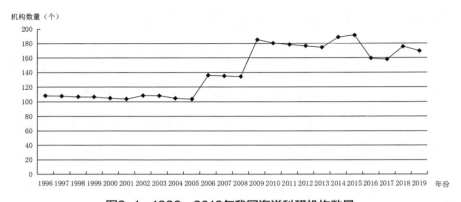

图3-1　1996—2019年我国海洋科研机构数量

资料来源：1998—2020年《中国海洋经济统计年鉴》

（二）海洋科研机构从业人员数量

我国海洋科研机构从业人员数量与海洋科研机构数量经历了一个较为相似的变化过程（图3-2）。1996—2005 年，海洋科研机构从业人员数量呈缓慢下降趋势，由 1996 年的 17879 人持续下降至 2005 年的 12979 人，年均下降 3.62%。2006 年，海洋科研机构从业人员数量发生飞跃，比 2005 年增长了 5292 人，增幅达 40.77%。此后，2006—2008 年，海洋科研机构从业人员数量虽然有所增长，但增长幅度很小，年均增长率仅为 2.35%。但到 2009 年，海洋科研机构从业人员数量又发生飞跃，比 2008 年增加了 14938 人，增长幅度达到 78.05%。2010—2015 年，海洋科研机构从业人员数量呈稳步上升趋势，由 2010 年的 35405 人增长至 2015 年的 42331 人，年均增长率为 3.64%。2015 年后，海洋科研机构从业人员数量总体呈下降趋势，由 2015 年的 42331 人降低至 2019 年的 38094 人。

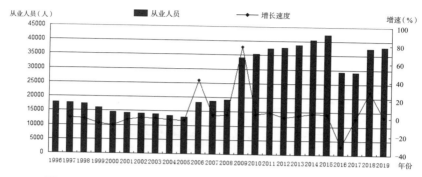

图3-2　1996—2019年海洋科研机构从业人员数量及增长速度

资料来源：1997—2020年《中国海洋经济统计年鉴》

（三）海洋科技活动人员数量

1996—2019 年，我国海洋科技活动人员数量先持续降低，然后从 2009 年开始总体上升（图 3-3）。图 3-3 显示，我国海洋科技活动人员从 1996 年的 12587 人下降到 2005 年的不足万人，仅为 9875 人，九年中减少了 2712 人，平均每年下降 2.73%。2006 年，海洋科技活动人员数量出现一个大幅增长，比 2005 年增加了 4066 人，增长幅度达到 41.17%。2006—2008 年，海洋科技活动人员数量缓慢增长，2007 年和 2008 年分别为 14825 人、15665 人，三年间年均增速为 6.00%。而到 2009 年，海洋科技活动人员数量又出现飞跃，达到 27888 人，比 2008 年增加了 12223 人，增长幅度达到 78.03%。从 2009—2015 年，我国海洋科技活动人员数量平稳增长，从 2009 年的 27888 人增长到 2015 年的 35860 人，年均增长 4.28%。从 2015—2019 年，我国海洋科技活动人员数量总体呈下降趋势，从 2015 年的 35860 人降到 2019 年的 33378 人。

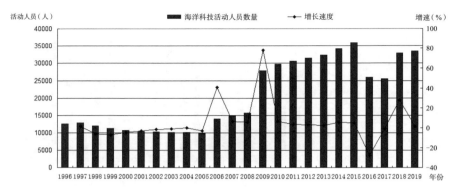

图3-3 1996—2019年海洋科技活动人员及其增长速度

资料来源：1997—2020年《中国海洋经济统计年鉴》

（四）海洋科研机构经费收入

海洋科研机构经费收入反映了海洋科技的经费投入力度。海洋科研机构经费收入越高，说明海洋科技研发投入越大，否则就说明海洋科技研发投入越小。2006—2009年我国海洋科研机构经费收入持续增长，由2006年的52.89亿元增长到2009年的160.16亿元，2007年、2008年、2009年每年增长速度分别为46.32%、13.32%、86.62%，年均增长率为44.68%。2009年到2010年，我国海洋科研经费收入实现飞跃，从160.16亿元增长到1955.08亿元，增长了11倍以上。2010—2013年，我国海洋科研经费收入平稳增长，从1955.08亿元增长到2655.64亿元，年均增长10.75%。从2013年到2014年，我国海洋科研经费收入大幅下降，从2655.64亿元下降到310.10亿元。从2014年到2017年，我国海洋科研经费收入略有下降，从310.10亿元下降到263.45亿元，年均增长速度-4.16%（图3-4）。

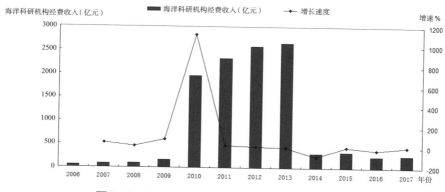

图3-4 2006—2017年海洋科研机构经费收入

资料来源：2007—2018年《中国海洋经济统计年鉴》

（五）海洋科技课题数

海洋科技课题是为了解决海洋开发和海洋经济发展领域的重点和难点问题而设立的海洋科技攻关项目。课题数量越多，说明国家就海洋科技问题进行的研究越多，海洋科技研发投入越大。1996—2019年，我国海洋科技课题数量总体呈现持续快速增长态势，从1996年的2826项增长到2019年的17333项，年均增长率8.21%（如图3-5）。海洋科技课题数量增长迅猛，侧面反映了国家对海洋科学研究的高度重视。

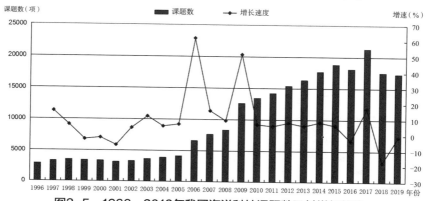

图3-5 1996—2019年我国海洋科技课题数及其增长趋势

资料来源：1996—2020年《中国海洋经济统计年鉴》

海洋科技课题分为基础研究、应用研究、试验发展、成果应用、科技服务等几种类型。在我国各类海洋科技课题中，基础研究所占的比重呈现明显的上升态势，由 1996 年的 6.46% 上升到 2017 年的 29.55%。应用研究类课题所占比重同样呈现明显的上升态势，由 1996 年的 22.26% 上升到 2017 年的 31.90%。试验发展、成果应用和科技服务类课题所占比重呈现明显的下降趋势，试验发展类课题从 1996 年的 20.78% 下降到 2017 年的 15.41%，成果应用类课题从 1996 年的 21.54% 下降到 2017 年的 10.18%，科技服务类课题从 1996 年的 28.97% 下降到 2017 年的 12.96%。基础研究课题比重的提高表明国家更加注重海洋科学研究的战略性、长远性，这对于我国在未来的海洋国际竞争中取得优势地位、实现海洋经济高质量发展具有重要意义（表 3-1）。

表 3-1　1996—2017 年各类科技课题所占的比重（%）

	基础研究	应用研究	试验发展	成果应用	科技服务
1996	6.46	22.26	20.78	21.54	28.97
1997	12.53	26.02	20.76	19.34	21.35
1998	12.53	28.71	18.57	19.53	20.66
1999	12.39	29.09	18.27	21.15	19.11
2000	10.50	26.22	24.69	19.96	18.62
2001	11.76	22.28	24.44	18.71	22.80
2002	11.58	25.53	27.75	16.76	18.38
2003	13.13	25.70	21.34	20.03	19.80
2004	14.64	27.49	22.51	16.43	18.93
2005	16.29	21.56	24.82	14.43	22.91
2006	25.59	26.30	18.78	10.60	18.73
2007	23.74	28.45	17.87	9.15	20.80
2008	25.06	31.50	17.05	8.30	18.09

续表

	基础研究	应用研究	试验发展	成果应用	科技服务
2009	21.85	26.49	20.24	8.52	22.90
2010	23.05	25.97	21.08	10.09	19.81
2011	24.39	25.93	20.03	10.19	19.46
2012	24.38	25.02	23.17	9.84	17.59
2013	26.18	22.87	24.47	9.28	17.19
2014	25.12	23.29	25.31	10.51	15.77
2015	28.18	25.25	19.81	11.50	15.26
2016	31.29	28.67	16.57	8.53	14.93
2017	29.55	31.90	15.41	10.18	12.96

资料来源：1997—2018年《中国海洋经济统计年鉴》

（六）海洋科研产出状况

海洋科技产出表现为多种形式，包括专利、科技论文、科技著作等。表 3-2 显示了 2005—2019 年我国各种形式的海洋科技成果产出状况。从 2005—2019 年，我国海洋科研机构专利申请受理量总体呈现上升趋势，其中 2005 年至 2015 年持续上升，2015 年达到最高值 7176 件。2016 年下降至 4095 件，从 2016 年至 2019 年连续三年呈上升趋势，到 2019 年达到 6115 件。专利授权数呈现与专利申请受理量相同的发展趋势。专利可以分为发明专利、实用新型专利、外观设计专利三种类型，其中发明专利的技术含量最高，最能体现科学技术水平[1]。可以看出，不论是专利申请还是专利受理，发明专利所占比重均有明显的增长。海洋科技论文数量由 2005 年的 4189 篇上升到 2019 年的 18915 篇，年均增长 11.37%。

---

[1] 中华人民共和国专利法（2020 年 10 月 17 日第四次修订，自 2021 年 6 月 1 日起施行）[EB/OL].（2020-11-19）[2023-03-16]. http://www.npc.gov.cn/npc/c30834/202011/82354d98e70947c09dbc5e4eeb78bdf3.shtml.

其中在国外发表的海洋科技论文比重在 2005 年仅为 14.35%，到 2019 年
则提高到了 52.78%。海洋科技著作由 2005 年的 101 部增长到 2019 年的
437 部，年均增长 11.03%。

表 3-2　2005—2019 年我国海洋科技产出状况

年份	专利申请受理		专利授权数（件）		科技论文		科技著作（种）
	数量（件）	发明专利占比（%）	数量（件）	发明专利占比（%）	数量（篇）	国外发表占比（%）	
2005	392	59.18	166	63.86	4189	14.35	101
2006	567	76.54	379	59.63	8492	24.12	110
2007	645	73.64	398	58.79	9104	25.75	141
2008	869	77.33	441	68.25	9485	25.00	154
2009	2550	84.71	1250	74.08	14451	22.14	248
2010	3829	85.53	1482	66.67	14296	27.10	254
2011	4412	83.11	2034	66.62	15547	26.82	278
2012	5120	82.07	2746	68.57	16713	27.95	338
2013	5340	82.36	3430	65.48	16284	34.00	384
2014	6111	78.76	4020	65.85	16908	34.59	314
2015	7176	81.16	5622	73.12	17257	39.40	353
2016	4095	76.75	2851	65.80	16016	43.59	369
2017	4779	70.04	3228	69.45	15872	47.80	388
2018	5473	72.72	3720	56.99	18882	46.28	409
2019	6115	71.01	4143	60.75	18915	52.78	437

资料来源：2006—2020 年《中国海洋经济统计年鉴》

二、中国海洋教育现状

随着国内外对海洋事业越来越重视，尤其是海洋发展上升为国家战
略以来，海洋人才的培养得到了迅速发展。目前，中国海洋教育体系已

经基本形成，包括基础海洋教育、高等海洋教育、职业海洋教育以及其他形式的海洋教育。

（一）基础海洋教育

基础海洋教育是广大涉海从业人员奠定基本素质的关键环节。目前，许多省份都已在中小学开展了海洋教育，如青岛海洋少年学校、嘉兴少年海事学校等。通过建立少年海洋学校，中小学生在校园里就可以接受海洋教育，培养青少年投身海洋事业的兴趣，为培养海洋人才奠定基础。

（二）高等海洋教育

高等海洋教育是海洋人才培养的关键环节，高等院校培养的海洋人才质量直接影响海洋事业的发展。从历史发展来看，中国的高等海洋教育呈现几方面特点。

1.海洋高等院校布局结构日趋合理

1949年，中国只有厦门大学建有海洋学系。目前，中国已有中国海洋大学、上海海洋大学、大连海洋大学、广东海洋大学、浙江海洋大学、江苏海洋大学等专业海洋高校，其他有涉海类专业的高校几十所，每个沿海省拥有1所以上的海洋类高校。此外，还有中国科学院海洋研究所、中国科学院黄海海洋研究所、自然资源部的4个海洋研究所和海洋环境预报中心以及海洋技术研究所等海洋高等科研教育机构。

2.多学科综合发展的学科体系日趋完整

中国早期的海洋教育仅限于理科范畴，主要设置了海洋学、气象学和海洋生物学等从事海洋调查和研究的基本学科。随着海洋事业的发展，海洋的开放性、综合性等特征在海洋高等教育发展中得到充分反映。根据国家相关规定，在中国高等教育学科专业门类中分别设置了海洋科学、海洋技术、海洋资源与环境、军事海洋学、海洋信息工程、土木水利与海洋工程、海洋油气工程、船舶与海洋工程、海洋工程与技术、海洋资源开发技术、海洋机器人、海洋渔业科学与技术、海洋药学等 13 个专业。[①] 海洋领域现有"海洋科学""海洋船舶与海洋工程""水产"三个一级学科[②]。

3.多层次教育体系日趋健全

最早的中国海洋高等教育主要是单一的大学本科教育。我国从 1978 年部分院校开始招收研究生以来，中国海洋高等教育的层次不断丰富和发展，多层次教育体系日趋健全完善。专业点数反映了人才培养每个层次的专业方向数目，数目越多，说明海洋人才培养的专业领域越广泛，为海洋事业发展提供的服务越具有深度和广度。从 1999 年到 2019 年，我国多数学历层次数量呈现出较为平稳的增长态势（图 3-6）。博士、硕士、本专科专业点数从 1999 年的 31 个、61 个、88 个，分别增长到了 2019 年的 139 个、312 个、1231 个，年均增长率分别为 7.79%、8.50%、14.10%。成人高等教育专业点数在 1999—2019 年基本呈持续增长态势，由 1999 年的 25 个增长到了 2019 的 353 个，年均增长率为 14.15%。海洋职业教育专业点数由 1999 年的 111 个增长到 2019 年的 231 个，年均增长速度达到 3.73%。

---

① 中华人民共和国教育部. 普通高等学校本科专业目录（2021年版）[EB/OL].（2022-02-22）[2023-03-16]. http://www.moe.gov.cn/srcsite/A08/moe_1034/s4930/202202/t20220224_602135.html.

② 国务院学位委员会，中华人民共和国教育部.学位授予和人才培养学科目录（2018年4月更新）[EB/OL]. http://www.moe.gov.cn/jyb_sjzl/ziliao/A22/201804/t20180419_333655.html.

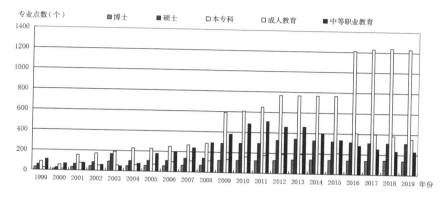

图3-6 1999—2019年我国各学历层次专业点数

资料来源：2000—2020年《中国海洋经济统计年鉴》

到2019年，中国海洋各类专业在校生规模为专科157235人、本科生75648人、硕士生11558人、博士生5649人[①]，结构比例为62.87：30.25：4.62：2.26。中国已形成了研究生教育、本科生教育和专科生教育组成的呈金字塔式层次结构的海洋专业人才培养体系。

1999—2019年，我国海洋专业博士毕业生数、招生数与在校生数呈现持续的增长态势（图3-7），分别由1999年的87人、174人和489人上升到了2019年的824人、1333人、5649人，年均增长率分别为11.90%、10.72%和13.01%。

---

① 自然资源部海洋战略规划与经济司编.中国海洋经济统计年鉴2020[N].北京：海洋出版社，2021-12（1）.

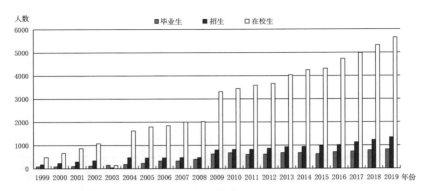

图3-7 1999—2019年我国海洋专业博士生人数

资料来源：2000—2020年《中国海洋经济统计年鉴》

我国海洋硕士在校生数、招生数、毕业生数在1999至2019年之间均呈现持续增长态势（图3-8），分别由1999年的749人、318人、206人增长到了2019年的11558人、4196人、2982人，年均增长率分别达到14.66%、13.77%、14.30%。

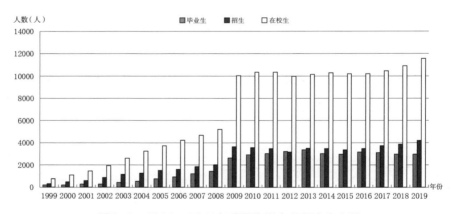

图3-8 1999—2019年我国海洋专业硕士生人数

资料来源：2000—2020年《中国海洋经济统计年鉴》

我国普通高等院校海洋专业本专科学生数在1999—2019年经历了

五个演变阶段(图 3-9)。第一阶段是 1999—2008 年的平稳增长阶段,在校生数、招生数、毕业生数分别由 1999 年的 8782 人、3187 人、1690 人增长到 2008 年的 80784 人、25471 人、17757 人,年均增长率分别为 24.85%、23.10%、26.52%。第二阶段是 2009 年出现一个飞跃式增长阶段,在校生数、招生数、毕业生数分别达到了 160717 人、49699 人、37245 人,分别比 2008 年增长了 98.95%、95.12%、109.75%。第三阶段是 2010—2015 年的缓慢下降阶段,在校生数、招生数从 2010 年的 164246 人、50169 人,分别下降为 2015 年的 151398 人、43005 人,毕业生数从 2010 年的 44653 人略升为 45344 人,三者的年均增长率分别为 -1.62%、-3.04%、0.31%。第四阶段是 2016 年的另一次飞跃式增长,在校生数、招生数、毕业生数分别达到了 235225 人、68161 人、72492 人,分别比 2015 年增长了 55.37%、58.50%、59.87%。第五阶段是 2017—2019 年平稳发展阶段,2017 年在校生数、招生数、毕业生数分别是 235225 人、68161 人、72492 人,到 2019 年,在校生数、招生数、毕业生数分别为 240301 人、68467 人、74652 人,年均增长率分别为 -1.56%、7.11%、-6.38%。

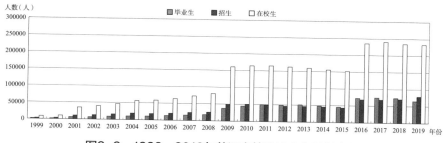

图3-9 1999—2019年普通高等院校本专科学生数

资料来源:2000—2020年《中国海洋经济统计年鉴》

(三)职业海洋教育

职业海洋教育是海洋技能型人才培养的重要力量。中国现已建立了一批海洋职业技术学校，如青岛远洋船员学院、上海海事职业技术学院、武汉船舶职业技术学院、南通航运职业技术学院等，为海洋事业的发展培养了大批海洋技能型人才。[①] 2006 年，国家海洋局职业技能鉴定指导中心正式成立，《海洋行业特有工种职业技能鉴定实施办法（试行）》也随之颁布。该中心的成立和技能鉴定办法的施行，促进了海洋技能型人才的培养向规范化、标准化的方向迈进。

我国海洋中等职业教育学生数在 1999—2019 年经历了三个演变阶段（图 3-10）。第一阶段是 1999—2003 年的快速下降阶段，毕业生数、招生数、在校生数从 1999 年的 3149 人、2956 人、11328 人下降到 2003 年的 1227 人、789 人、2465 人，年均增长率分别为 -20.99%、-28.12%、-31.70%。第二阶段是 2003—2010 年的缓慢下降阶段，毕业生数、招生数、在校生数从 2003 年的 1227 人、789 人、2465 人上升到 2010 年的 33269 人、70594 人、164831 人，年均增长率分别为 60.23%、90.03%、82.28%。第三阶段是 2010—2019 年的快速下降阶段，毕业生数、招生数、在校生数从 2010 年的 33269 人、70594 人、164831 人下降到 2019 年的 15520 人、13969 人、34363 人，年均增长率分别为 -8.12%、-16.47%、-15.99%。

① 王琪，王璇. 我国海洋教育在海洋人才培养中的不足及对策[J].科学与管理,2011（3X）: 7.

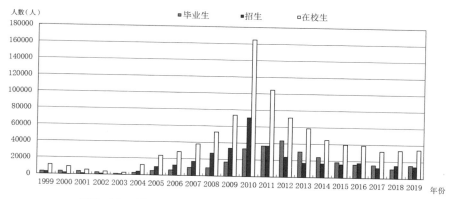

图3-10 1999—2019年我国海洋中等职业教育学生数

资料来源：2000—2020年《中国海洋经济统计年鉴》

（四）其他形式的海洋教育

其他形式的海洋教育，包括成人高等教育、海洋意识普及教育以及海洋科普教育等是海洋人才培养的有益补充。除了正规高等院校的海洋教育外，其他形式的海洋教育同样得到了不同程度的发展。

我国海洋成人高等教育学生数呈现波动式增长趋势（图3-11）。我国海洋成人高等教育毕业生数、招生数、在校生数从1999年的88人、260人、618人快速增长到2010年的10336人、11513人、28375人，年均增长率达到54.23%、41.14%、41.61%。随后，从2010年的10336人、11513人、28375人下降到2015年的7826人、4571人、13930人，年均增长率为-5.41%、-16.87%、-13.26%。2016年出现一个飞跃式增长，毕业生数、招生数、在校生数达到16152人、8497人、28609人，分别比2015年增长了106.39%、85.50%、105.38%。随后，从2016年到2019年开始下降，毕业生数、招生数、在校生数从2016年的16152人、8497人、28609人下降到2019年的7477人、6005人、16078人，年均增长率为-22.64%、-10.93%、-17.48%。

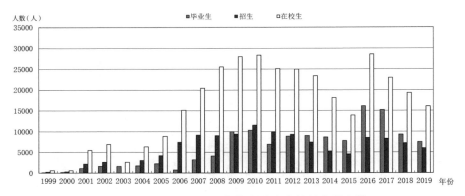

图3-11　1999—2019年海洋成人高等教育学生数

资料来源：2000—2019年《中国海洋经济统计年鉴》

2011年，国家海洋局成立了国家海洋局宣传教育中心，并于2018年合并入自然资源部宣教中心，专门负责公众海洋意识普及教育，开展公众海洋宣传工作。此外，中国海洋学会在北京、青岛、成都、大连、舟山、厦门等城市的海洋馆、博物馆、大学、小学建立了多个海洋科普教育基地，面向社会公众，尤其是广大青少年，开展了各种海洋科普活动，并有系列科普读物和音像制品出版，为传播海洋知识、提高全民海洋意识发挥了积极作用。[①]

三、国家海洋调查船队

海洋调查船是运载海洋科学工作者亲临现场，应用专门仪器设备直接观测海洋、采集样品和研究海洋的平台。2012年4月18日，中国国家海洋调查船队正式成立。国家海洋调查船队由全国有关部门、科研院（所）、高等院校以及其他企业单位具备相应海洋调查能力的科学调查船组成。

---

① 王琪，王璇.我国海洋教育在海洋人才培养中的不足及对策[J].科学与管理,2011,31（3）:62-68.

四、国家海洋科技领域专项

进入 21 世纪，中国国家层面的涉海科技专项的发展主要经历了两个阶段。2017 年以前，国家层面的涉海科技专项主要包括国家自然科学基金、国家社会科学基金、"973 计划"、"863 计划"、海洋公益性行业科研专项等。2014 年 12 月 3 日，国务院印发的《关于深化中央财政科技计划（专项、基金等）管理改革方案的通知》（国发〔2014〕64 号）提出，到 2017 年，优化中央财政科技计划（专项、基金等）布局，整合形成五类科技计划（专项、基金等），即国家自然科学基金、国家科技重大专项、国家重点研发计划、技术创新引导专项（基金）、基地和人才专项。[①]2017 年以后，涉海科技项目主要分布于国家自然科学基金、国家社会科学基金、国家重点研发计划中。海洋科技领域专项的实施为中国海洋科技的发展和壮大提供了稳定支持，为推动海洋科技创新、成果转化及产业化发展创造了机遇。[②]

（一）国家自然科学基金

国家自然科学基金长期支持海洋科学发展，推动了海洋基础学科的建设、海洋科学研究的深化、海洋科技人才的培养等，为中国海洋科学基础研究的发展和整体水平的提高做出了积极贡献。"十三五"时期，国家自然科学基金共批准海洋科学项目 2236 项，资助金额 120799 万元（表 3-3）。

---

①② 中华人民共和国国务院，《关于深化中央财政科技计划（专项、基金等）管理改革的方案》（国发〔2014〕64号），2014-12-03.

表3-3 "十三五"时期国家自然科学基金批准的涉海项目数及金额

年份	项目数（项）	金额（万元）
2016	429	21438
2017	457	24995
2018	438	24728
2019	452	24791
2020	460	24847
合计	2236	120799

2016—2020年《国家自然科学基金资助项目统计资料》
数据来源：国家自然科学基金委员会官网

（二）国家社会科学基金

国家社会科学基金（简称"国家社科基金"）设立于1991年，由全国哲学社会科学规划办公室负责管理。国家社科基金面向全国，重点资助具有良好研究条件、研究力的高等院校和科研机构中的研究人员。自"十五"以来，国家社科基金加大了对海洋领域的支持力度。2008—2015年，国家社科基金涉海项目共计148项。"十三五"期间，国家社科基金共批准涉海项目236项。①

（三）国家重点研发计划

国家重点研发计划是由原来的重点基础研究发展计划（"973计划"）、国家高技术研究发展计划（"863计划"）、国家科技支撑计划、国际科技合作与交流专项、产业技术研究与开发基金和公益性行业科研专项等整合而成的，是针对事关国计民生的重大社会问题，以及事关产业核心竞争力、整体自主创新能力和国家安全的战略性、基础性、前瞻性

① 全国哲学社会科学规划办公室网站，http://www.nopss.gov.cn/GB/219469/index.html.

重大科学问题、重大共性关键技术和产品的公益性研究，为国民经济和社会发展的主要领域提供了持续性的支撑和引领。

自 2017 年国家科技体制改革完成后，每年国家重点研发计划都会设立多项涉海重点专项。

"十三五"时期，国家重点研发计划设立"深海关键技术与装备""海洋环境安全保障"和"蓝色粮仓科技创新"涉海重点专项。

2018 年，国家重点研发计划围绕"深海关键技术与装备"共批准立项 35 项，围绕"海洋环境安全保障"共批准立项 20 项[①]。2019 年，国家重点研发计划围绕"深海关键技术与装备"和"海洋环境安全保障"共批准立项 24 项[②]。2020 年，国家重点研发计划围绕"蓝色粮仓科技创新"共批准涉海项目 12 项[③]。

"十四五"时期，国家重点研发计划设立了"深海和极地关键技术与装备""海洋环境安全保障与岛礁可持续发展"重点专项。

---

① 涉海科技多项目入选国家重点专项[N]. 中国海洋报，2018-08-14（1B）.
② 涉海科技多项目入选国家重点专项[N]. 中国海洋报，2019-12-04（1B）.
③ 国家科技管理信息系统公共服务平台，https://service.most.gov.cn/kjjh_tztg_all/

第四节　海洋调查和科学考察

海洋调查集中体现一国海洋科技发展的整体水平。随着国家对海洋事业重视程度的提高，近年来，我国开展了多项海洋调查活动，主要包括海洋基础地质调查、海洋油气资源调查、极地考察和大洋科学考察等。

一、海洋基础地质调查

中国海洋基础地质调查包括海域海岸带综合地质调查、海洋区域地质调查等。中国启动海洋区域地质调查的时间较美国、日本、英国、澳大利亚等国晚。美、日、英、澳等国早在 20 世纪就已完成了管辖海域的 1：100 万和 1：25 万海洋区域地质调查。中国直到 1999 年实施国土资源大调查时，才启动了 1：100 万的海洋区域地质调查工作。近年来，中国持续开展管辖海域 1：300 万及 1：100 万海洋区域地质调查成果集成，重点海域进行了 1：25 万海洋区域地质调查。2020 年 9 月，自然资源部第二海洋研究所和青岛海洋地质研究所共同主编的 1：300 万比例尺的《中国海海洋地质系列图》出版发行，标志着中国管辖海域海洋基础图系实现了更新换代，也是该学科领域一项具有里程碑意义的成果。[1]

至 2020 年底，中国已经实现 1：100 万海洋区域地质调查全覆盖，这是中国海洋地质调查史上的一个里程碑。首次形成了基于实测数据的"一图一库一报告"，包括海洋地质地球物理系列图件 3 类 27 张，涵盖 700 余个数据集的海洋地质空间数据库，1 套分层次分区域分图幅的调查报告。[2]

---

[1] 我国管辖海域海洋基础图系更新换代[EB/OL].（2020-09-17）[2020-11-10]. http://www.nmdis.org.cn/c/2020-09-17/72845.shtml.

[2] 秦绪文，石显耀，张勇，等. 中国海域 1:100 万区域地质调查主要成果与认识[J]. 中国地质，2020，47（5）:1355-1369.

未来，中国海洋基础地质调查将重点开展 1:25 万和 1:5 万海洋区域地质调查，以获取高精度基础资料。

二、海洋油气资源调查

中国的海洋油气调查开始于 20 世纪初。早在 1916 年，我国地质工作者就在渤海海域陆续开展了地质调查。

（一）渤海海洋油气资源调查

1954 年，地质部将渤海湾盆地列为中国三大石油勘探远景区之一。1959 年开始，地质部对渤海湾进行了多次地质概查，并推断渤海是个大坳陷，北与小辽河坳陷相通，南和济阳、黄骅坳陷相连。1959 年 12 月，国家科委将海洋油气调查列入国家科技发展规划，并将开展浅海地质工作列为 1960 年全国科技发展计划重点项目，而开展渤海湾石油地质综合普查是其中心任务。1965 年地质部在渤海地区开展油气会战，完成了全海区地震概查，指出渤海是一个大型含油气盆地。到 1967 年，地质部基本查明了渤海湾地质构造的主要特征，预测了其含油气前景，为石油部门在渤海地区进一步进行油气勘探提供了基础资料和科学依据。1966 年 12 月，中国第一座海上钻井平台矗立在渤海歧口"凹陷一井"构造带并开钻，1967 年 6 月，"海一井"试出了油流，日产油 119 吨，成为中国第一口海上见工业油气流的开发井。1975 年，石油部在渤海建成"海四井"海上采油平台，成为中国第一个海上油田。1982 年至 2005 年，渤海油田共完成二维地震测线 96637 千米，三维地震 18943 平方千米，钻预探井和评价井 376 口，探明石油地质储量近 17 亿吨，溶解气 700 多亿立方米，天然气储量 400 多亿立方米，凝析油 600 多万吨。[①]

[①] 中国国土资源报. 聚焦我国海洋油气调查[J]. 国土资源，2017（6）：14–19.

2018 年 10 月，中国渤海油田"渤中 19-6"构造钻探获高产天然气流。这是渤海深层天然气勘探首获领域性突破。[①]

2019 年 2 月，经自然资源部油气储量评审办公室审定，渤海油田渤中 19-6 气田天然气探明地质储量超过千亿立方米，这是渤海湾盆地 50 年来最大的油气发现。渤中 19-6 天然气田的发现，揭示了渤海湾地区巨大的天然气勘探前景。[②]

2019 年 2 月，中国海洋石油集团有限公司宣布，我国渤海获大型油气发现——渤中 13-2 油气田，探明地质储量亿吨级油气当量。[③]

2019 年 7 月，渤海沙垒田凸起西段古生界灰岩潜山曹妃甸 2-2 油田取得突破，CFD2-2-2 井单井探明地质储量超千万吨。[④]

2021 年 2 月，我国渤海获大型油气发现——渤中 13-2 油气田，探明地质储量亿吨级油气当量，进一步夯实了我国海上油气资源储量基础。同年 9 月，我国渤海再获大型油气发现——垦利 10-2 油田，经自然资源部审定，原油探明地质储量超过 1 亿吨。[⑤]

（二）黄海海洋油气资源调查

黄海的油气地质调查工作略迟于渤海。1964 年，地质部在南黄海部分海域开展了 1:100 万的海底重力、磁力、水深测量和石油地震调查。1974 年 5 月至 7 月，"勘探一号"在南黄海南部坳陷 271-3 构造上设计施工"黄海 1 井"。这是我国在外海钻探的第一口石油普查井，首次揭示了南黄海新生代渐新世及其以上地层。1974 年至 1979 年，"勘探一号"在

① 渤海油气资源勘探获重要突破[N].中国海洋报，2018-10-18（1B）.

② 我国渤海湾盆地喜获千亿立方米天然气田[N].中国海洋报，2019-02-27（1B）.

③ 渤中 13-2，中海油再发现亿吨级大油气田![N].环球时报，2021-02-22.

④ 中华人民共和国自然资源部编.中国矿产资源报告 2020[R].北京：地质出版社，2020.

⑤ 中国渤海再获亿吨级油气大发现[N].中国能源报，2021-10-14.

南黄海北部坳陷、南部坳陷 6 个构造上先后钻探了 7 口石油普查井，探索了南黄海海区新生代地层的含油气性，推进了我国在外海的海洋油气勘探进程。通过对南黄海油气资源的海洋地质调查，基本查明了南黄海 18 万平方千米海域面积的区域地质构造状况，圈定了南部和北部两个坳陷，发现了一批有利于油气聚集的不同类型的构造带；揭示了海区南、北两个坳陷中有厚度在 5000—7000 米间的新生代沉积，查明了海区的基本构造特征，并进一步指出了海区南北两个坳陷是中、新生代油气的远景区。1999 年，中国地质调查局在南黄海盆地持续进行了地质、地球物理、地球化学综合调查，首次创新性地提出了南黄海盆地是下扬子地块的主体，中古生代有与上扬子地块中四川盆地相似的沉积背景、沉积建造和沉积演化特征，具备形成大中型油气田的物质基础。2015 年，我国在南黄海盆地中部崂山隆起古生界首次圈出 6 个大型构造圈闭，总面积达 690 平方千米，并圈定了油气远景区和有利区带。同年完成的大陆架科学钻探项目 CSDP-2 井证实了南黄海中部崂山隆起存在中—古生代海相地层，并在下三叠统及上古生界多个层段发现油气显示，展示了崂山隆起具有良好的油气资源前景。①

2020 年，我国在南黄海海域首次发现志留系—石炭系古油藏，优选油气有利区带 6 个，圈定重点构造 18 个，提交钻探目标 4 个，建议井位 7 口。②

（三）东海海洋油气资源调查

东海陆架沉积盆地拥有丰富的油气资源。为了勘探开发海洋油气资源，1974 年 8 月，国家计委地质局召开会议决定组织物探力量开展东海

① 中国国土资源报. 聚焦我国海洋油气调查[J]. 国土资源，2017（6）：14-19.
② 中华人民共和国自然资源部编. 中国矿产资源报告2021[R]. 北京：地质出版社，2021.

地质调查。

1974 年 9 月，第一海洋地质调查大队开展东海海域地质调查，首次将东海作为一个统一新生代沉积盆地，称为东海盆地。

1982 年 7 月，地质部第三海洋地质调查大队在东海施工了"龙井二井"，发现了多层油气显示，"龙井二井"经测试获得了天然气流。

1982 年 11 月，"平湖一井"勘探获得工业性油气流，日产原油 174 立方米、天然气 41 万立方米，实现了东海油气的首次突破。

1986 年 4 月，地矿部石油地质海洋地质局施工了"平湖二井"，获得了工业油气流，共计日产轻质油 346 立方米、天然气 68 万立方米。

1989 年 4 月至 2001 年 3 月，地矿部上海海洋地质调查局（1998 年更名为中国新星石油公司上海海洋石油局）在东海先后钻探了 9 口钻井，分别为"残雪一井""春晓一井""春晓二井""春晓三井""春晓四井（评价井）""春晓五井""天外天二井""天外天三井（评价井）""残雪二井（评价井）"。1995 年 3 月至 5 月钻探的"春晓一井"获日产油 196.4 立方米，天然气 126.99 万立方米，实现了东海油气勘探的第二次重大突破。[1]

2000 年 5 月，中国石化集团新星石油公司上海海洋石油局钻探"春晓五井"，获高产工业油气流，日产天然气 46.38 万立方米，凝析油 54.62 立方米。[2]

2001 年 4 月，中国石化集团新星石油公司上海海洋石油局钻探"天外天二井"，获得高产工业油气流，日产天然气 68.3 万立方米，凝析油 28 立方米。[3]

---

① 聚焦我国海洋油气调查[J]. 国土资源，2017（6）：14-19.
② 东海油气勘探再传捷报[N]. 浙江日报，2000-07-02.
③ 东海油气勘探喜传捷报[N]. 中国矿业报，2001-04-05（1）.

东海油气资源丰富，发育有东海陆架盆地和冲绳海槽盆地，不同区域勘探潜力不同，以东海陆架盆地最为重要，冲绳海槽盆地次之。经过四十多年油气资源的勘探，目前在东海海域圈定局部构造约300个，发现了"残血""断桥""天外天""春晓""平湖""宝云亭""武云亭""孔雀亭""丽水36-1"等油气田，以及"玉泉""孤山""龙2""龙4""石门潭"等含油气构造区块。

4.南海海洋油气资源调查

我国对南海海洋油气资源的调查始于20世纪70年代。1971—1974年，我国对北部湾东部海域进行了海洋地质、地球物理综合调查，发现北部湾是一个中新生代的沉积盆地，具有良好的油气远景。1974年9月，我国将珠江口海域作为油气普查的主战场，开展综合性调查。1977年8月，"南海一号"平台在涠西南1号背斜构造上施工钻探"湾一井"，获得工业油流，日产原油28.8立方米，天然气9490立方米，成为北部湾的第一口工业油气井。1979年8月13日，"勘探二号"平台施工，在珠江口海域获高产工业油流，日产原油295.7立方米。这是首次在珠江口盆地取得具有重大意义的突破。1979—2000年，我国在南海的北部湾、莺歌海、琼东南盆地和珠江口盆地西部实施二维地震测线256452千米、三维地震13498平方千米、钻探井247口，发现含油气构造区块40个，探明油气田25个。21世纪第一个10年，我国加强了在南海北部陆架区及西沙盆地的油气地质调查工作，圈定了西沙海槽、尖峰北、笔架、台西南和双峰5个深水区新生代沉积盆地，总面积约13万平方千米；首次系统开展南海北部中生界油气调查，圈定1个远景区；调查发现西沙海槽盆地是南海北部具有油气远景的深水盆地，其中央坳陷、北部断阶带是油气勘探有利区带；圈定局部构造33个，其中，面积大于50平方千米的 20 个，最大面积达 380 平方千米。西沙海槽盆地中心区域是盆地最有利的油气富集区。在该油气富集区内优选出 2 个油气钻探有利目标，面积分别为 116 和 123 平方千米，其中一目标区预测天然气地质储量约750 亿立方米。[①]

2017 年 4 月，科技部宣布国家科技重大专项"大型油气田及煤层气开发"成果。自 2008 年专项实施以来，中国天然气助探开发技术取得实质性突破，3000 米水深滑式钻井平台在南海钻探成功，在南海北部发现了"陵水 17-2"等大型气田，成功开发了海上第一个深水气田"荔湾 3-1"，建成产能 80 亿立方米，从 500 米浅海走向了 3000 米深海，我国深水油气工程技术已跻身国际先进水平。[②]

2019 年，在我国南海琼东南盆地松南低凸起中生界花岗岩潜山测试，获高产，"YL8-3-1 井"测试获气 129 万立方米 / 日。[③]

2020 年，我国锁定南海东北部中生界油气参数井井位，优选出南海北部 2～3 个油气钻探有利目标。[④]

2021 年 1 月，中国海洋石油集团有限公司宣布，在我国珠江口盆地发现大型油气田"惠州 26-6"，探明油气层厚度超过 400 米，地质储量5000 万方油当量，并获得了自然资源部油气储量评审办公室审定。这是我国在珠江口盆地自营勘探发现的迄今最大油气田，也是首次在南海东部海域古潜山新领域获得的重大勘探突破，一举打破了当地 40 多年无商

① 聚焦我国海洋油气调查[J]. 国土资源，2017（6）：14-19.
② 宗和. 我国深水油气技术获突破可到 3000 米深海"找气"[N]. 中国海洋报，2017-05-02（1A）.
③ 中华人民共和国自然资源部编. 中国矿产资源报告 2020[R]. 北京：地质出版社，2020.
④ 中华人民共和国自然资源部编. 中国矿产资源报告 2021[R]. 北京：地质出版社，2021.

业油气资源发现的历史。[1]

1998 年，我国开始了对南海北部天然气水合物的调查，并于 2007 年证实了我国南海北部蕴藏有丰富的天然气水合物资源，预测资源量达 800 亿吨油当量。2016 年 6 月，中国在南海"海马冷泉"资源勘察取得新突破，在"海马冷泉"区域海底浅表层获取了大量天然气水合物样品，这是继南海北部陆坡神狐海域和珠江口盆地东部海域之后，在新海域找矿的重大突破，进一步证实了中国管辖海域天然气水合物分布广泛，资源潜力巨大。[2] 2017 年，我国在南海神狐海域天然气水合物试采成功。2020 年 3 月，我国在水深 1225 米的南海神狐海域第二轮试采取得成功，并创造了产气总量 86.14 万立方米和日均产气量 2.87 万立方米两项新的世界纪录，实现了从探索性试采向试验性试采的重大跨越，取得天然气水合物产业化进程重大标志性成果。[3]

5. 海外海洋油气资源调查

2016 年 8 月，中国海洋石油总公司最先进的 12 缆物探船"海洋石油 720"完成了北极巴伦支海两个区块作业，填补了中国对北极海域实施三维地震勘探的空白，标志着中国已具备在全球海域实施三维地震勘探作业的能力，也为中国技术装备"走出去"，参与国际油气合作提供了强有力的支持。[4]

2017 年，由"海洋石油 751"和"海洋石油 770"组成的中国最先进的海洋石油物探"联合舰队"，历时 250 多天，圆满完成红海海域首次海

① 惠州26-6油气田探明地质储量5000万方[N].惠州日报，2021-01-26.
② 我国南海"海马冷泉"资源勘察取得新突破[N].中国海洋报，2016-06-29（1A）.
③ 我国率先实现水平井钻采深海"可燃冰"[EB/OL].（2020-03-26）[2020-11-15]. http://www.gov.cn/xinwen/2020-03/26/content_5495933.htm.
④ 我国物探船完成首次北极海域地震勘探作业[N].中国海洋报，2016-08-12（1A）.

洋勘探地震作业，创造了中国海洋石油勘探史上的多项纪录。这是中国大型装备联合船队首次走出国门，为国际市场提供海洋油气勘探专业震源服务，也是红海海域海洋油气勘探地震作业的全球开创之举。[①]

三、全国海洋经济调查

2012 年 12 月 17 日，经国务院批准，中国第一次全国海洋经济调查于 2014 年 1 月正式启动。这是中国开展的第一次针对海洋经济的全国性调查，旨在摸清海洋经济"家底"，实现海洋经济基础数据在全国、全行业的全覆盖并取得一致性，有效满足海洋经济统计分析、监测预警和评估决策等信息需求，进一步提高对海洋经济宏观调控的支撑能力。

第一次全国海洋经济调查的调查目标具体包括：一是全面摸清我国涉海单位基本信息，形成全国涉海单位名录库；二是掌握我国海洋经济现状，分析我国海洋经济发展水平、结构和分布；三是了解海岛海洋经济和临海开发区经济活动情况，明确海洋对沿海经济社会发展的贡献；四是完善海洋工程项目、围填海规模、防灾减灾、节能减排、科技创新等基础信息，了解其对海洋经济发展的影响。第一次全国海洋经济调查的时点为 2015 年 12 月 31 日 24 时，时期为 2015 年度，调查任务包括 4 项，分别为涉海单位清查、产业调查、专题调查和平台建设。[②]其调查方法以全面调查为主，并辅之以抽样调查等。

第一次全国海洋经济调查的调查对象是我国境内（未含香港、澳门特别行政区和台湾地区）从事海洋经济活动的法人单位、产业活动单位和渔民等。重点地区是辽宁、河北、天津、山东、江苏、上海、浙江、

① 我国海上物探完成红海海域勘探[N].中国海洋报，2017-04-19（1A）.
② 肖琳.摸清海洋经济家底　助力海洋强国建设——第一次全国海洋经济调查正式启动[J].太平洋学报，2015，23（2）：2.

福建、广东、广西、海南 11 个沿海省（自治区、直辖市），以及北京、重庆、湖北、江西 4 个非沿海省（直辖市）。其中：产业调查、海洋科技创新调查、涉海企业投（融）资调查对象包括 11 个沿海省（自治区、直辖市）从事海洋经济活动的法人单位、产业活动单位和渔民，以及 4 个非沿海省（直辖市）从事海洋经济活动的法人单位和产业活动单位等。海洋工程项目基本情况调查对象包括直接占用海岸线或海域空间的工程建设项目，以及 11 个沿海省（自治区、直辖市）从事海洋工程建设、施工、运营、咨询服务的单位等。围填海规模情况调查对象包括填海造地、围海项目，区域用海规划申报部门，以及在填海形成的陆地上从事经济活动的法人单位和产业活动单位等。海洋防灾减灾情况调查对象包括海岸防护设施，海洋承灾体，以及从事海洋防灾减灾业务的相关机构等。海洋节能减排情况调查对象包括向我国海域排放污水及污染物的各类陆源入海污染源（包括入海排污口、河流和沿海城市产污主体等）和涉海单位。临海开发区调查对象包括临海开发区管理机构等。临海开发区指位于沿海县（县级市、区）的国家级经济技术开发区、高新技术产业开发区、海关特殊监管区域（包括保税区、出口加工区、保税物流园区、跨境工业园区、保税港区、综合保税区）和省级经济开发区（或工业园区）、高新技术产业园区、特色产业园区等。海岛海洋经济调查对象包括有居民海岛的所有法人单位和产业活动单位，以及相关的海岛基础设施等。

四、全国海岛调查

中国最早的全国范围的海岛调查是全国海岛资源综合调查，始于 1989 年，历时 8 年，于 1996 年完成，取得了丰硕成果。通过海岛综合调查，获取了大量的自然环境、自然资源的实测数据和样品资料，摸清了中国绝大部分有人居住的海岛社会、经济等方面的情况。全国海岛调查共获得原始数据资料 1841 万个、标本 880 万件，汇编资料 2518 册，绘制地图 7835 幅，撰写了《全国海岛资源开发和管理若干问题的建议》等报告和相关文集。

第二次全国海岛调查于 2012 年 11 月经国务院正式批准实施，项目实施时间为 2012—2016 年，旨在全面摸清中国海岛"家底"，为海岛管理工作提供全面、科学、翔实、可视的档案资料，为国家"十三五"期间的海洋发展战略制定和海岛地区小康社会建设提供数据支撑。这次调查任务包括 4 项基本任务：一是开展中国全部海岛基础调查，包括基础地理要素、资源与生态环境、海岛经济社会、海岛景观文化等。二是在开展基础调查的基础上，对部分重要海岛进行周边海域专项调查，包括周边海域地形地貌和水文状况等。三是建设海岛数据库。四是开展调查成果汇总、分析与评价。通过本次海岛调查的实施及成果运用，可以掌握中国海岛资源分布状况、数量、质量与开发利用潜力；掌握中国海岛主要生态环境特征与问题；掌握中国海岛地区经济社会发展现状与存在的主要困难，同时填补领海基点等重要海岛地形地貌等数据的空白。[①]

五、极地科学考察

自 1984 年以来，中国已成功完成 39 次南极科学考察，13 次北极科学考察。目前已形成了以"雪龙"号科考船，南极长城站、中山站、昆仑站、泰山站，北极黄河站和极地考察国内基地为主体的"两船、六站、三飞机、一基地"的南北极考察战略格局和基础平台。

南极、北极是全球变化和地球系统科学研究的前沿，也是建立全球生态安全屏障、构建人类命运共同体的重要组成部分。为此，中国在进

---

① 陆琦. 第二次全国海岛资源综合调查将启动[N]. 中国科学报，2013-07-24.

军三大洋的同时，于 1984 年组建了第一支中国南极科考队，乘"向阳红10"号科考船和海军"J121"打捞救生船在同年首次登上了南极洲，由此拉开了中国极地科学考察的序幕。①

自 1984 年以来，中国每年都派出科考队搭乘"极地"号科考船、"雪龙"号极地科考船前往南极，开展包括地质、气象、陨石、海洋、生物等在内的多学科考察。截至 2023 年 12 月，中国已成功完成 39 次南极科学考察，并圆满完成了各次考察预定的任务。在这期间，中国先后于1985 年 2 月、1989 年 2 月、2009 年 1 月、2014 年 2 月在南极建成了长城站、中山站、昆仑站和泰山站 4 个中国南极科学考察站。其中，昆仑站和泰山站为南极内陆科学考察站。② 2018 年 2 月，中国第五个南极科学考察站——罗斯海新站已在南极开始建设。③

2005 年 1 月，中国第 22 次南极考察科考队登上了海拔 4093 米的南极内陆冰穹 A，这是人类首次登上南极内陆冰盖最高点。④ 2013 年 4 月，在中国在第 29 次南极考察中，成功地在昆仑站科考区域钻取了南极深冰芯，使中国深冰芯科学钻探工程实现了零的突破，为中国开展全球气候变化研究创造了有利条件。⑤ 2016 年 11 月至 2017 年 4 月，在中国第 33次南极考察中，"雪龙"号极地科考船航行 3.1 万海里，在罗斯海鲸湾水

---

① 孟红. 新中国首次南极科考始末[J]. 党史纵览，2014（3）:4.
② 中国南极科考30年[EB/OL].（2014-02-08）[2022-07-15]. http://politics.people. com.cn/n/2014/0208/c70731-24301574.html.
③ 我国第五座南极考察站选址奠基 新站位于罗斯海区域 属极地科考理想之地 [EB/OL].（2018-02-08）[2022-07-15].https://www.guancha.cn/industry-science/2018_02_08_446373.shtml.
④ 中国极地科学考察——目标:冰穹 A！——中国科考队胜利登上南极冰穹核心区纪实[J]. 中国青年科技，2005（4）:16-21.
⑤ 中国南极昆仑站深冰芯钻探成功实现"零"的突破[EB/OL].（2013-04-09）[2022-07-15]. http://politics.people.com.cn/n/2013/0409/c70731-21072907.html.

域抵达 78°41″S,刷新了全球科考船在南极海域到达最南端的纪录,这在世界航海史上具有里程碑意义。① 2017 年 1 月,中国首架极地固定翼飞机"雪鹰 601"号成功降落在南极冰盖之巅,创南极航空新纪录,这标志着中国南极科考"航空时代"已由此来临。② 从此,"雪鹰 601"固定翼飞机、"雪龙"号系列极地科考船、6 个南北极科考站、中国极地考察国内基地,基本构成了中国极地海陆空立体化协同考察体系,为中国从极地大国迈向极地强国奠定了重要基础。截至 2023 年 12 月,中国已成功完成 13 次北极科学考察。1999 年 7 月 1 日,以"雪龙"号极地科考船为平台,中国开始了对北极的首次科学考察。此次考察不仅获得了一大批珍贵的数据和样品,而且还首次确认了"气候北极"的地理范围,发现了北极地区对流层存在偏高的现象,这对研究全球气候变化具有重大意义。③ 继首次北极科学考察之后,中国又于 2003 年、2008 年、2010 年、2012 年、2014 年、2016 年、2017 年、2018 年、2019 年和 2020 年、2021 年、2023 年先后开展了 12 次北极科学考察,对白令海、楚科奇海、加拿大海盆、东西伯利亚海、拉普捷夫海、喀拉海和巴伦支海等北冰洋区域进行了多学科综合考察;"雪龙"号极地科考船最北到达 88°26″N,并成功地实施了环北冰洋考察,创造了中国航海史上的新纪录。2004 年 7 月,在挪威的斯匹次卑尔根群岛建立了中国第一个北极科考站——黄河站。④ 2018 年 10 月,中国和冰岛共同筹建的中—冰北极科学考察站建

① "雪龙"归航 中国第 33 次南极科考凯旋[EB/OL].(2017-04-11)[2022-07-15]. http://www.gov.cn/xinwen/2017-04/11/content_5184903.htm.

② "雪鹰"降落南极冰盖之巅 中国首架极地固定翼飞机[EB/OL].(2017-01-10)[2023-03-16].http://world.people.com.cn/n1/2017/0110/c1002-29011297.html.

③ 董兆乾. 中国首次北极科学考察[J]. 海洋地质与第四纪地质,1999,19(3):1.

④ 我国首个北极科考站在挪威建成使用[EB/OL].(2004-07-29)[2022-07-15]. http://zqb.cyol.com/content/2004-07/29/content_918176.htm.

成并正式运行，成为中国第二个北极综合研究基地。[①]

六、大洋科学考察

中国大洋科学考察主要是指中国在国际海底区域进行的活动，也包括部分在公海底部即通常说的深海所进行的科学考察活动。中国大洋科学考察始于20世纪70年代。1978年4月，"向阳红05"号考察船在进行太平洋特定海区综合调查过程中，首次从4784米水深的地质取样中获取到多金属结核。[②] 1990年4月，国务院批准成立大洋协会并通过大洋协会申请国际海底矿区，并将大洋多金属结核资源研究开发作为国家长远发展项目。[③] 1991年4月，中国大洋矿产资源研究开发协会（简称中国大洋协会）正式成立，中国开始全面进军大洋。

1991年3月5日，经联合国批准，中国大洋协会在国际海底管理局和国际海洋法法庭筹备委员会登记注册为国际海底开发先驱者，在国家管辖范围外的国际海底区域分配到15万平方千米的开辟区。1999年3月5日，中国大洋协会义务完成开辟上述区域50%的任务，最终获得7.5万平方千米具有专属勘探权和优先商业开采权的多金属结核矿区。[④]

进入21世纪，中国大洋航次调查成果丰硕。"十五"期间，中国大洋协会正式从国际海底开辟活动的先驱投资者成为国际海底资源勘探的承包者，协会与国际海底管理局共同签订了《勘探合同》；"大洋一号"科考船执行了我国首次环球科学考察，实现了"进军三大洋"。

---

① 中一冰北极科学考察站正式运行[EB/OL].（2018-10-19）[2022-07-15].http://ydyl.china.com.cn/2018-10/19/content_66969086_2.htm.

② 郑杨."大洋一号"开启新的航程[N].经济日报，2011-01-11（9）.

③ 国务院关于同意申请国际海底矿区登记的批复[EB/OL].（1990-04-09）[2023-03-16].http://www.gov.cn/zhengce/content/2012-08/17/content_2694.htm.

④ 徐小龙.中国海洋科考历程（一）值得记住的里程碑[J].百科探秘（海底世界），2021（11）:22-25.

　　"十一五"期间，我国成为继俄罗斯、美国、法国和日本之后，世界上第五个建成深海技术支撑基地的国家。在第19航次大洋科考任务中，在西南印度洋中脊超慢速扩张区首次发现海底热液活动区。第20航次大洋科考取得重要发现，获得三项"世界首次"成果：一是在东太平洋海隆赤道附近发现大范围活动的海底热液区群；二是首次在西南印度洋超慢速扩张洋中脊发现与超基性岩有关的多金属硫化物；三是首次在西南印度洋发现超大范围碳酸盐热液区。大洋第20航次科考首次成功实施深海声学深拖作业，表明我国大洋科学考察已具备了深海微地形地貌和浅地层结构的高分辨率、高精度探测能力。[①]

　　"十二五"期间，我国在西南印度洋获得了面积为1万平方千米的多金属硫化物合同区，这是继1999年后第二次获得勘探区域。"蛟龙"号创造世界深潜纪录，并开展了试验性应用。我国成为继美国、法国、俄罗斯、日本之后世界上第五个掌握大深度载人深潜技术的国家。我国在东北太平洋获得3000平方千米的富钴结壳合同区，至此我国成为世界上第一个在国际海底区域拥有"三种资源、三块矿区"的国家。第36航次大洋科考取得了海洋资源调查技术方法的三大新突破：一是首次成功采用我国自主研制的4500米级"海马"号ROV在海山富钴结壳资源中进行试验性应用；二是首次在勘探国际海域的矿产资源、圈定海底矿产资源的范围内应用多波速回波勘探技术和"海马"号ROV近底观测取样的调查方法；三是成功对单一海山实现全方位、立体式、长周期的环境监测。[②]第39航次大洋科考首次在热液区获取硫化物岩心样品，对于西南印度洋合同区的多金属硫化物资源勘探来说是一个重要进步。

① 佚名. 大洋科学考察首次成功实施深海声学深拖作业[J]. 地质装备，2009，10（5）: 1.
② "海洋六号"完成中国大洋36航次科学考察任务顺利返航[N]. 中国海洋报，2015-11-10.

  "十三五"期间,我国首次在南太平洋开展地质调查,发现了新的富集稀土的深海沉积物。[①] 第42航次大洋科考基本查明了中印度洋海盆富稀土沉积的分布特征和范围,积累了关键的环境资料数据,标志着我国在印度洋的稀土资源调查研究迈上一个新台阶。[②] 第45航次大洋科考是我国首个全要素综合考察航次,取得了多项突破成果,包括首次在中东太平洋开展多要素大尺度海洋生物多样性和环境调查;首次利用深海微生物原位培养等手段开展深海特殊功能微生物类群的富集培养与功能验证实验;首次在西太平洋中部和中东太平洋区域开展海洋放射性调查;首次在西太平洋海山布放综合生态深水锚系潜标。[③] 大洋第48航次、第49航次、第50航次科考是以落实"蛟龙探海"工程为核心的。大洋第51航次科考在中国富钴结壳合同区域资源调查、深海地质环境考察、深海探测新技术方法应用及海洋微塑料污染调查等方面取得多项成果[④]。第三次万米深渊综合科考验证了多个国产深海装备的稳定性和可靠性,取得多项国内首次和国际首次的科研成果,表明中国能在深海深渊领域开展全方位的装备海试、科学考察工作,有能力引领世界深海深渊的技术发展和科学研究。[⑤] 第52航次大洋科考在中国西南印度洋多金属硫化物合同区新发现3处矿化异常区[⑥]。第56航次大洋科考实现了国产装备大规模高效应用[⑦]。第58航次大洋科考切实履行了中国与国际海底管理局签署的多金属硫化物资源勘探合同义务,围绕2021年勘探合同75%区

[①] "海洋六号"顺利完成中国大洋41航次首航任务[N]. 中国海洋报, 2016-08-16(1A).

[②] 大洋42航次圆满完成资源调查任务[N]. 中国海洋报, 2017-04-14(1A).

[③] 大洋45航次第一航段科考作业圆满收官[N]. 中国海洋报, 2017-08-14(1A).

[④] "海洋六号"圆满完成大洋51航次科考任务[N]. 中国海洋报, 2018-10-19(2B).

[⑤] 我国第三次万米深渊综合科考成果丰硕[N]. 中国海洋报, 2018-10-18(1B).

[⑥] "大洋一号"完成中国大洋52航次任务回国[N]. 中国海洋报, 2019-7-26(1B).

[⑦] 大洋56航次完成多项考察任务[N]. 中国海洋报, 2019-10-21(1B).

域放弃目标，主要开展了中深钻岩心取样、"潜龙二号"无人无缆潜水器（AUV）近底探测（观测）、地质取样和综合异常拖曳探测等调查工作。[①]

进入"十四五"时期，我国在第66航次大洋科考中进一步圈定富钴结壳含矿区，获取部分2千米×2千米区块控制的资源量，为富钴结壳合同区第一次区域优选与放弃提供关键支撑[②]。

---

① 大洋58航次取得多项成果——"大洋一号"船顺利返回青岛[EB/OL].（2020-04-15）[2020-11-08]. https://www.mnr.gov.cn/dt/ywbb/202004/t20200415_2508510.html.
② "深海一号"船起航执行中国大洋66航次[EB/OL].（2021-08-06）[2023-03-16]. https://www.nmdis.org.cn/c/2021-08-06/75303.shtml.

第五节 中国沿海地区海洋科技发展水平综合评价

海洋科技发展水平是对海洋科技进步水平及其产出和影响的价值进行判断的认识活动。海洋科技发展水平评价是对某一沿海国家或沿海地区海洋科技进步水平进行评判的量化工具，也是考量海洋科技对经济发展和社会进步影响力的手段。随着海洋科技创新和成果转化的加速发展，海洋科技进步已成为推动一个国家或地区海洋经济社会发展的重要因素。科学地对海洋科技进步状况开展监测并作定量评价，具有考核、预警、导向等方面的重要意义。本部分以构建海洋科技进步发展水平评价指标体系为主线，为我国海洋科技进步提供一个科学合理的可操作性量化工具，为常态化持续性开展我国海洋科技进步动态监测评价、推动省域及其他各沿海地区海洋科技进步提供决策参考。

一、海洋科技发展水平综合评价指标体系构建

海洋科技具有创新性、引领性和支撑性，构建海洋科技发展水平综合评价指标体系要围绕海洋科技创新和成果转化展开。

（一）设计思想

科学合理构建海洋科技发展水平综合评价指标体系必须遵循以下基本原则。

其一，海洋科技水平的发展必须与加快建设海洋强国、国家创新驱动战略、国家高质量发展以及区域经济发展的战略目标相一致。其二，指标必须少而精，必须抓住真正核心的指标。其三，必须区分过程指标与结果指标。建立海洋科技发展水平评价指标体系是为了客观反映海洋科技发展所能达到的程度。因此，指标体系只需遴选出反映海洋科技发

展结果的指标。其四，必须注重指标数值的区分度。部分指标变动较小，对评价结果影响很小，不必纳入评价指标体系。其五，所选指标的数据必须能够有效获取。

（二）设计原则

1. 系统性与层次性

海洋科技发展是涉及海洋科技发展基础水平、海洋科技投入水平、海洋科技产出水平、海洋科技对社会经济影响等多方面的系统工程，设置指标体系必须充分体现此特征。因此，指标体系的设计必须综合反映各种影响因素，所遴选指标必须层次清晰，不同指标层能够反映海洋科技发展的不同方面，且所遴选指标相互独立。

2. 可操作性与科学性

运用指标体系进行评价需要科学可靠的数据。因此，遴选的指标应尽量选择易量化、易收集、易对比的基础性数据，尽可能选择具有代表性的综合指标和重点指标。指标体系的数据来源要准确可靠。海洋科技发展水平指标体系具有指导、监督、考核和推动海洋科技发展的功能。因此，所遴选的指标要具有战略导向性，能够充分体现海洋科技发展水平的内涵，符合我国海洋科技发展的现状特征，能够反映未来海洋科技发展的总体方向，为制定海洋科技发展政策提供支撑。

3. 定量与定性结合

遴选指标时要尽量选取可量化、易获得的指标，每个指标的选取、定义、说明、量化都要有科学依据。由于海洋科技发展指标体系复杂，对于难以量化但又影响重大的指标，可用定性指标描述，定量评价与定性描述相结合，以保证评估结论全面性与科学性。

（三）指标遴选

根据海洋科技发展水平的内涵和主要特征，遵循以上设计思想和设计原则，我国构建了如下海洋科技发展水平评价指标体系（表3-4）。

表3-4　海洋科技发展水平评价指标体系

	一级指标	二级指标
海洋科技发展水平	海洋科技发展基础水平A	海洋科研机构数（A_1）（个）
		海洋科研机构从业人员（A_2）（人）
		海洋科研机构科技活动人员（A_3）（人）
		高级职称占海洋科技活动人员比重（A_4）（%）
		R&D人员数（A_5）（人）
		海洋专业高等教育专任教师（A_6）（人）
		海洋专业在校生人数（A_7）（人）
	海洋科技投入水平B	海洋科研机构科技课题数（B_1）（项）
		R&D经费内部支出（B_2）（千元）
		海洋科研机构经费收入（B_3）（千元）
		海洋科研基本建设中政府投资（B_4）（千元）
	海洋科技产出水平C	发表海洋科技论文数量（C_1）（篇）
		出版海洋科技著作（C_2）（种）
		拥有海洋科技发明专利的数量（C_3）（件）
	海洋科技对社会经济影响D	地区海洋生产总值占地区生产总值的比重（D_1）（%）
		海洋从业人员占地区就业人员的比重（D_2）（%）

（四）指标说明

海洋科技发展水平评价指标体系由4个一级指标和16个二级指标构成。指标的含义说明如下。

1. 海洋科技发展基础水平指标

（1）海洋科研机构

海洋科研机构指有明确的研究方向和任务，有具备一定水平的学术带头人和一定数量、质量的研究人员，有开展研究工作的基本条件，长期有组织地从事海洋研究与开发活动的机构。

（2）从业人员

这指由本机构年末直接组织安排工作并支付工资的各类人员总数。包括固定职工、国家有编制的合同制职工、招聘人员和返聘的离退休人员。不包括离退休人员、停薪留职人员。

（3）科技活动人员

这指从业人员中的科技管理人员、课题活动人员和科技服务人员。

（4）高级职称

这具体指研究员、副研究员；教授、副教授；高级工程师；高级农艺师；正、副主任医（药、护、技）师；高级实验师；高级统计师；高级经济师；高级会计师；编审（正、副编审）；译审（正、副译审）、高级（主任）记者；正、副研究馆员；等等。

（5）海洋专业

这指高等教育和中等职业教育所设的与海洋有关的专业。

2.海洋科技投入水平指标

（1）R&D经费内部支出

这指报告期调查单位内部为实施R&D活动而实际发生的全部经费，按支出性质分为日常性支出和资产性支出。不包括调查单位委托其他单位或与其他单位合作开展R&D活动而转拨给其他单位的全部经费。

（2）海洋科研机构经费收入

这表明了国家对海洋科研机构的海洋科技经费投入的规模和力度，从资金方面显示了海洋科技研发状况。

3.海洋科技产出水平指标

（1）科技论文

这指在全国性学报或学术刊物、省部属大专院校对外正式发行的学报或学术刊物上发表的论文以及在国外发表的论文。

（2）科技著作

这具体指经过正式出版部门编印出版的科技专著、大专院校教科书、科普著作。

4.海洋科技对社会经济影响指标

（1）海洋生产总值

这是海洋经济生产总值的简称，指按市场价格计算的沿海地区常住单位在一定时期内海洋经济活动的最终成果，是海洋产业和海洋相关产业增加值的总和。

（2）国内（或地区）生产总值

这指一个国家（或地区）所有常住单位在一定时期内生产活动的最终成果。国内生产总值有三种表现形态，即价值形态、收入形态和产品形态。从价值形态看，它是所有常住单位在一定时期内生产的全部货物和服务价值与同期投入的全部非固定资产货物和服务价值的差额，即所有常住单位的增加值之和；从收入形态看，它是所有常住单位在一定时期内创造的各项收入之和，包括劳动者报酬、生产税净额、固定资产折旧和营业盈余；从产品形态看，它是所有常住单位在一定时期内最终使用的货物和服务价值与货物和服务净出口价值之和。在实际核算中，国内生产总值有三种计算方法，即生产法、收入法和支出法。三种方法分别从不同的方面反映国内生产总值及其构成。[①]

---

① 自然资源部.中国海洋经济统计年鉴2018[M].北京：海洋出版社，2019.

（3）就业人员

就业人员指在 16 周岁及以上，从事一定社会劳动并取得劳动报酬或经营收入的人员。这个指标反映了一定时期内全部劳动力资源的实际利用情况，是研究我国基本国情国力的重要指标。[1]

二、适用于海洋科技水平综合评价的定量模型和方法

海洋科技水平的评价方法包括两类。一类是多指标评价方法。这类方法首先构建指标体系，其关键是确定指标权重。确定权重的方法主要包括层次分析法、熵值法、多元统计分析方法、灰色关联分析法等。另一类是单指标评价方法。这类方法采用海洋科技产出效率在一定程度上反映海洋科技水平发展程度。所采用的方法主要包括数据包络分析法（DEA）、随机前沿分析法（SFA）以及基于非期望产出的SBM模型等。

（一）多指标评价方法

1.层次分析法

层次分析法是把复杂的问题分解为各个组成因素，并按因素之间的支配关系分组，形成一个有序的递阶层次结构。通过两两比较确定各个因素的相对重要性，再综合决策者的主观判断确定决策方案相对重要性的总排序。这里采用改进三标度层次分析法，其权重计算步骤如下：

①构造主观比较矩阵：$B=\left[B_{ij}\right]_{n\times n}$，式中：

$$B_{ij}=\begin{cases}1, & \text{指标}i\text{比指标}j\text{重要}\\ 0, & \text{指标}i\text{与指标}j\text{同等重要}\\ -1, & \text{指标}i\text{不如指标}j\text{重要}\end{cases}$$

---

[1] 自然资源部. 中国海洋经济统计年鉴2018[M]. 北京：海洋出版社，2019.

②建立判断矩阵 $T=\left[T_{ij}\right]_{n\times n}$，式中 $T_{ij}=e_i-e_j$，$e_{ij}=\sum B_{ij}$。

③计算客观判断矩阵：$Z=\left[Z_{ij}\right]_{n\times n}$，式中 $Z_{ij}=q^{(S_{ij}/S_m)}$，$T_m=\mathrm{Max}T_{ij}=$ $\mathrm{Max}\left(e_i\right)-\mathrm{Min}\left(e_i\right)$，$q$ 为使用者定义的标度扩展值范围，如 $q=3$ 或 $q=7$，这里取3。客观判断矩阵 Z 任意一列的归一化即为 n 个指标的权重向量 $\left[W_1, W_2, W_3, \cdots, W_n\right]^T$。[1]

2.熵值法

熵值法确定指标权重的原理：假设有 m 项指标 n 个待评方案，形成原始指标数据矩阵 $Y=\left(y_{ij}\right)_{m\times n}$，对于某项指标 y_i，如果指标值 y_{ij} 的差距越大，则该指标所起作用越大；如果某项指标的指标值都相等，则该指标不起作用。信息论中，信息熵 $H(x)=-\sum\limits_{i}^{n} p(x_i)\ln p(x_i)$ 用来度量系统无序程度，信息用来度量系统有序程度，两者绝对值相等，而符号相反。某指标的值变异程度越大，其信息熵越小，其所提供的信息量越大，权重就越大；反之，则权重越小。因此，可根据各项指标值的变异程度，采用信息熵计算各指标权重，为多指标综合评价提供依据。熵值法的步骤如下。[2]

①对正向和负向指标数据采用相应的无量纲标准化方法处理。

对正向指标数据进行处理的公式为：

$$q_{ij}=\frac{y_{ij}-\min\limits_{j}y_{ij}}{\max\limits_{j}y_{ij}-\min\limits_{j}y_{ij}}$$

对负向指标数据进行处理的公式为：

① 刘明.区域海洋经济可持续发展的能力评价[J].中国统计，2008（3）：51-53.
② 刘明，吴姗姗，刘堃，等.中国滨海旅游业低碳化发展途径与政策研究——基于碳足迹理论的视角[M].北京：社会科学文献出版社，2017.

$$q_{ij}=\frac{\max\limits_{j} y_{ij}-y_{ij}}{\max\limits_{j} y_{ij}-\min\limits_{j} y_{ij}}$$

为避免得到的数值结果无意义，对标准化的值进行以下处理

$$h_{ij}=y_{ij}+0.01$$

②第 i 项指标的熵值 t_i 的计算公式为：

$$t_i=-k\sum_{j=1}^{n} f_{ij}\ln f_{ij}，其中 f_{ij}=\frac{h_{ij}}{\sum\limits_{j=1}^{n} h_{ij}}，k=\frac{1}{\ln n}（n 为样本数）$$

③第 i 项指标的权重 W_i 的计算公式为：

$$W_i=\frac{1-t_i}{m}且满足 0 \leqslant W_i \leqslant 1，\sum^{m} W_i=1$$

3. 多元统计分析方法

多元统计分析方法主要包括聚类分析法 、判别分析法、主成分分析法等。

4. 灰色关联分析法

灰色关联分析法由我国著名学者邓聚龙 1982 年创立。灰色关联分析法属于客观赋权法，其基本步骤如下。

①运用灰色关联法确定指标权重，第一步需选取各指标的最优集 Y_0，$Y_0=(Y_{01}，\cdots，Y_{0i}，\cdots，Y_{0n})$，对应得到以下矩阵：

$$Y=\begin{bmatrix} Y_{11} & Y_{12} & \cdots & Y_{1n} \\ Y_{21} & Y_{22} & \cdots & Y_{2n} \\ \cdots & \cdots & \cdots & \cdots \\ Y_{l1} & Y_{l2} & \cdots & Y_{ln} \end{bmatrix}$$

上式 Y_{ij} 表示第 i 个评价对象的第 j 个评价指标对应的原始数据，其中 $i=1，2，3，\cdots，l; j=1，2，3，\cdots，n$。

②运用公式 $C_{ij}=\dfrac{y_{ij}}{y_{0i}}$ 将最优集和原始数据标准化得到下式:

$$C_{l\times n}=\begin{bmatrix} C_{11} & C_{12} & \cdots & C_{1n} \\ C_{21} & C_{22} & \cdots & C_{2n} \\ \cdots & \cdots & \cdots & \cdots \\ C_{l1} & C_{l2} & \cdots & C_{ln} \end{bmatrix}$$

③通过下式可计算灰色关联系数。先确定参考序列 C_0,比较序列 C_{ij},关联系数可表达为:

$$\theta_{ij}=\frac{\min\limits_{i}\min\limits_{j}\left|C_{0i}-C_{ij}\right|+\mu\max\limits_{i}\max\limits_{j}\left|C_{0i}-C_{ij}\right|}{\left|C_{0i}-C_{ij}\right|+\mu\max\limits_{i}\max\limits_{j}\left|C_{0i}-C_{ij}\right|}$$

上式:μ 表示分辨系数,其取值不影响关联序,一般取 0.5。

④计算各指标的因子关联度,归一化处理得到各指标灰色关联权重值:

$$W=\frac{\theta_{ij}}{\sum\limits_{i=1}^{t}\theta_{ij}}$$

(二)单指标评价方法

1.数据包络分析法

数据包络分析(DEA)不需要确定权重就能够计算具有多输入、多输出系统的相对效率。第一个数据包络分析模型是1978年由著名运筹学家查恩斯、库珀和罗兹提出的[1],该模型简称CCR模型。随着数据包络分析的深入应用,数据包络分析模型衍生出了如BCC模型、FG模型等一系列经典模型。数据包络分析可用在海洋科技领域,主要是评价海洋科技

① Charnes A, Cooper W W, Rhodes E. Measuring the Efficiency of Decision Making Units[J]. European Journal of Operational Research, 1978, 2(6): 429-444.

产出的效率。

2.随机前沿分析法

在测算系统的效率的方法选择上，数据包络分析法是最常用的计量方法。但数据包络分析模型存在三方面缺点。其一是固定的生产函数边界致使其无法分离出随机扰动项的影响。其二是评价结果易受极端值影响。其三是效率值对投入产出灵敏性较高。

测算系统的效率常用的方法包括非参数型的数据包络分析法和参数型的随机前沿分析法（SFA）。相对于数据包络分析模型，随机前沿分析模型引入了随机扰动项，能更准确地阐释生产者行为，并可以利用估计结果对模型本身进行检验（LR检验），使结果更加严谨。

3.基于非期望产出的SBM模型

传统的数据包络分析法（DEA）的应用主要集中于CCR、BCC等传统模型方面，这些模型的产出多是基于期望的产出，没有充分考虑投入、产出的冗余和松弛型问题，也未能准确度量存在非期望产出时的效率值[①]。托恩（2003）提出了一种DEA改进的模型，即SBM（Slacks-based Measure）模型，SBM是一种考虑松弛变量和非期望产出的效率测量方法，从而能够提高测度系统的准确性。

4.曼奎斯特（Malmquist）生产率指数模型

该模型是在数据包络分析法（DEA）基础上发展而来的，是用于测算全要素生产率（TFP）的方法，最早是由曼奎斯特于1953年提出的。法尔等人将该方法与数据包络分析法相结合，可测度决策单元不同时期全要素生产率的变动情况。该方法弥补了传统DEA模型无法对效率的变化

① 赵林，张宇硕，焦新颖，等. 基于SBM和Malmquist生产率指数的中国海洋经济效率评价研究[J]. 资源科学，2016，38（3）：461-475.

进行动态分析的不足。通过该方法的分析，可以找出生产率增长或下降的原因。

三、中国海洋科技发展水平综合评价以及演进特征分析

此部分采用已构建的海洋科技发展水平评价指标体系，在参阅公开统计数据资料的基础上，运用已选定的评估模型和方法，对 2010—2019 年我国海洋科技发展水平以及演进特征进行分析。

（一）海洋科技发展水平综合评价

海洋科技水平评价指标体系原始数据主要源自《中国海洋统计年鉴》（2011—2020 年）、《中国统计年鉴》（2011—2020 年）等相关资料，能够保证指标原始数据的客观、合理和真实（表 3-5 ）。

表 3-5 2010—2019 年海洋科技发展水平评价指标的原始数据

一级指标	二级指标	2010年	2011年	2012年	2013年	2014年	2015年	2016年	2017年	2018年	2019年
海洋科技发展基础水平 A	A_1	181	179	177	175	189	192	160	159	176	170
	A_2	35405	37445	37679	38754	40539	42331	29258	29089	37578	38094
	A_3	29676	30642	31487	32349	34174	35860	25946	25642	32825	33378
	A_4	37.33	38.42	39.25	38.27	41.44	41	43.27	43.94	56	57
	A_5	24286	25077	26151	27424	28243	29088	26347	26056	33892	33776
	A_6	239655	254042	271996	299057	306669	322942	388477	497589	508727	514799
	A_7	371260	308798	272323	256093	233059	219328	317539	310916	303573	300528
海洋科技投入水平 B	B_1	13466	14253	15403	16331	17702	18810	18139	21257	17526	17333
	B_2	918793	1091315	1226465.5	1429811	1566378	1665558	1314941	1418319.98	1993704	2190316
	B_3	19550823	23221895	25772307	26556354	3100989	3333401	2498821	2634545.7	3703328	4068537
	B_4	880723	1389778	1666720	1565746	172024.7	231281.8	220235.9	2220177.2	3120859	3428627
海洋科技产出水平 C	C_1	14296	15547	16713	16284	16908	17257	16016	15872	18882	18915
	C_2	254	278	338	384	314	353	369	388	409	437
	C_3	6750	8009	10695	11564	13966	20518	8332	10352	18792	14316
海洋科技对社会经济影响 D	D_1	16.1	15.7	15.7	15.8	16.3	16.8	16.4	16.6	16.8	16.2
	D_2	0.1010	0.1053	0.1049	0.1044	0.1038	0.0987	0.0994	0.1003	0.1016	0.1016

数据来源：2011—2020年《中国海洋统计年鉴》

　　海洋科技发展水平评价指标体系的权重可选用改进三标度层次分析法和熵值法分别得到，最终权重采用两种方法的算术平均加权获得（表3-6）。

表3-6　海洋科技发展水平评价指标体系权重

	一级指标	二级指标	改进三标度层次分析法确定的权重值	熵值法确定的权重值	最终权重
海洋科技发展水平	海洋科技发展基础水平A	海洋科研机构数（A_1）	0.0684	0.0657	0.0671
		海洋科研机构从业人员（A_2）	0.0684	0.0656	0.0670
		海洋科研机构科技活动人员（A_3）	0.0684	0.0655	0.0670
		高级职称占海洋科技活动人员比重（A_4）	0.0520	0.0553	0.0537
		R&D人员数（A_5）	0.0624	0.0619	0.0622
		海洋专业高等教育专任教师（A_6）	0.0570	0.0589	0.0580
		海洋专业在校生人数（A_7）	0.0750	0.0656	0.0703
	海洋科技投入水平B	海洋科研机构科技课题数（B_1）	0.0750	0.0658	0.0704
		R&D经费内部支出（B_2）	0.0433	0.0669	0.0551
		海洋科研机构经费收入（B_3）	0.0624	0.0485	0.0555
		海洋科研基本建设中政府投资（B_4）	0.0570	0.0581	0.0576
	海洋科技产出水平C	发表海洋科技论文数量（C_1）	0.0684	0.0684	0.0684
		出版海洋科技著作（C_2）	0.0596	0.0676	0.0636
		拥有海洋科技发明专利的数量（C_3）	0.0684	0.0612	0.0648
	海洋科技对社会经济影响D	地区海洋生产总值占地区生产总值的比重（D_1）	0.0624	0.0602	0.0613
		海洋从业人员占地区就业人员的比重（D_2）	0.0520	0.0648	0.0584

海洋科技发展水平指数可采用综合指数法进行测算。首先针对指标原始数据进行无量纲化处理，再根据准则层四个方面数据进行加权综合测算各分维度指数以及海洋科技发展水平综合指数。海洋科技发展水平指数的计算公式如下：

$$G = \sum W_i Y_i \qquad\qquad （公式 3.1）$$

式中，G 为评估年海洋科技发展水平指数，W_i 为指标层评价指标的权重（设定各指标权重相同），Y_i 为指标层评价指标标准化值。

表 3-5 中的指标数据可采用功效系数法进行无量纲化处理，从而得到个体指数。功效系数法计算公式如下。其中，正指标无量纲化计算公式为：

$$Q_i = \frac{Y_i - Y_{min}{}^i}{Y_{max}{}^i - Y_{min}{}^i} \times 40 + 60 \qquad\qquad （公式 3.2）$$

逆指标无量纲化计算公式为：

$$Q_i = \frac{Y_{max}{}^i - Y_i}{Y_{max}{}^i - Y_{min}{}^i} \times 40 + 60 \qquad\qquad （公式 3.3）$$

公式 3.2 和公式 3.3 中：Q_i 为第 i 个指标无量纲化处理后的数值，Y_i 为该指标在评价期内的原始数据。$Y_{max}{}^i$ 为该指标在评价期内的最大值，$Y_{min}{}^i$ 为该指标在评价期内的最小值。根据功效系数法和表 3-5 中的指标数值，可得到海洋科技发展水平指标原始数据的无量纲数值（表 3-7）。

表3-7 2010—2019年海洋科技发展水平评价指标无量纲处理数据

一级指标	二级指标	2010年	2011年	2012年	2013年	2014年	2015年	2016年	2017年	2018年	2019年
海洋科技发展水平	海洋科技发展基础水平A										
	A_1	86.67	84.24	81.82	79.39	96.36	100.00	61.21	60.00	80.61	73.33
	A_2	79.08	85.24	85.95	89.19	94.59	100.00	60.51	60.00	85.64	87.20
	A_3	75.79	79.57	82.88	86.26	93.40	100.00	61.19	60.00	88.12	90.28
	A_4	60.00	62.19	63.87	61.89	68.28	67.39	71.96	73.31	98.09	100.00
	A_5	60.00	63.29	67.76	73.07	76.48	79.99	68.58	67.37	100.00	99.52
	A_6	60.00	62.09	64.70	68.64	69.74	72.11	81.64	97.50	99.12	100.00
	A_7	100.00	83.56	73.95	69.68	63.62	60.00	85.86	84.11	82.18	81.38
	海洋科技投入水平B										
	B_1	60.00	64.04	69.94	74.71	81.75	87.44	83.99	100.00	80.84	79.85
	B_2	60.00	65.43	69.68	76.08	80.37	83.49	72.46	75.71	93.81	100.00
	B_3	88.35	94.46	98.70	100.00	61.00	61.39	60.00	60.23	62.00	62.61
	B_4	68.12	74.49	77.96	76.69	59.26	60.00	59.86	84.88	96.15	100.00
	海洋科技产出水平C										
	C_1	60.00	70.83	80.93	77.22	82.62	85.64	74.89	73.65	99.71	100.00
	C_2	60.00	65.25	78.36	88.42	73.11	81.64	85.14	89.29	93.88	100.00
	C_3	60.00	63.66	71.46	73.99	80.96	100.00	64.60	70.46	94.99	81.98
	海洋科技对社会经济影响D										
	D_1	96.63	94.70	94.70	95.18	97.59	100.00	98.07	99.04	100.00	60.00
	D_2	74.03	100.00	97.57	94.75	90.78	60.00	64.56	70.06	77.89	77.89

数据来源:2011—2020年《中国海洋统计年鉴》

海洋科技发展水平评价指标体系中的4个分维度的指数计算公式如下：

$$G_j = \frac{\sum_{i=m_j}^{n_j} W_i Q_i}{\sum_{i=m_j}^{n_j} W_i}, (j=1,2,3,4,5) \qquad （公式3.4）$$

其中，G_j 为第 j 个分维度指数，Q_i 为第 i 个指标的无量纲化后数值，W_i 为第 i 个指标 Y_i 的权重数值，m_j 为第 j 个分维度中第一个评价指标在整个评价体系中的序号，n_j 为第 j 个分维度中最后一个评价指标在整个评价指标体系中的序号。根据公式3.4、表3-5和表3-6，可得到海洋科技发展基础水平、海洋科技投入水平、海洋科技产出水平、海洋科技对社会经济影响4个分维度的评价指数（表3-8）。

表3-8　2010—2019年海洋科技发展水平各分维度评价指数

准则层(分维度)	海洋科技发展基础水平	海洋科技投入水平	海洋科技产出水平	海洋科技对社会经济影响
2010年	33.66	16.36	11.81	7.81
2011年	33.45	17.65	13.12	7.82
2012年	33.40	18.73	15.15	7.68
2013年	33.83	19.42	15.70	7.89
2014年	36.00	16.98	15.55	9.55
2015年	37.10	17.62	17.53	9.63
2016年	31.16	16.68	14.72	8.39
2017年	31.76	19.44	15.28	9.47
2018年	40.06	19.84	18.95	10.68
2019年	39.89	20.37	18.51	8.23

海洋科技发展水平指数的计算采用将海洋科技发展水平评价指标体系中的4个分维度的指数按其权重相加后计算得到，其计算公式如下：

$$G = \frac{\sum_{j=1}^{5}(G_j \times \sum_{i=m_j}^{n_j} W_i)}{\sum_{i=1}^{35} W_i}$$ （公式 3.5）

上式中，G 为海洋科技发展水平指数。

根据以上公式，可以得到 2010—2019 年我国海洋科技发展水平指数（表 3-9）。

表 3-9　2010—2019 年海洋科技发展水平指数

年份	我国海洋科技发展水平指数
2010	72.07
2011	75.86
2012	78.78
2013	80.32
2014	79.82
2015	81.89
2016	72.35
2017	76.65
2018	89.53
2019	87.00

（二）海洋科技发展水平演进特征分析

将表 3-8 和表 3-9 数据分别绘制成评价结果图（图 3-12 和图 3-13）。根据图 3-12 和图 3-13，可看出 2010—2019 年各分维度和综合指数的整体变化状态。

从图 3-12 可以看到，2010—2015 年，海洋科技发展基础水平分维度呈现增长态势，从 2010 年的 33.66，增长到 2015 年的 37.10。海洋科技发展水平指数从 2015 年的 81.89 下降到 2017 年的 31.76，2018 年又上升至 40.06，2019 年与 2018 年相比略有下降。

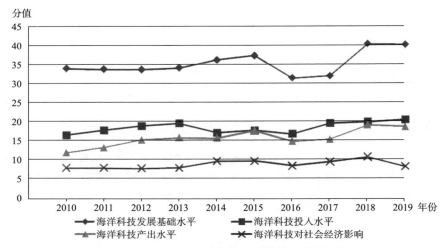

图3-12 我国海洋科技发展水平分维度评价指数

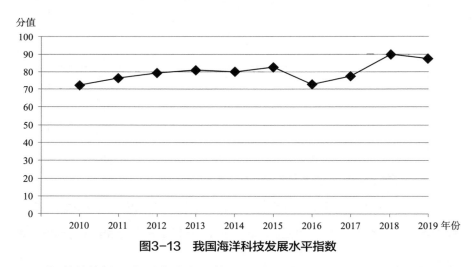

图3-13 我国海洋科技发展水平指数

海洋科技投入水平分维度整体呈现波动性上升态势（如图 3-12）。从 2010 年的 16.36 开始稳定上升到 2013 年的 19.42。从 2013 年开始下降到 2016 年的 16.68。从 2016 年开始稳定上升到 2019 年的 20.37。这说明在我国海洋科技发展水平演进过程中，海洋科技投入水平成为显著的制约因素。

海洋科技产出水平分维度在 2010 年至 2019 年期间总体上呈快速增长态势，略有波动（如图 3-12）。海洋科技产出水平从 2010 年的 11.81 快速增长到 2015 年的 17.53。随后，该水平分维度值在 2016 年略有波动，2019 年上升到 18.51。

海洋科技对社会经济影响分维度整体呈现波动性上升态势（如图 3-12）。从 2010 年的 7.81 上升到 2018 年的 10.68，2019 年下降为 8.23。

综上可以得到我国海洋科技发展水平评价值的总体发展状况。我国海洋科技发展水平总体呈波动上升趋势，呈"W"形结构。在此过程中，我国海洋科技发展水平指数在 2010—2015 年呈现稳定上升趋势，到 2015 年达到第一个峰值 81.89。2016 年下降幅度明显。随后，2017—2018 年，我国海洋科技发展水平指数大幅增长，到 2018 年该指数达到 89.53，2019 年该指数略有下降，达到 87.00。从指标体系来看，一级指标层面海洋科技投入水平和海洋科技对社会经济影响变化幅度较大，但总体呈上升趋势。二级指标层面体现海洋科技发展水平的指标，如海洋科研机构科技课题数、海洋科研机构科技活动人员和 R&D 人员数等，增速放缓并波动剧烈。这无疑体现了这三个方面的指标是影响海洋科技发展水平提升幅度的重要因素。

四、中国沿海海洋科技水平空间分布差异性分析

表 3-10 是 2019 年我国沿海 11 个省、自治区、直辖市海洋科技发展水平评价指标的原始数据，经过无量纲化处理后，乘以各项指标对应的最终权重，可得到全国沿海 11 个省、自治区、直辖市各指标得分。经加总处理后，可得到全国沿海 11 个省、自治区、直辖市海洋科技发展水平总分，并根据总分大小得到排序（表 3-11）。

表3-10 2019年我国沿海11个省、自治区、直辖市海洋科技发展水平评价指标原始数据

二级指标	天津	河北	辽宁	上海	江苏	浙江	福建	山东	广东	广西	海南
海洋科研机构数（个）	10	9	5	14	11	17	18	27	27	10	7
海洋科研机构从业人员（人）	1889	1506	1908	2962	1857	2626	1530	5492	6809	748	796
海洋科研机构科技活动人员（人）	1781	1355	1832	2557	1707	2251	1310	4828	6147	670	759
高级职称占海洋科技活动人员比重（%）	40.99	39.96	38.68	40.02	58.64	36.47	37.01	39.38	37.89	28.85	28.02
R&D人员数（人）	1343	1088	1834	2534	1642	1355	1065	5240	5582	546	668
海洋专业高等教育专任教师（人）	11228	23101	15867	16023	50659	20787	17125	46148	35020	14451	4874
海洋专业在校生人数（人）	12992	7398	24903	12653	26195	15386	22534	38432	18013	10088	3552
海洋科研机构科技课题数（项）	299	221	351	752	2074	611	706	2693	3451	216	303

续表

二级指标	天津	河北	辽宁	上海	江苏	浙江	福建	山东	广东	广西	海南
R&D经费内部支出（千元）	75064	62187	138988	214492	99752	72115	56099	267869	355994	38690	53281
海洋科研机构经费收入（千元）	33056	31457	79631	94289	72970	42430	26681	134710	216176	11659	18505
海洋科研基本建设中政府投资（千元）	29001	80341	174283	1170816	129954	83110	6707	664185	258697	0	38185
发表海洋科技论文数量（篇）	614	543	683	978	1574	723	384	2917	4052	1179	363
出版海洋科技著作（种）	19	18	18	15	53	27	13	38	37	35	10
拥有海洋科技发明专利的数量（件）	195	156	916	638	668	738	226	2341	8923	167	267
地区海生产总值占地区总产值的比重（%）	26.7	7.1	12.4	28.1	8.2	13.4	29.8	20.3	19.9	7.4	29.9
海洋从业人员占地区就业人员的比重（%）	0.207	0.024	0.152	0.162	0.043	0.117	0.163	0.090	0.136	0.043	0.235

表3-11　2019年我国沿海11个省、自治区、直辖市海洋科技发展水平评价结果

二级指标	天津	河北	辽宁	上海	江苏	浙江	福建	山东	广东	广西	海南
海洋科研机构数	4.64	4.51	4.03	5.12	4.76	5.49	5.61	6.71	6.71	4.64	4.27
海洋科研机构从业人员	4.52	4.36	4.53	5.00	4.51	4.85	4.37	6.12	6.70	4.02	4.04
海洋科研机构科技活动人员	4.56	4.36	4.59	4.94	4.53	4.79	4.33	6.05	6.70	4.02	4.06
高级职称占海洋科技活动人员比重	4.13	4.06	3.97	4.06	5.37	3.81	3.85	4.02	3.91	3.28	3.22
R&D人员数	4.13	4.00	4.37	4.71	4.27	4.13	3.99	6.05	6.22	3.73	3.79
海洋专业高等教育专任教师	3.80	4.40	4.04	4.04	5.80	4.29	4.10	5.57	5.01	3.97	3.48
海洋专业在校生人数	4.98	4.53	5.94	4.95	6.04	5.17	5.75	7.03	5.38	4.74	4.22
海洋科研机构科技课题数	4.30	4.23	4.34	4.69	5.84	4.57	4.65	6.38	7.04	4.22	4.30
R&D经费内部支出	3.46	3.37	3.93	4.48	3.64	3.44	3.33	4.87	5.51	3.20	3.31
海洋科研机构经费收入	3.56	3.54	4.07	4.23	4.00	3.66	3.49	4.67	5.55	3.33	3.40
海洋科研机构基本建设中政府投资	3.51	3.61	3.80	5.76	3.71	3.62	3.47	4.76	3.97	3.46	3.53
发表海洋科技论文数量	4.29	4.24	4.34	4.56	5.00	4.37	4.12	6.00	6.84	4.71	4.10
出版海洋科技著作	4.63	4.54	4.54	4.27	7.72	5.36	4.09	6.36	6.27	6.09	3.82
拥有海洋科技发明专利的数量	3.90	3.88	4.11	4.03	4.04	4.06	3.91	4.53	6.48	3.89	3.92
地区海洋生产总值占地区生产总值的比重	5.80	3.68	4.25	5.95	3.80	4.36	6.13	5.10	5.06	3.71	6.14
海洋从业人员占地区就业人员的比重	5.54	3.50	4.92	5.03	3.71	4.53	5.04	4.24	4.74	3.71	5.84
总分	69.75	64.81	69.77	75.82	76.74	70.50	70.23	88.46	92.09	64.72	65.44

表 3-10 中我国 2019 年沿海 11 个省、市、自治区海洋科技发展水平评价指标的原始数据经分析可得出几方面结论。一是山东、广东、福建、浙江、上海拥有全国绝大多数的海洋科研机构，这 5 个省市的涉海机构数量加起来超过了全国的一半。二是我国海洋科研类别主要包括海洋基础科学研究、海洋工程技术研究、海洋技术服务业、海洋信息服务业和海洋环境监测预报服务四类。无论是从科技机构数量还是从从事科技活动人员的角度看，前两类合计占比都近 80%。三是我国海洋人才储备在地区分布上不平衡，有近 70% 的海洋人才都集中在山东、广东、上海、辽宁、江苏等海洋教育强省（市），这也是海洋教育布局整体发展不平衡造成的。我国涉海高校主要设立在山东、广东、浙江、辽宁、天津、上海和福建等东部地区，兼具地理优势和经济、教育资源优势，具有十分明显的聚集效应。海洋专业的本科生主要集中在山东、辽宁、广东、福建、江苏、上海等地，这与涉海高校的地理分布特征相符。海洋专业的博士生的集中地主要分布在山东、江苏、上海、辽宁、福建等地，这与海洋科研机构的分布及社会经济发展密切相关。

根据表 3-11 可知，2019 年我国沿海 11 个省、自治区、直辖市海洋科技发展水平评价总分依次为广东、山东、江苏、上海、浙江、福建、辽宁、天津、海南、河北、广西。

由沿海 11 个省、自治区、直辖市海洋科技发展水平评价得分可划分为 3 个区间，综合得分区间分别为（0，66）、[66，85）、[85，100），不同区间为不同等级，中国沿海地区海洋科技发展水平可分为 3 个等级（表 3-12）。

表 3-12　我国沿海 11 个省、自治区、直辖市海洋科技发展水平等级分布

沿海 11 个省、自治区、直辖市海洋科技发展水平等级	第 1 等级得分区间为[85，100）	第 2 等级得分区间为[66，85）	第 3 等级得分区间为(0,66）
省、自治区、直辖市	广东、山东	江苏、上海、浙江、福建、辽宁、天津	海南、河北、广西

（一）第 1 等级广东、山东两省属于"海洋科技基础支撑型"地区

广东、山东两省综合指标和分项指标得分很高，两省海洋科技发展水平总分最高。其中，它们的海洋科技发展基础水平贡献率最高，其次为海洋科技投入水平贡献率。因此，第 1 等级可以说海洋科技发展水平在一定程度上是"海洋科技基础支撑型"。

广东省位于珠江三角洲，是海洋经济综合试验区，具有良好的经济基础和政策基础。2019 年，广东省海洋生产总值达到 21059 亿元，连续 25 年位居全国首位。近年来，广东省海洋科技力量不断增强。2019 年广东省有海洋科研机构 27 所，海洋科研机构从业人员 6809 人。广东省海洋科研机构的数量在 2015 至 2019 年间持平，海洋科研机构从业人员大幅上升。2019 年广东省海洋科研机构 R&D 课题有 3298 项，在全国沿海省、市、自治区中排名第一。同年，广东省海洋科研机构发表科技论文数量 4236 篇，出版科技著作 41 种，拥有海洋科技发明专利的数量为 4470 件。大量海洋科研成果共同助力海洋科技的不断发展，也是应用技术推广的重要基础。2019 年，广东省海洋科研经费收入总额为 23.24 亿元，在沿海地区中排名第一。[①]广东省海洋科研机构获得的经费 2015 年至 2019 年大幅增长，反映了政府对海洋科技投入

---

① 自然资源部海洋战略规划与经济司. 中国海洋经济统计年鉴2020[M]. 北京: 海洋出版社，2021.

的重视程度越来越高。

山东省是我国海洋科技大省，海洋科研力量全国领先。截至 2021 年底，山东省汇聚了 15 家中央驻山东海洋科研单位，有海洋领域两院院士 24 名，占全国海洋领域院士总数的 33.8%，数量位居全国第一。2019 年，山东省拥有海洋科技人员 4826 名，占全国海洋科技总量的 14.5% 左右。[①]山东省创立了国家自然科学基金委-山东省联合基金，吸引了 45 家省内外涉海机构参与科研活动。山东省海洋科技创新体系建设不断完善，有国家级及省级以上涉海科研机构 42 家，占全国涉海科研机构的 32%；先后创建了国家级黄河三角洲农业高新技术产业示范区和山东半岛国家自主创新示范区，构建了各具特色的区域发展模式和路径；基本形成了以青岛海洋科学与技术试点国家实验室、中科院海洋大科学研究中心、国家深海基地等为新发展龙头，"国字号""中科系""央企系"和"国海系"四大海洋科研力量集聚的发展新格局。[②]

（二）第 2 等级的六省市属于"海洋科技成果应用转化导向型"地区

第 2 等级包括六省、市，分别为江苏、上海、浙江、福建、辽宁、天津。第 2 等级分项分数中海洋科技产出水平和海洋科技对社会影响分数都相对较高，贡献率较高。因此，可以说第 2 等级的沿海省市海洋科技发展水平在一定程度上属于"海洋科技成果应用转化导向型"。

江苏省近年来海洋科技创新能力呈上升趋势。2019 年，江苏省有海洋科研机构 11 家，在沿海地区居第 6 位，海洋科研机构从业人员 1857 人，居沿海地区第 6 位。海洋科研从业人数少，反映出江苏省海洋科技

[①] 自然资源部海洋战略规划与经济司. 中国海洋经济统计年鉴2020[M]. 北京：海洋出版社，2021.

[②] 姜勇，党安涛，胡建廷，等. 加强海洋科技创新支撑山东海洋强省建设的战略研究[J]. 海洋开发与管理，2019，36（9）：5.

基础能力相对薄弱，需要进一步吸引海洋专业高素质人才。从海洋科技投入方面看，2019 年，江苏省的经费投入在沿海地区中排名第 5 位，与第一名广东省差距仍较大，还需进一步加大投入。从海洋科技创新产出来看，2019 年，江苏省海洋科研机构从业人员发表科技论文 1574 篇，在沿海地区中排名第 3 位；拥有海洋科技发明专利数量为 668 件，在沿海 11 个省、自治区、直辖市中位列第 5，这说明江苏省海洋科技创新产出成果较为显著。

上海市目前已成为全国船舶海工研发设计中心，是我国船舶与海洋工程装备产业综合技术水平和实力最强的地区之一，拥有国家重点实验室 4 家，国家工程技术研究中心 2 家、市级重点实验室和工程技术研究中心 20 余家，涌现出海底观测网、无人艇、"彩虹鱼"万米级载人深潜器、甘露寡糖二酸（GV-971）海洋新药、深水油气钻采系统、洋山港四期自动化码头、"天鲲号"大型绞吸疏浚装备、全球首艘 23000 标箱 LNG 动力集装箱船等一批重大创新成果。

浙江省近年来海洋科技创新能力逐步提升。至"十三五"末期，浙江省拥有 41 家海洋科研机构，28 家省级重点实验室和工程技术中心，7 家省级产业技术创新战略联盟，新扶持和培育海洋高技术企业 80 余家，涉海科技型中小企业 600 余家，科技成果转化率约为 45%。海洋教育水平得到有效提升，2016 年教育部正式批准浙江海洋学院更名为浙江海洋大学。同时期，浙江大学海洋学院（舟山校区）正式投入使用。海洋科技重大攻关取得一批标志性成果。世界首台"3.4 兆瓦 LHD 模块化大型海洋潮流能发电机组"成功并入国家电网。远洋科考船"向阳红 10"号、GM4000 海洋工程平台等新型船舶和平台相继问世。膜法海水淡化技术和产业化规模、海产品育苗和养殖技术、海产品超低温加工技术以及分段精度造船技术等处于全国领先地位，海洋潮汐能开发利用技术达到世界先进水平。[①]

福建省近年来对海洋科技研发的投入持续加大，国家海洋局海岛研究中心、厦门南方海洋研究中心、海洋事务东南研究基地、虚拟海洋研究院以及国家海洋三所、厦门大学、集美大学、华侨大学等涉海科研院校组成海洋科技创新平台。福建省实施了国家海洋公益专项和省海洋高新产业发展专项 240 余项，安排资金 1.74 亿元，一批海洋产业重大关键共性技术攻关取得突破，50 多项成果获省级科技进步奖和国家行业科技奖。海洋科技成果转化进一步提速，依托中国·海峡创新项目成果交易会等平台，成功对接海洋高新产业项目 900 余个，涌现出一大批海洋科技创新型企业。

辽宁省 2019 年海洋科研机构数为 5 家，在沿海省、自治区、直辖市中处于第 11 位，海洋科研机构从业人员数 1908 人，在沿海 11 个省、自治区、直辖市中处于第 5 位，海洋科技发明专利数量 916 件，排名第 3 位。与传统的海洋科技教育强省山东省和海洋经济总量第一大省广东省相比，辽宁省在海洋科研机构、从业人员、发表科技论文、出版科技著作、课题数、专利授权数、拥有发明专利总数这几项指标上均处于劣势。

天津市拥有国家和省部级海洋科研院所 27 家，省部级以上海洋重点实验室 15 个，设有涉海专业的高等院校 8 所。天津市在港口工程建筑、海水资源综合利用、海工装备研发和海洋环境监测方面优势明显，在全国处于技术领先地位。"十三五"期间研制成功的"海燕"水下航行器填补了国内空白，混合式光纤传感技术达到国际先进水平。

---

① 沈佳强，叶芳. 海洋经济示范区的浙江样本[N]. 浙江日报，2017-05-24（5）.

（三）第3等级的海南、河北、广西三省、自治区属于"海洋科技潜在发展型"地区

第3等级的海南、河北、广西三省、自治区海洋科研机构较少、海洋科技创新人才储备不足、海洋科研经费不足以及海洋教育相对滞后，各项指标及综合得分都较低，可以说第3等级的沿海省区海洋科技发展水平在一定程度上属于"潜在发展型"，海洋科技发展水平仍有待进一步提高。

04

第四章
发达国家海洋科技进展、政策及特点分析

本章将较为全面地阐述近年来世界海洋科技发展的前沿进展，分析我国海洋科技存在的差距和短板。较为全面地阐述美国、日本、澳大利亚、英国等部分发达海洋国家的海洋科技政策，并深入分析国外海洋科技政策的特征。

第一节　世界海洋科技发展的若干特点及我国相关领域的差距分析

近些年来，世界主要海洋国家围绕海洋权益维护、海洋环境保护、海洋资源开发等领域展开布局，制定国家层面海洋战略规划、加大科技研发投入并在某些领域积极展开国际合作。主要海洋国家在海洋运载技术、海洋观测探测技术、深海和极区海洋研究等方面取得诸多突破，世界海洋科技发展呈现若干新特点。我国在相关领域仍存在诸多短板，仍需结合我国海洋科技中长期发展方向，在相关领域加大研究和攻关力度。

一、世界海洋科技发展的若干特点

（一）海上无人装备技术发展迅猛

近年来，海上智能无人装备技术快速发展，以无人水面艇、无人潜航器为代表的智能无人装备的性能不断提升。在军事领域，大型和超大型的无人水面舰艇、无人潜航器受到国外军事界的重视，而中小型海上智能无人装备主要用于反水雷。在民用领域，海上智能无人装备的应用领域不断拓展。

1.美、俄、英、法、新加坡等国家加快推进无人水面艇的军事化应用

2018年2月，法国ECA集团推出"A18-M"中型反水雷自主水下航行器。该潜航器可在300米水深处进行水雷探测和分类。[1] 2018年4月，土耳其推出一款新型"移动水雷"，其实质上是一种可执行侦察或打击任务的水下无人机，可炸毁多型军舰。[2]

---

[1] 王雅琳，郭佳，刘都群. 2018年水下无人系统发展综述[J]. 无人系统技术，2019（4）：20-25.
[2] 武志星. 土耳其研发出新型"移动水雷"[J]. 科技中国，2018（3）：50.

俄罗斯无人潜航器的发展令世界瞩目。俄罗斯研制的系列无人潜航器包括：大键琴-1R/2R、朱诺、护身符、马尔林-350、替代等各个量级的多型无人潜航器，其中战略级水下核动力潜航器成为当前研发热点。俄罗斯无人潜航器发展趋势包括四个方面：一是无人潜航器向大型化、综合型和多任务作战能力方向发展，这方面最引人注目的是正在研发的波塞冬战略级核动力无人潜航器。二是智能化、模块化、紧凑化和更廉价成为技术研发方向。三是人工智能与核动力的平台相结合，进一步提升作战效能。四是重量覆盖各级别，不断推进在寒冷水域的应用范围。[①]

2019年9月，英国国防部对外公布了MAST-13无人水面艇。该无人水面艇可进行远程超视距操控，用于为海军未来舰艇探测水雷等威胁。[②]

2019年9月，美国海军在切萨皮克湾测试了新型反水雷无人水面艇，该无人水面艇也被称为"无人感应扫雷系统"（UISS），能够满足美国海军长期的扫雷需求。[③]

2019年9月，法国泰雷兹公司推出新概念无人水面舰（TX舰）。该无人水面舰可执行反水雷、反潜、侦察（ISR）、目标指示及训练警戒等任务。到目前为止，TX舰是世界现有设计中排水量最大的无人军舰。[④]

2018年3月，新加坡海军公布了其研发的3型无人水面艇，分别为海岸防卫艇、带拖曳合成孔径声呐的反水雷无人水面艇和带水雷处置系统的反水雷无人水面艇。[⑤]

---

① 伍尚慧. 俄罗斯大力发展无人潜航器以提升水下作战能力[J]. 军事文摘，2019（9）: 28-31.
② 英国对外公布MAST-13无人水面艇[EB/OL].（2019-09-12）[2022-04-26].http:// www.dsti.net/Information/News/116670.
③ 美海军成功测试一种新型无人水面扫雷艇[N]. 环球时报，2019-09-20.
④ 法国公司首次公开600吨无人战舰，可全自动反潜，续航力6000海里[EB/OL].（2019-09-20）[2022-04-26]. https://ishare.ifeng.com/c/s/7q7Z4JGutul.
⑤ 凌云.2018年，南海周边国家全面提升攻防能力[J]. 兵器知识，2019（1）: 63-68.

2. 民用无人水面艇在多领域展现出巨大应用前景

在海洋监测领域，2019 年 10 月，美国建造了一艘无人驾驶全自主船舶"五月花"号（Mayflower Autonomous Ship，MAS），该船搭载的科学仪器可推进许多重要领域的研究，如海上网络安全、海洋哺乳动物监测、海平面测绘和海洋塑料污染等。①

在科考领域，2019 年 10 月，俄罗斯打造了首艘无人驾驶科考船"先锋 M"号。

在海水辐射测量领域，2019 年 6 月，日本研发出可在海上自主航行并测量辐射及水温的无人艇。②

在消防领域，2019 年 9 月，加拿大推出"RALamander 1600"型无人消防船。③ 与大型消防船相比，"RALamander 1600"能快速携带水和泡沫进入工作状态，扑灭明火并建立防线，确保船员的安全。

3. 高性能军用无人潜航器备受发达国家重视

"刀鱼"（Knifefish）重型自主无人潜航器是美国海军近海战斗舰反水雷任务包的重要组成部分，可在复杂海洋环境下执行水雷探测、识别、分类等任务。2019 年 1 月，美国海军成功完成"刀鱼"无人潜航器的近海战斗舰舰载集成测试。④ 2019 年 9 月，美国推出"金枪鱼-12"（Bluefin-12）轻型冲型无人潜航器。④ "金枪鱼-12"无人潜航器具有较高的智能化水平，数据处理能力强，任务可扩展。

---

① "五月花"号无人船——开启无人船的新时代[EB/OL].（2019-10-30）[2021-04-27]. https://www.youuvs.com/news/detail/201910/2363.html.

② 日本研发核辐射测量无人船[EB/OL].（2019-06-08）[2023-03-16]. http://www.eworldship. com/html/2019/new_ship_type_0608/150023.html.

③ 佚名. Robert Allan 推出无人驾驶消防船[J]. 船舶与配套，2019（9）: 98.

④ 王雅琳，刘都群，杨依然. 2019年水下无人系统发展综述[J]. 无人系统技术，2020，3（1）: 55-59.

2019 年，俄罗斯除升级"护身符"无人潜航器外，还着重发展了核动力无人潜航器"波塞冬"[1]。该潜航器具有下潜深、航程远、速度快及核常兼备等优势，与世界上其他国家研发的无人潜航器相比，优势明显。

2019 年 10 月，韩国公布了一款新型反潜战无人潜航器 ASWUUV[2]，该潜航器可在水下 300 米处航行，以搜寻敌方潜艇。

4. 新型无人潜航器助力海洋科学研究

3D 打印软体机器鱼有潜力成为海洋探索新工具。2018 年 3 月，美国开发出一种 3D 打印软体机器鱼。该机器鱼能够在 15 米水深处游 40 分钟，配备的鱼眼镜头可拍摄水下其他鱼类的高分辨率照片和录像。

以波浪能为推进力的无人水面艇已问世。2018 年 3 月，英国推出名为"AutoNaut"的无人驾驶船舶。[3]与其他无人船舶不同，该无人船舶通过直接收集波浪起伏的能量，并将其转换为推进力来实现移动。

2018 年 4 月，日本研发出可在海底自动航行并捕获生物的海底探测机器人，该海底探测机器人可下潜至海底 2000 米处。[4]

超柔性水下机器人对海洋生物友好，可执行复杂的水下任务。许多未被发现的海底水生动物是凝胶状的，十分脆弱，传统捕获技术通常会损伤这些生物。为解决这一难题，2018 年 7 月，美国哈佛大学研发出一款无人潜航器柔性抓手。该抓手成功下潜至海底 700 米处，捕获并释放了鱿鱼、

---

① 核潜艇"牵手"核动力潜航器　优势互补引领水下作战新打法[N]. 科技日报，2020-05-06（6）.

② 叶效伟，胡桂祥，俞圣杰. 国外重型无人潜水器最新发展动态及启示[J]. 船舶物资与市场，2020（3）: 3-6.

③ AutoNaut 波浪动力无人驾驶船舶正式亮相[EB/OL].（2018-03-28）[2022-04-27]. https://ai.zol.com.cn/682/6829588.html.

④ 日本研发出新型深潜机器人　可在海底捕获生物[EB/OL].（2018-04-24）[2022-04-27]. https://tech.huanqiu.com/article/9CaKrnK7XQD.

章鱼和水母等柔软海洋生物，且没有对软体生物造成任何伤害。[①]

新型海洋"巡逻机器人"用于珊瑚礁环境保护。2018 年 9 月，澳大利亚推出一款专为珊瑚礁环境设计的"巡逻机器人"。该机器人可用于侦测及捕猎棘冠海星，准确率高达 99.4%。[②]

2019 年 1 月，俄罗斯研发出一款"四轴潜航器"，以执行西伯利亚寒冷水域的探测任务。该潜航器将携带一系列传感器，使用新的电子地理信息系统以探测和躲避障碍物，未来有望实现自主导航。四轴潜航器虽然将首先应用于河流，但其最终目的是探索北极。

2019 年 7 月，欧盟开发出"UX-1 Robotic Explorer"无人潜航器。[③]该无人潜航器配备了 5 个数字摄像头和旋转激光线投影仪，以及多光谱相机、伽马辐射探测器和水采样系统，能自主航行并绘制三维地图，可用于探测被废水淹没的矿井的矿藏量。

（二）海洋信息技术不断取得新进展

1. 海洋信息感知技术

国外海洋信息感知装备在成品设备、标准件、元器件等方面均向通用化、模块化、差异化的组网方向发展，并逐步由"平台为中心"向"网络为中心"转变。2016 年，俄罗斯研制出一种能将通信信息与声波相互转换的系统，把水下活动潜艇、深海载人潜水器、无人潜航器和潜水员联系起来，构建了水下"互联网"。[④]美国国防高级研究计划局（DARPA）

---

① 科学家研发出超软机器人抓手 可用于安全捕获水母[EB/OL].（2019-09-03）[2022-04-27]. https://m.huanqiu.com/article/9CaKrnKmCsa.

② 保护珊瑚！澳大利亚研发海中巡逻机器人捉海星[EB/OL].（2018-09-03）[2022-06-05]. https://baijiahao.baidu.com/s?id=1610588485017797335&wfr=spider&for=pc.

③ 李奔，刘洋. 国外深海无人潜航器装备及技术发展研究[J]. 中国造船，2019,60（A01）:419-425.

④ 栾海. 俄罗斯海军构建水下通信"互联网"[J]. 军民两用技术与产品，2017（3）: 28.

推出了一个全新的传感器网络，旨在通过成千上万个小型、低成本的可漂浮传感器，收集舰船、海上设施、装备和海洋生物的活动信息，并通过卫星网络上传数据进而做出实时分析，以搭建海上物联网，提升海洋信息的持续感知能力。[①]在海洋信息感知装备组网化运行的同时，近年来，各种水下探测感知设备技术也在并行发展，突破性技术不断涌现。如2018年，韩国利用3D打印技术制造出一台新型传感器，可效仿水中生物的触须来探测目标，具有高精度跟踪和探测水下旋涡的能力。[②]同年，沙特开发出一种超轻传感器平台，被称为"海洋皮肤"，它可追踪水的盐度、温度及生物自身习性偏好或监测其他活动水域的环境状况。[③]瑞士推出一款可使声波无失真地穿过无序媒介的系统。该系统可消除从潜艇等物体上弹回的声波，使声呐无法检测到，从而让潜艇"隐身"。[④]

2.海洋通信组网技术

当前，国外海洋信息传输技术向宽覆盖、跨介质、网络化、全天候及实时的方向发展。利用卫星系统，基本能够实现全球海面的通信覆盖。从1995年至今，全球共有海洋卫星或具备海洋观测能力的卫星近百颗，目前星载遥感器可提供全球海表层的重要数据或环境特征。[⑤]随着海上平台的不断发展，一些陆地上的通信手段也不断向海洋延伸，5G通信、量子通信、中微子通信等新型通信技术在海洋领域的应用得到了较快发展。

① 季自力，王文华. 美军加快推进战场感知系统建设[J]. 军事文摘，2019（7）: 52-55.

② 2018国外海军装备发展概况：潜艇发展最受重视[EB/OL].（2019-01-22）[2020-06-08].https://mil.ifeng.com/c/7jg6P51wrzY.

③ "海洋皮肤"可穿戴技术可追踪水下生物[EB/OL].（2018-03-18）[2021-06-08].http://news.eeworld.com.cn/qrs/article_2018032846463.html.

④ 新系统让声呐失效　潜艇"隐身"[EB/OL].（2018-07-05）[2023—03-16]. http://www.stdaily.com/index/h1t18/2018-07/05/content_687678.shtml.

⑤ 姜晓轶，康林冲，潘德炉. 中国工程院中长期咨询研究项目——智慧海洋发展战略和顶层设计策略研究报告[R]. 天津：国家海洋信息中心，2019.

　　水下中远距离通信一直是制约海洋通信系统发展的瓶颈，由静态组网转向动态组网，增强网络环境适应性和自组织能力，是水生通信网络技术领域的主要发展方向。2018 年，美国麻省理工学院开发出一种窄波束通信技术。该技术能使两个在水下独立航行的潜航器实现快速地相互定位、完成精确波束指向和快速获取。美国 KVH 工业公司推出一款船舶通信系统 "TracePhone LTE-1"。新船舶通信系统将以较典型的海上手机 2 倍的覆盖范围和高达 10 倍的数据传输速率为多种船载设备提供互联网访问。① 日本 NEC 宣布，连接非洲和南美洲的第一条海底光缆系统已经正式开通商用。该光缆实现了从非洲到南美洲的高速度、大容量国际数据传输，可大幅提升南半球的网络服务效率。② 2019 年，意大利宣布将长期部署一条连接巴勒莫和热那亚的海底光缆系统 BlueMed。BlueMed 的容量达 240 千兆/秒，长约 1000 千米，将提供中东、非洲、亚洲和欧洲大陆集线器之间的高级连接。与连接西西里岛和米兰的现有陆地电缆相比，BlueMed 能够减少约 50% 的延迟③。2020 年，谷歌（Google）宣布建造一条新的海底互联网电缆，用来连接美国、英国和西班牙。这条海底光缆被命名为 "Grace Hopper"，这成为谷歌第四条私有海底光缆。此前，谷歌已有三条私有海底光缆。第一条海底光缆名为 "居里"（Curie），连接美国和智利，于 2019 年建成。第二条海底光缆名为 "迪南"（Dunant），于 2020 年开通。第三条海底光缆名为 "埃奎亚诺"（Equiano），于 2021 年完工。

---

① KVH为海上互联网接入推出新的船舶通信系统[EB/OL].（2018-06-26）[2022-06-09]. http://www.eworldship.com/html/2018/Manufacturer_0626/140519.html.

② NEC建设世界首个横穿南大西洋的海底光缆[EB/OL].（2016-04-28）[2021-06-09]. http://zhuanti.cww.net.cn/tech/html//2016/4/28/20164281730453253.htm.

③ 意大利BlueMed海底光缆系统拟于2020年投产[EB/OL].（2019-04-16）[2021-06-09]. https://power.in-en.com/html/power-2316546.shtml.

3.海洋信息基础设施

海洋信息基础设施大多由国家主导建设。目前，世界上已建成的大型海洋信息基础设施，即海洋综合观测系统，主要分布于欧洲、美洲、大洋洲和亚洲。美国和加拿大的海洋观测系统代表了当前世界海洋信息基础设施的最高水平。

美国是世界上最早建立海洋观测系统的国家。美国大型海底观测计划（OOI）于2016年正式启动运行，该计划是以解决科学问题为目的而建立的大型海洋观测科研计划。美国综合海洋观测系统（IOOS）是美国提升海洋观测数据管理水平和服务能力的综合性业务化海洋观测系统。IOOS和OOI从业务和科研两方面共同支撑美国在海洋观测技术领域的国际领先地位。

加拿大海底观测网（ONC）由东北太平洋的加拿大海王星海底观测网（NEPTUNE Canada，2009年建成）和维纳斯（VENUS）海底实验站（2006年建成）在2013年合并组建而成[①]。

此外，国际上的海洋观测网还有全球海洋观测系统（GOOS）、全球实时海洋观测网（Argo）、国际海啸预警系统（ITWS）、欧洲海底观测网（ESONET）、日本新型实时海底监测网（ARENA）、澳大利亚综合海洋观测系统（IMOS）等。

4.海洋信息服务技术

世界各国纷纷围绕大数据、人工智能、超级计算、区块链等新一代信息技术与海洋科学的交叉融合开展研究，从海量的海洋数据中提取相关信息，加深人类对海洋的认识和理解。

---

① 李风华，路艳国，王海斌，等.海底观测网的研究进展与发展趋势[J].中国科学院院刊，2019（3）：10.

2015 年 4 月，美国商务部宣布了国家海洋与大气管理局（NOAA）的大数据项目。亚马逊、谷歌、IBM、微软以及开放云联盟共同探索方法以挖掘NOAA环境数据的巨大价值，支撑数据驱动的经济发展。NOAA大数据项目将通过一系列数据分析引擎来处理天气和气候数据集，具体工具包括谷歌BigQuery及云数据流、IBM Bluemix平台和微软Azure政府平台等。[①]

在海洋预报服务领域，沿海发达国家早在 20 世纪 70 年代就已建立了海洋环境预报预警系统，并且这些系统不断地进行着更新和升级换代，目前沿海发达国家的海洋预报预警能力已达到较高水平并已具备较强的实用性。美国有害赤潮观测系统（HABSOS）、欧洲综合海洋环境资源信息平台（ROSES）和全球海洋观测系统（GOOS）等均为具有世界领先水平的海洋预报服务体系，具有预报种类多、精细化程度高、时效性强和信息量大等特点，主要功能包括海洋天气及灾害预警预测、海洋污染追踪、海洋预报产品制作及展示等。

（三）深海技术不断取得新突破

近年来，深海成为新一轮国际竞争的目标，世界主要国家逐步加大对深海探测领域的投入，推动深海装备向远程化、智能化、自主化方向发展，通过综合使用科考船、载人/无人潜水器、深海拖曳系统及卫星等先进设备，不断向深海迈进。基于深钻、深潜及海底探测网相结合的"三深"装备，不断取得新突破。深钻、深潜技术成果不断推陈出新。2019 年，日本海洋研究开发机构的"地球"号深海钻探船在日本和歌山县附近海域进行海底科研钻探，最深到达海底 3260 米处，刷新了其保持

---

① 美海洋与大气管理局启动大数据项目[EB/OL].（2015-05-18）[2022-06-09]. http://www.ecas.cas.cn/xxkw/kbcd/201115_115301/ml/xxhjsyjcss/201505/ t20150518_4932182.html.

的最深海底钻探纪录。"地球"号是日本制造的目前全球最大的深海钻探船，能够在地幔、大地震发生区域进行高深度钻探作业，被称为人类历史上第一艘多功能科学钻探船。①

近年来，借助全球实时海洋观测网计划（即 Argo 计划），人们对上层海洋（小于 2000 米）已经实现了较高分辨率的观测，而对深海（大于等于 2000 米）的观测仍很有限。因此，对深海进行更密集、分辨率更高的观测成为亟待解决的问题。2019 年 3 月，Argo 计划正式提出"Argo2020"愿景，"Argo2020"愿景将大幅提高现有 Argo 浮标的限制深度，即将最大观测深度从当前的 2000 米增至 6000 米，从而大幅提高人们对深海特征、环流及其长期变化的认知水平。②2019 年 7 月，国际海底管理局（International Seabed Authority，ISA）宣布推出新版"深度数据"（Deep Data），将共享国际海底管理局过去 25 年来在国际海底区域勘探获得的数据，以便世界各国更轻松地获取深海数据资料，从而推动全球深海科学研究的进步。

深海资源开采技术装备向环境友好型、商业化方向发展。2021 年，德国推出新型海底采矿装备，可降低深海采矿作业对深海环境的影响。③同年，日本研发出全球首套商业化深海稀土采矿系统，可在 6000 米海底进行稀土采矿作业。④

---

① 日本"地球号"钻探船成功钻至海底3260米[EB/OL].（2019-01-16）[2022-06-10]. http://www.eworldship.com/html/2019/OperatingShip_0116/146273.html.

② 中国参与"国际Argo计划"的奋斗足迹[EB/OL].（2019-09-02）[2023-03-16]. https://www.mnr.gov.cn/dt/hy/201909/t20190902_2462785.html.

③ 德国公司推出新型海底采矿技术，可降低采矿作业对深海环境的影响[EB/OL].（2021-09-14）[2022-06-13]. http://www.globaltechmap.com/document/view?id=26673.

④ 于莹，刘大海. 日本深海稀土研究开发最新动态及启示[J]. 中国国土资源经济，2019，32（9）：46-51.

（四）航运业向智能化、清洁化方向发展

世界上造船业发达的主要国家纷纷加快智能船舶的研究步伐，亚洲如日本、韩国，其研制的智能系统已安装在很多大型远洋船舶上；欧洲如丹麦、挪威等国家均将智能船舶作为当前及未来的研发重点，并将研发技术和系统首先应用于小型船舶上，试图以"局部智能"向"全局智能"过渡。[①]

2010 年，韩国实施了"智能船舶 1.0"计划，研发了船舶通信技术"有/无线船舶综合管理网通技术"（SAN），该项技术能够运用互联网对船上的部件进行综合管理，在岸上实时管理、监控船舶的运行状态。2013 年，韩国实施了"智能船舶 2.0"计划。2014 年，韩国研发了以信息与通信技术（ICT）为基础的新型智能船舶。该智能船舶配备了全球电信网络导航和监控系统，能够进行自动化和无人化控制，实现了船舶高效、安全运营。[②]2019 年，韩国正式启动为期 6 年，投资 35 亿元人民币的智能自航船舶项目，该项目包括四大领域（包括：自动导航系统、自动发动机系统、自动航行船舶性能示范中心和示范技术、自动航行技术开发和标准化）共 13 个课题。[③] 2020 年 4 月，韩国开发的"现代智能导航辅助系统"（HiNAS）成功安装在韩国航运公司 SK 海运的一艘 25 万吨载重散货船上。2020 年 6 月，韩国提出将投资 1600 亿韩元（约合 145 亿美元）开发具有三级自主功能（可完全远程控制）的船舶，以期在 2025 年之前能运行需要尽可能少船员的船只。[③] 当前，韩国造船业正在瞄准无人船市场，希望通过整合韩国在传统造船领域的强大优势，赶上欧洲等竞争

---

① 王思佳. 造船业的麒麟之争[J]. 珠江水运，2019（1）：32-33.

② 李琴. 大数据"落地"促智能船舶加速驶来[N]. 中国船舶报，2015-09-01.

③ 王思佳. 韩国智能船舶发展路径[J]. 中国船检，2021（3）：14-17.

对手，目标是到 2030 年占有全球自动航行船舶市场份额的 50%，成为未来无人船建造市场的领导者。

2014 年，日本实施了"日本智能船舶应用平台项目"（SSAP），该平台已经在日本的一艘渡船和一艘原油运输船上实现安装应用。[①]2019 年，日本宣布完成了全球首次"有人自动航行船舶"的自主航行系统海上试验，这是全球首次基于国际法规进行的演示试验。在试验期间，日本开发的船舶导航系统（SSR）从现有导航设备中收集船舶周围环境的相关信息，然后根据环境条件计算最佳航线和航速，并通过雷达和自动识别系统来实现障碍避碰。日本宣布本次试验获得的实际经验和数据能够进一步确定 SSR 的可用性，这是日本邮船实现载人自主船舶研发的关键一步。[②] 2020 年 3 月，日本船级社发布"数字化总体设计 2030"计划（ClassNK Digital Grand Design 2030）。根据该计划，日本船级社拟将其丰富的技术与经验拓展至海事相关业务，并着眼于海事及相关产业的创新。为达成该目标，日本船级社制定了三项基本方针：一是开发以数据活用为基础的新技术服务；二是提供更多元化的认证服务并拓展服务范围，特别是协助应对海洋开发、陆上与海上物流整合式服务等新挑战；三是建立多样化规则，以做足准备面对数字化技术所带来的社会转型和新挑战。[③] 2020 年 5 月，日本邮船（NYK）成功完成了远程船舶操控实验。此次实验在东京湾进行，从大约 400 千米外的陆上支援中心远程操作"吉野丸"号拖船。陆上支援中心的操作员通过装备在拖船上的传感器

① 范维，许攸. 日本率先拉开"智能船舶"国际标准化战略序幕[J]. 船舶标准化与质量，2015（4）: 2.

② 佚名. 全球航运史上首次！首艘大型货船从中国"自动航行"到达日本[J]. 船舶与配套，2019,10:40.

③ 日本船级社发布数字化总体设计 2030 计划[EB/OL].（2020-03-10）[2022-06-13], https://www.cnss.com.cn/html/shipbuilding/20200310/334755.html.

和摄像机来识别周边环境，并创建一个路线规划和行动规划。[1] 2020 年 6 月，40 余家日本企业在日本财团的全力支持下联手合作正式启动 "无人船示范联合技术开发项目"。日本宣布预计到 2040 年将有 50% 的内航船实现无人驾驶。日本用举国之力抢占先机，目的是在未来无人船领域掌握主导权[2]。此外，日本先后主导提出并推动了 10 余项国际标准研制，覆盖了船舶导航、航行记录、信息传输等船舶智能化领域。日本已将 "智能船舶" 上升为该国海事立法发展战略的核心目标之一。

在欧洲，挪威引领航运业进入 "无人航运" 时代，其他国家如英国、丹麦等也都相继研制出本国的智能航运船舶。2017 年，挪威开发了全球首艘零排放无人驾驶船舶 "Yara Birkeland" 号，"Yara Birkeland" 号船舶为纯电动驱动，并使用了无人驾驶技术，可装载 120 个集装箱，每次航行平均可节省 90% 的运营成本。该船可实现自动靠港和货物装船，装船完成后，"Yara Birkeland" 号可自行设计好航行路线，运用自动系泊系统离开港口。该船使用自动驾驶技术前行，可实时将航海坐标传送至控制中心，并利用自带的传感器实现临时路线调整，来躲避其他船只。"Yara Birkeland" 号于 2021 年 11 月首航，在挪威的两个城镇哈略（Heroya）和布雷维克（Brevik）之间运输集装箱。[3] 2017 年 6 月，英国罗·罗公司（Rolls-RoycePlc）展示了全球首艘遥控拖船 "Svitzer Hermod" 号。该船长 28 米，安装了以罗·罗动力定位系统为关键设备的遥控系统，可实现停靠、解锁、360°旋转等智能操控。该船同时装配有多种传感器，可

① 日本邮船首次完成远程船舶操纵实船实验[EB/OL].（2020-05-25）[2022-06-13]. http://www.eworldship.com/html/2020/ShipOwner_0525/159945.html.
② 抢占无人船市场！"全日本"船企联手推进[EB/OL].（2020-06-21）[2022-06-13]. http://www.eworldship.com/html/2020/ShipbuildingAbroad_0621/160846.html.
③ 全球首艘零排放"无人"集装箱船正式首航[EB/OL].（2021-11-20）[2022-06-13]. http://www.eworldship.com/html/2021/OperatingShip_1120/176882.html.

采集详细的船舶设备及周边环境数据，经高级软件分析后传送至岸基遥控操作中心（ROC）。[①]2018年12月，芬兰采用瓦锡兰自动靠泊系统的渡船"Folgefonn"号首次港口靠泊试验成功。这艘长85米的渡船采用混合动力推进，并配备无线充电系统，在自动靠泊系统激活后可实现自动减速操作、全自动对排和靠泊操作，直至安全停入泊位。该船的"航行操作"完全授权给自治控制器，由该控制器控制船舶的航速、航迹与航向，实现全程无人干预。[②]2018年4月，挪威航运巨头威尔森集团（Wilhelmsen）和康斯伯格公司（Kongsberg）联手建立了全球首家无人船航运公司"Massterly"，此举意味着无人船开始从概念阶段正式进入商业时代。"Massterly"公司将为无人船提供完整的价值链服务，涵盖设计、开发、控制系统、物流服务和船舶运营。[③]

随着全球节能减排呼声的日益高涨，作为碳排放大户的航运业正积极向节能降碳的方向迈进，具体措施主要包括制定相关规则、开发新技术、研发清洁能源船型等。2019年5月，由韩国产学研各界联手实施的以氢燃料为动力的船舶研究开发项目正式启动，该项目由韩国船级社（KR）牵头，KR将分阶段进行相关技术研发，为氢燃料电池船舶商用化的可依赖性、稳定安全性制定相应标准，掌握标准化制定的话语权和主导权。[④]2019年6月，荷兰船舶设计公司（C-Job）称正进行将氨气作为船用燃料的可行性研究。研究结果表明，氨气可以作为一种安全高效的船用燃料，未来有望成为海运业的绿色燃料。但氨气的应用发展

---

① 柳莺. 罗·罗展示全球首艘遥控商船[J]. 船舶经济贸易，2017（7）：1.
② 瓦锡兰首次船舶自动靠泊系统试验成功[EB/OL].（2018-12-03）[2022-06-14]. http://www.eworldship.com/html/2018/Manufacturer_1203/145111.html.
③ 武志星. 全球首家无人船航运公司将诞生[J]. 科技中国，2018（5）：107.
④ 韩国KR启动氢燃料动力船舶研发项目[N]. 中国船舶报，2019-05-18.

还有一些障碍需要突破，还需要进一步研究。①2019 年 9 月，丹麦马士基、德国德迅和荷兰壳牌等 60 家行业巨头成立"零排放联盟"，旨在改变船舶推进技术或使用清洁燃料，开发商业可行的零排放船舶，加速实现航运业碳减排目标。②

（五）极地装备与技术成为北极周边大国重点发展的领域

近年来，随着全球气候变暖，南北极海冰加速融化，南北极潜在的科研、经济及军事价值引起了国际社会的广泛关注。近年来，北极地区的外交活动越来越频繁，"再军事化"进程加速，经济开发活动日趋活跃。美、俄等传统北极国家、北极周边国家以及域外国家纷纷实施"北极战略"，加大了极地科考、极地装备、极地监测预警及极地资源开发等方面的投入，有关极地领域的海洋科技和装备快速发展。

1. 各国加快极地特种船舶的研制和建造步伐

世界上拥有极地破冰船技术的国家包括俄罗斯、加拿大、芬兰、美国、中国等。环北极国家拥有的破冰船数量占世界的绝大部分。俄罗斯是世界上拥有极地破冰船最多的国家，拥有世界上近一半的破冰船，破冰船建造技术也领先世界。同时，俄罗斯也是世界上唯一拥有核动力破冰船的国家。

近年来，随着极地资源争夺持续升温，各国加大了对极地破冰船的开发和研究力度。

2018 年 8 月，美国国会批准海岸警卫队建造破冰船，要求其在 2029 年之前建成 6 艘极地破冰船。为此，海岸警卫队已设立联合办公室，专

---

① 荷兰船企开展氨气船用燃料可行性研究[EB/OL].（2019-06-30）[2022-06-14]. http://www.eworldship.com/html/2019/ShipDesign_0630/150628.html.
② 誓将节能减排进行到底！60 家行业巨头成立零排放联盟，加速实现航运业碳减排目标[N]. 中国航务周刊，2019-09-25.

门负责重型破冰船的采购和细节设计。[①]2019 年 2 月，美国海岸警卫队拟实施新一代"极地安全防卫舰"项目。该项目拟打造一支拥有 6 艘极地破冰船的新舰队，其中至少 3 艘是重型破冰船。"极地安全防卫舰"项目将有效缓解美国破冰船短缺的现状，提升美国极地开发能力。[②]

俄罗斯新型破冰船"亚历山大•桑尼科夫"（Alexander Sannikov）号2018 年 6 月正式投入使用，用于协助从亚马尔半岛出发的沿北方航线航行的油轮。该船最高航速 16 节，可突破 2 米厚的冰层，可在−50℃的极端温度下航行 40 天，且拥有极高的自动化程度。[③]2019 年，俄罗斯宣布将加大在核动力破冰船方面的投入，预计在 2035 年前，俄罗斯北极船队将拥有至少 13 艘重型破冰船，其中 9 艘为核动力破冰船。俄罗斯将凭借强大的重型核动力破冰船，实现北方航道的全年通航。[④]2019 年 10月，俄罗斯新型破冰船"伊万•帕帕宁"号下水。"伊万•帕帕宁"号是俄罗斯历史上首次建造的破冰船级别的战斗舰艇。"伊万•帕帕宁"号集破冰船、巡逻船、科考船和拖船的功能于一身，同时还拥有较强的对海、对空及对陆打击能力，几乎可与俄罗斯海军主力战舰相媲美，这从侧面反映出俄罗斯对于北极地区安全问题的高度重视。[⑤]2020 年 7 月，俄罗斯开始建造世界上功率最大的 10510 型"领袖"（Leader）级核动力破冰

① 美国《国防授权法案》高度关注北极地区[EB/OL].（2018-08-10）[2022-06-13]. http://www.polaroceanportal.com/article/2208.

② 美海岸警卫队计划建造6艘极地巡逻舰　强化北极存在[EB/OL].（2019-05-17）[2023-03-16]. https://mil.huanqiu.com/article/9CaKrnKky4F.

③ 俄罗斯最新破冰船正式投入使用[EB/OL].（2018-07-04）[2022-06-15]. http://www.eworldship.com/html/2018/OperatingShip_0704/140774.html.

④ 武志星.俄罗斯宣布将在2035年前打造一支重量级北极破冰船队[J].科技中国，2019（5）：1.

⑤ 俄推出新型"王牌"破冰船紧盯北极　可搭载"口径"巡航导弹[EB/OL].（2019-10-30）[2023-03-16]. http://www.cankaoxiaoxi.com/mil/20191030/2394234.shtml.

船"俄罗斯"（Russian）号，这是俄研发的新一代核动力破冰船，最高航速 22 节，破冰厚度可达 4 米，能够有效打通北方航道，让超级油轮全年行驶。①2020 年 10 月，全球最大核动力破冰船"北极"（Arktika）号正式交付服役。"北极"号是目前世界上动力最强大的核动力破冰船。②2020年 11 月，全球最大的柴电动力破冰船俄罗斯的"维克托·切尔诺梅尔金"（Victor Chernomyrdin）号入列服役。该船可以搭载 2 架多功能直升机，满载排水量达到 22000 吨，无冰区最高航速可达 17 节。③2021 年 12 月，俄罗斯首艘量产型 22220 型核动力破冰船"西伯利亚"号交付使用。该型破冰船是目前世界上最大、动力最强的破冰船，最大破冰厚度 3 米，可在北极为船队航行开辟道路。④

加拿大政府 2019 年 8 月启动了一个新项目，为加拿大海岸警卫队新建 6 艘破冰船。此次启动新项目扩充破冰船队，旨在提高加拿大在北极地区、圣劳伦斯航道和加拿大东海岸的破冰能力。⑤2020 年 6 月，加拿大北温哥华西斯班造船公司（Seaspan）和加拿大赫德尔（Heddle）两大船企共同签订建造合同，为加拿大海岸警卫队建造新型极地破冰船"CCGS John G.Diefenbaker"。该新型破冰船能够以超过 3 节的速度打破 2.5 米的冰层和 30 厘米的积雪盖。此外，加拿大尚提尔·戴维（Chantier Davie）船厂还将建立一个国家破冰研究中心，重点发展用于加拿大北极地区的破

① 佚名.俄启动首艘"领袖"级核动力破冰船建造[J].国外核新闻，2020（8）: 1.
② 俄罗斯：世上最大核动力破冰船"北极"号在摩尔曼斯克服役[EB/OL].（2020-10-24）[2022-06-15]. https://sputniknews.cn/20201024/1032367742.html.
③ 俄罗斯一款全球最大破冰船服役 普京：俄罗斯破冰船队举世无双[EB/OL].（2020-11-04）[2022-06-15]. https://mil.huanqiu.com/article/40YnTvsbRrX.
④ 世界最大、动力最强破冰船交付[EB/OL].（2021-12-26）[2023-03-16]. http://www.cankaoxiaoxi.com/mil/20211226/2464128.shtml?fr=pc.
⑤ 加拿大政府招标选择船厂建造6艘破冰船[EB/OL].（2019-08-07）[2022-06-16].http://www.eworldship.com/html/2019/NewOrder_0807/151678.html.

冰船技术。①

2.各国高度重视极地感知、监测和通信设备的发展

美国NASA2018年9月成功发射了研发的星载激光雷达卫星——
"ICESat-2"。该卫星利用激光工作，观测精度可达0.5厘米，重点测量格
陵兰岛和南极洲等地冰层厚度的变化，获取的观测数据将支持未来几十
年南北极冰盖对海平面变化产生的影响及其与气候状况关系模式的相关
研究。② 2019年7月，美国海军在北极冰层下部署了水下机器人。水下
机器人通过测量海水温度和盐分含量，帮助科学家开发能够更精确预测
未来冰层融化速度的计算模型。冰层融化速度直接影响北极国家在北极
开展的航道建设等一系列活动。美国海军希望通过水下机器人监测北极
冰层融化速度，更好地评估在该区域争夺新战略航道的情况。③ 2020年
5月，美国北方司令部（Usnorthcom）已要求国会拨款1.3亿美元，以探
索利用"星链"星座和英国一网公司"一网"星座为北极地区的作战平台
和人员提供通信服务。④ 2020年10月，美国海军与伍兹霍尔海洋研究所
（WHOI）签订了一份1200万美元的合同，让其开发无人水下工具和水下
浮标，以及将这些工具浮标组成通信网络。从深层次看，这项工作可以
成为美国在北极战略性地区建立广域持续性水下监视系统的基础。俄罗
斯与中国的研究人员，在2018年2月，使用俄方研制的气动声呐辐射器
和中方研制的高精度地震接收器进行了水下通信联合试验。试验结果表

① 加拿大两大船企联手接单建造新型基地破冰船[EB/OL].（2020-06-15）[2022-06-16].
http://www.simic.net.cn/news-show.php?id=238045.

② 佚名.NASA发射了ICESat-2卫星用激光测量地球冰变化[J].航天返回与遥感,2019（1）:
124.

③ 美海军在北冰洋部署水下机器人与俄"较劲"[EB/OL].（2019-07-29）[2023-03-16].
http://m.cankaoxiaoxi.com/yidian/mil/20190729/2386508.shtml.

④ 美军拟用SpaceX星链服务补充北极地区通信覆盖缺口[EB/OL].（2020-05-20）[2022-
06-14].http://www.bw40.net/15645.html.

明，冰块会吸收大约 95% 的声音，是水声信号的主要导体。2018 年 9 月，俄罗斯研制出无人机机载雷达。该雷达可评估船舶交通路线上的冰层厚度，为救援行动提供信息支持，同时也可对北极陆架进行环境监测。

欧洲航天局 2019 年 6 月开始使用两颗卫星"SMOS"和"CryoSat-2"提供北极海冰厚度遥感数据。利用卫星能够监测海冰覆盖范围，但很难监测到海冰的厚度。欧洲航天局解决了这一难题，"SMOS"可以探测较薄海冰的厚度，而"CryoSat-2"更适合观测较厚的海冰。两颗卫星的组合可以精确地提供各类型海冰的厚度数据。[1]

（六）海洋可再生能源开发技术将实现商业化

由于全球能源转型的迫切需要，到 2030 年，6 种主要海洋可再生能源均可以实现商业化。但因不同种类的海洋可再生能源技术成熟度存在差异，其实现商业化的时间仍存在先后。海上风能发电技术已较为成熟，目前已实现商业化。潮汐能发电技术已具备商业化条件，潮流能最有望在未来 2—3 年内率先进入完全的商业化阶段。与潮流能相比，波浪能还处于工程示范阶段，但也有望在 2025 年之后进入商业化阶段。温差能和盐差能由于技术成熟度不足，2025 年后才有望从工程示范向商业化阶段过渡。[2]

---

[1] 2019年国际海洋盘点（上）[N]. 自然资源报，2019-12-30.

[2] Ocean energy strategic roadmap. https://webgate.ec.europa.eu/maritimeforum/sites/maritimeforum/files/OceanEnergyForum_Roadmap_Online_Version_08Nov2016.pdf.

二、我国海洋科技与世界先进水平相比及其存在的差距

（一）国内海洋无人智能装备技术仍在探索，产业化条件已具备，相关产业仍处于萌芽期和成长期之间

海洋无人智能装备技术主要包括智能感知技术、自主导航/避碰技术、先进动力源技术、新型推进技术。智能感知技术不仅是智能船舶的关键技术之一，还是无人水面舰艇或无人水下航行器的核心技术。目前，我国的智能感知技术研发仍处于起步阶段，国内相关科研院所率先启动了多个项目，部分产品已开始进入小规模应用阶段。如，广东华中科技大学工业技术研究院的无人艇环境感知及自主运动控制技术与产品、珠海云洲智能科技有限公司的无人水面艇蜂群技术。

自主导航/避碰技术是海洋智能无人系统的技术研发重点之一。国外较早开展了海上自主导航技术研究，在提升导航精度的同时，可提高海上作业的自主性。这方面较有代表性的产品如：挪威康斯伯格（Kongsberg）自动导航系统、美国L3 ASV公司的ASView TM自主控制系统等。

以LNG、燃料电池、蓄电池等为代表的先进节能环保动力源技术在海洋无人系统智能装备领域得到应用，进入迅速发展阶段。国外智能船舶的动力源技术研究多集中于全电技术、燃料电池技术、可再生能源（太阳能、风能等）等方面。针对无人水下航行器的动力源技术，则提出了水下无线电技术。代表性的船型包括全球第一艘无人远洋集装箱船"Yara Birkeland"号（全电技术）、美国Liquid Robotics公司"Wave Glider"智能无人水面艇（海浪动能和太阳能驱动）等。目前，我国在先进动力源技术领域仍处于摸索阶段，重点聚焦电池动力技术，且在无人水面艇可再生能源领域取得了重大进展。较为有代表性的成果如

中国船舶集团有限公司第七一〇研究所牵头研制的"海鳐"波浪滑翔水面艇。

推进技术的电力化已成为未来智能船舶动力发展的主流方向。目前，以德国采埃孚股份公司、英国罗·罗公司为代表的船舶配套先进企业注重船舶配套系统/产品的智能化研究，在推进装置方面推出了智能状态检测系统或自动推进系统，赋予机械装置"智能化"。国内智能船舶及无人系统仍处于起步阶段，仅有部分高校和少数企业对其新型推进技术进行了研究。在产品方面，珠海云洲智能科技有限公司已获得"便携式智能推进系统"专利技术。

从总体上看，海洋无人系统智能装备产业化条件已初步具备，相关产业处于萌芽期和成长期之间。在智能船舶领域，国外目前进入了关键技术试验、测试与商业化高峰期，英国罗·罗公司处于市场领先地位，日韩正积极推进智能船舶的发展。目前，国内航运业在智能船舶领域进行了有益的探索，智能船舶技术已形成一定的技术积累和产业基础。代表性的产品如中远海运"荷花"号智能集装箱船等。在无人水面舰艇领域，美国、以色列的军用无人艇技术处于世界领先地位，欧洲各国紧随其后。我国无人水面艇技术起步较晚，早期研究多集中于高校、科研院所，现阶段军事化应用趋势明显，代表性的产品如珠海云洲智能科技有限公司研制的"瞭望者"号等。在无人潜航器领域，目前美国、欧洲等在无人潜航器技术方面处于世界领先地位。近些年，我国针对无人水下潜航器技术的研究已取得突破性进展，"潜龙"号系列、"蛟龙"号系列等深海设备已在海洋石油勘探、水下搜救等领域得到较好的应用。

（二）深海传感器落后、通用配套技术缺乏，大尺度和长周期观测能力不足

近些年来，我国深海装备水平快速发展，部分装备在深海探测开发方面实现重大突破，但深海装备关键核心技术仍较多依赖进口。目前我国在深海装备领域与国外的差距体现在以下几方面。一是高精度深海传感器技术仍旧落后。我国深海传感器等高精度仪器缺乏，尽管部分深海探测仪器实现了自主研发，但在探测精度、技术创新、设备类型及性能水平、仪器长期稳定性等方面依然存在不足。大部分深海探测技术发展处于引进再研发的层次，高精度仪器更是依赖进口。二是我国在深海专用的材料、通信、导航、定位、负载、动力设备等通用配套技术方面明显落后于发达国家。深海探测平台装置取样量较少，取样效率较低。深水电缆和光纤技术的稳定性和可靠性有待提高。水密接插件、中央控制系统等关键元器件较多依赖进口，自有产品的稳定性和科考性仍需进一步提高。深海探测装备缺乏统一技术标准，仍存在技术水平参差不齐、传输接口互不兼容的现象。三是我国相比发达国家在深海极端环境仿真能力等方面还有较大差距。主要是在陆域模拟装备方面，大多只能定深、静压，在变化压力梯度、变化地温梯度、生态环境系统模拟方面的能力不足。四是我国现有的深海探测装备极大地促进了我国深海探测和实验能力，但观测能力具有"范围受限"和"时间较短"等缺陷，仍缺乏可在原位进行长周期载人实验的装备。[①]

（三）载人深海潜水器产业化技术不足，无人潜水器自主创新仍不足

我国深海作业型载人潜水器处于世界领先水平，但其产业化技术和

---

① 冯景春，梁健臻，张偲，等. 深海环境生态保护装备发展研究[J]. 中国工程科学，2020，22（6）：11.

市场培育有待发展，与世界海洋科技强国相比仍有很大差距。这主要体现在三个方面。一是我国载人潜水器主要基于传统水动力线形设计，而美国的载人潜水器"Triton 36000/2"采用垂直立扁外形设计，潜水器能够不到两个半小时就下潜到海底。二是我国载人潜水器搭载人数均为3人，而美国的载人潜水器搭载人数为5人，大深度载人潜水器搭载人数最多能达到11人。三是我国大深度载人潜水器的壳体一般为钛合金球壳，而美国的载人潜水器重点设计为复合材料圆柱形耐压壳体。

我国深海自主无人潜水器技术与装备总体上自主创新能力不足，装备的智能化水平仍较低，在核心部件上缺少工业基础和配套能力。

我国深海远程遥控潜水器近十年来紧跟世界先进水平取得长足进步。先后研制成观察型、作业型、科考型等多种型号的远程遥控潜水器，包括"海星"系列、"海马"号、"深海科考型"、"海龙"系列。尽管已取得多项突破，但我国深海远程遥控潜水器技术仍与其他先进国家存在较大差距，原始创新能力不足，尚未形成技术与装备体系，6000—11000米级别的作业型远程遥控潜水器技术方面尚为空白。

我国深海自主遥控潜水器研制工作起步时间和国外相同，主要应用领域包括深海复杂海区勘探与调查、深渊调查及作业、极地冰下调查等。2020年5月，我国"海斗一号"万米深潜与科考应用成功，标志着我国深海自主遥控潜水器技术与装备进入了全海深探测与作业应用的新阶段，标志着我国在全海深无人潜水器领域正在迈向国际领先水平，正在实现由"并跑"向"领跑"的转变。①

（四）海上通信技术更新不足，通信成本高，覆盖范围仍有限

当前，我国海洋通信与美国、挪威等世界海洋通信技术强国存在较

---

① 海斗一号：向万米海底深潜[N].光明日报，2022-04-29（1）.

大的差距，主要表现在三个方面。第一，尽管我国在海上无线通信领域能采用中频、高频和甚高频通信方式，实现点对点、点对多点的常规海上通信，完成语音、DSC、NBDP、船舶识别和监控等业务信息传输，通信距离可以涵盖近距离和中远距离，但是，我国海上无线通信的通信技术更新不足、通信可靠性受海洋环境影响较大，仍难以满足远距离通信业务的需求，明显存在通信覆盖盲区。第二，尽管我国海洋卫星通信网络正逐步完善，可供选择的通信卫星较多，可以满足海上各类通信业务需求。但是，卫星系统资源稀缺往往难以满足高速增长的海上业务需求，而且卫星通信成本高昂也成为限制其进行海上通信的重要因素。第三，在海上移动通信领域，尽管4G公共移动通信网络较为完备，能够为我国近海海上用户的高速数据业务提供便利，但岸基移动通信网往往难以完全覆盖近海海域及中远海海域。虽然我国已开始在海上建立5G基站和网络，但仍处于试点和示范阶段。[①]

（五）海洋可再生能源开发在装机效率、装置可靠性上仍有差距

我国在海洋可再生能源技术和装置研究方面与国际先进水平相比，在发电关键技术能量转化效率上接近国际先进水平，但在装机功率规模上相对偏小，在装备的可靠性上仍存在一定差距。

从单个海洋可再生能源利用技术来看，我国潮汐能技术与国际先进水平差距不大，潮流能发电技术处于关键技术研究与示范阶段，潮流能发电装置装机轨、年发电量、稳定性和可靠性等多个指标都达到世界领先水平，我国已成为亚洲首个、世界第三个实现兆瓦级潮流能并网发电的国家。但我国波浪能发电技术基本处于比例样机的海试阶段，温差能、

---

① 于永学，王玉珏，解嘉宇. 海洋通信的发展现状及应用构想[J]. 海洋信息，2020，35（2）：25-28.

盐差能等技术与国际先进水平存在一定的差距。[①]

从海洋可再生能源关键技术来看，我国海洋可再生能源装备研发在获能技术方面与世界先进水平差距不大。在可靠性和稳定性方面，除潮汐能研究外，潮流能、波浪能、温差能研究等均与国际先进水平存在着一定的差距，这和中国潮流能机组、波浪能机组开展海试时间较晚有关。国际上 150—750 kW 波浪能装置已完成了最长接近 10 年的海试[②]，而中国百千瓦级波浪能技术近些年刚进入海试并网阶段，技术的成熟度和稳定性仍有待进一步提高。

（六）海洋钻井设备自动化、智能化水平低，深水钻井设备核心技术仍未掌握

由于我国基础工业起步晚以及国外技术封锁等，我国海洋钻井装备的自动化和智能化技术发展缓慢，水平远远落后于发达国家。国内的石油机械设备公司先后研发了一系列海洋管柱自动化处理设备，但仅在陆地上实现了应用，还未在海上真正实现工业化应用。国内宝鸡石油机械设备公司 2017 年制造交付的全液压地质钻探系统在广州海洋地质调查十号船上完成了多次钻探取心作业。该钻探系统具备一定的自动化水平，但提升能力仅为 600 千米，适用水深 600 米，最大钻探深度 400 米。[③]尽管如此，技术水平和功能仍远低于国外的全液压自动化钻机。目前，中海油在用的钻机平台中，仅有HYSY941/942 和HYSY981/982 等近几年

① OECD. The future of the ocean economy，Exploring the prospects for emerging ocean industries to 2030[R/OL].[2022-04-19]. http://www.oecd.org/futures/Future%20of%20the%20Ocean%20Economy%20Project%20Proposal.pdf.
② 陈绍艳，王芳，张多，等. 我国波浪能产业化进展现状分析[C]//中国海洋学会，中国太平洋学会. 第八届海洋强国战略论坛论文集. 北京：海洋出版社，2016：121-125.
③ 王维旭，刘志桐，张鹏，等. 全液压海洋地质钻探系统的研制与应用[J]. 石油机械，2019，47（12）：58-63.

新建的高端钻井平台配置了全进口的自动化管柱处理系统和司钻集成控制系统，但这些设备大多是国外上世纪末和本世纪初的技术，自动化水平相对较低。[①]我国全球最先进的超深水半潜式钻机平台"蓝鲸1号"，其主要钻机设备均来自美国NOV公司，其配套的柱式自动化排管系统等先进设备国内仍未具备设计制造能力。

　　此外，我国有关海洋钻井装备的基础技术研究仍存在很大不足，如高端金属材料、工程材料、防腐材料以及用于自动化控制的变频器、芯片、水下电液插头和脐带缆等技术仍较为落后。

---

① 李中. 中国海油深水钻井技术进展及发展展望[J]. 中国海上油气，2021，33（3）：114-120.

第二节 国外海洋科技政策进展及特点

世界主要海洋国家高度重视海洋科技政策的制定，不断调整和发布海洋战略及海洋科技发展规划，拓展和深化对海洋经济、海洋生态环境保护、北极问题、深海大洋、海洋装备以及航运业等领域的科技支撑，力图提升海洋业务支撑能力和海洋科技实力，维护本国在海洋领域的国际领先地位。

一、美国的海洋科技政策

（一）美国海洋科技政策发展历程

美国历来非常重视海洋科技发展战略规划，实行全面的海洋科技强国战略。从 20 世纪 50 年代起，美国先后出台了《美国海洋学长期规划（1963—1972 年）》《我们的国家和海洋——国家行动计划》等海洋规划。[①]在 20 世纪 70 年代中期到 20 世纪 90 年代，基于资源开发、环境保护和强化科技支撑的考虑，先后制定了《美国 20 世纪 70 年代的海洋政策：现状与问题》《全国海洋科技发展规划》《海洋战略发展规划（1995—2005 年）》《美国 21 世纪海洋工作议程》《90 年代海洋学：确定科技界与联邦政府新型伙伴关系》等，这些海洋科技规划和政策为美国海洋科技迅猛发展提供了强有力的支撑，使美国在海洋科技领域形成了显著的领先优势。[②]

进入 21 世纪，美国 2007 年发布了《规划美国未来十年海洋科学路

---

① 高峰，王金平，汤天波. 世界主要海洋国家海洋发展战略分析[J]. 世界科技研究与发展. 2009，31（5）: 973-976，909.

② 倪国江，文艳. 美国海洋科技发展的推进因素及对我国的启示[J]. 海洋开发与管理，2009，26（6）: 29-34.

线图：海洋研究优先计划及实施战略（2007）》^①，2011 年 2 月发布了《NOAA 北极远景与战略》^②，2013 年发布了《一个海洋国家的科学：海洋研究优先计划（修订版）》^③，2015 年发布了《海洋变化：2015—2025海洋科学 10 年计划》^④，这些都是从海洋科学问题角度进行的规划和部署，侧重于海洋基础研究。在海洋技术方面，美国 2011 年发布的《2030年海洋研究与社会需求的关键基础设施》报告是一个关于海洋基础设施建设的规划，展示了美国重视海洋技术发展的一面。^⑤ 美国 2013 年发布了《2013—2017 年北极研究计划》^⑥和《北极航道绘图计划》^⑦，2014 年发布了《北极行动计划》^⑧。2018 年 11 月美国发布的《美国海洋科学与技术：十年愿景》报告中，海洋科学研究和海洋技术发展并重，确定了

---

① NSTC.Charting the course for ocean science in the United States for the next decade：an ocean research priorities plan and implementation strategy[EB/OL].（2007-01-26）[2022-06-01]. https://obamawhitehouse.archives.gov/administration/eop/ostp/nstc/docsreports/archives/Charting-the-Course-for-Ocean-Science-in-the-United-States-for-the-Next-Decade.pdf.

② NOAA.NOAA's Arctic Vision and stategy[EB/OL].[2022-06-04]. http://www.arctic.noaa.gov/docs/NOAA Arctic-V-S-2011.PDF.

③ Ocean Leadership. Science for an ocean nation:an update of the ocean research priorities plan[EB/OL].（2016-10-13）[2022-07-01]. http://www.innovation4.cn/library/r3617.

④ NRC. Sea change: 2015-2025 decadal survey of ocean sciences[EB/OL].[2022-07-01]. http://www.nap.edu/catalog/21655/sea-change-2015-2025-decadal-survey-of-ocean-sciences.

⑤ National Research Council.Critical infrastructure for ocean research and societal needs in 2030[EB/OL].（2020-05-09）[2022-07-01]. http://www.nap.edu/catalog.php?record_id=13081.

⑥ National Science and Technology Council.ARCTIC RESEARCH PLAN: FY2013 2017[EB/OL].（2015-07-06）[2022-02-19]. http://www.whitehouse.gov/sites/default/files/microsites/ostp/2013_arctic_research_plan.pdf.

⑦ U. S. Arctic Nautical Charting Plan [EB/OL].（2015-06-05）[2023-03-16]. http://www.nauticalcharts.noaa.gov/mcd/docs/Arctic_Nautical_Charting Plan.pdf.

⑧ NOAA. Arctic Action Plan [EB/OL].（2014-04-17）[2023-03-16]. http://www.arctic.noaa.gov/NOAAarcticactionplan2014.pdf.

2018—2028 年美国海洋科技未来十年发展的目标和重点方向。[①] 2020
年 8 月，美国发布了《海洋、沿海和五大湖酸化研究规划：2020—2029
年》，以促进科学家、资源管理者和沿海社区解决海洋、沿海和五大湖
的酸化问题。[②]

（二）美国海洋科技政策的特点分析

1.美国海洋科技政策的制定和实施具有高效的体制和机制

美国政府始终重视海洋科技领域的规划。从美国自 20 世纪 50 年
代到目前的海洋科技政策可以看出，美国政府在不同时期均高度重
视海洋科技规划，宏观层面的总体规划为美国海洋科技发展指明了
方向。

在政策制定方面，2000 年美国通过《海洋法案》并成立了国家海洋
政策委员会。2004 年，布什总统签署命令，正式成立新的内阁级海洋
政策委员会，以协调美国各部门的海洋活动。2010 年，奥巴马总统签
署《关于海洋、我们的海岸和大湖区管理的行政令》，成立国家海洋委
员会，负责制定协调、统一、透明、高效的国家海洋政策，属联邦政
府内阁级别，在海洋管理方面具有较大的权力，对于复杂的涉海部门
机构进行管理，同时设立专门的海洋咨询机构，聘请知名专家、教授
及业界管理人员对科研项目制定中的有关问题进行咨询，保证政策制
定的有效性。

---

① NSTC. Science and technology for America's oceans: a decadal vision[EB/
OL].（2018-11-16）[2022-06-03]. http://www.whitehouse.gov/wp-content/
uploads/2018/11/Science-and-Technology-for-Americas-O ceans-A-Decadal-
Vision.pdf.

② NOAA unveils 10-year roadmap for tackling ocean, Great Lakes acidification [EB/
OL].（2020-07-29）[2022-06-05]. http://research.noaa.gov/article/ArtMID/587/
ArticleID/2652/New-research-plan-sets-the-course-for-NOAA's-ocean-coastal-
and-Great-Lakes-acidification-science.

在政策执行方面，美国国家海洋委员会下设国家科学基金会、海军研究署、商务部、内政部等部门，分别承担国家海洋科技研发的组织和协助任务，职责明确，能够避免交叉重复。同时，实行同行评议制和市场化的科技成果评价，根据科技成果评价的专业性和技术含量，美国政府主要负责出资，科技成果评价活动则由第三方机构、部门负责，从而保证了评价结果的公平性与合理性。

2.注重科研投入、科技创新和成果转化

注重科研资金投入，认为充足的资金是提高海洋科研能力的重要保障，投入海洋科技领域的经费连年增长。2004 年出台的《21 世纪海洋蓝图》明确指出，美国政府应将海洋科研经费从目前占联邦科研经费总预算的不足 3.5%，提高到 7%，以后视国家经济实力，逐年增加。2006年，美国海洋科技经费投入约为 5.26 亿美元，2016 年，为 7.27 亿美元，位居世界第一。其中，2006 年用于海洋基础研究的经费为 2.91 亿美元，2016 年则达到了 3.57 亿美元，海洋基础研究经费占比基本保持在 50%左右。[1]美国海洋科技基础研究的高投入使得美国的海洋科技创新能力始终保持世界领先。

美国海洋科技政策在强调海洋科技创新的同时，美国政府更加关注海洋科技成果为大众服务。美国政府通过美国国家海洋和大气管理局（NOAA）采集和分发海洋观测资料，制作民用业务化海洋产品，发布潮位、潮汐和海流预报，通过美国国家气象局为海上用户发布有关大洋和近海气象条件的常规信息和预报，发布海洋警报、预报和指导，建立专门机制将科研成果转化为易于使用的普通产品，培育将技术转化为标准

---

① 李晓敏，王文涛，揭晓蒙，等.中美海洋科技经费投入对比研究[J].全球科技经济瞭望，2020，35（12）：35-39，47.

化业务能力的机制。

3. 对于重点问题制订详细的科研计划

美国海洋科技政策中重点关注的专题领域较为广泛，具体包括海洋酸化问题、北极问题、墨西哥湾生态系统问题、海洋可再生能源开发问题、海洋灾害防治等。

例如，针对墨西哥湾生态系统问题，2011 年 12 月，美国在休斯敦举行的墨西哥海湾国家峰会上发布了《墨西哥湾区域生态系统恢复战略》，提出了 4 个战略方向：保护并恢复生物栖息地；恢复流域水质；补充并保护海洋及沿岸的生物资源；提高环境耐受力，改善沿岸居民生存环境。[①] 2014 年 10 月，美国国家海洋和大气管理局发布《墨西哥湾生态系统恢复的科学行动计划》，期望通过该计划全面了解墨西哥湾的生态系统和最大程度支持海湾恢复行动，通过生态系统研究、观测、监测技术的发展，保护鱼类资源、渔业、栖息地和野生动物，以达到科学有效解决墨西哥湾环境恶化问题的目的。[②] 2018 年 7 月，美国国家研究理事会（NRC）发布《对耦合的自然—人类沿海系统长期演化的了解：美国墨西哥湾沿岸的未来》，促进建立沿海社区和生态系统的恢复能力。

针对北极问题，2011 年 2 月，美国国家海洋和大气管理局发布了《NOAA 北极远景与战略》。[③] 2012 年 11 月，美国海军研究办公室等部门

① EPA. Gulf of Mexico Regional Ecosystem Restoration Strategy[EB/OL]. [2023-03-16]. http://livebettermagazine.com/eng/reports_studies/pdf/GulfCoastReport_Full_12-04_508-1.pdf.

② NOAA RESTORE Act Science Program-Draft Science Plan [EB/OL]. [2023-03-16]. http://restoreactscienceprogram.noaa.gov/wp-content/uploads/2014/10/Draft_NOAARESTOREActSciencePlan_PublicReview_Final_10-20-14b.pdf.

③ NOAA. NOAA's Arctic Vision and strategy[EB/OL].[2022-06-04]. http://www.arctic.noaa.gov/docs/NOAAArctic_V_S_2011.pdf.

发布了《从季节到十年尺度的北极海冰预测：挑战与策略》报告，指出了北极面临的关键科学问题。[①]2013 年 2 月，美国国家海洋和大气管理局发布了《北极航道绘图计划》。[②]2014 年 6 月，美国国家海洋和大气管理局发布了《北极行动计划》。[③]

　　对于海洋酸化这一全球性的科学问题，美国十分重视并积极部署开展研究。2014 年 3 月，发布《海洋酸化研究计划》。[④]2019 年 2 月，美国国会发布《沿海和海洋酸化的压力与威胁研究法案》，加强联邦政府在研究和监测方面的投资，帮助沿海社区更好地了解和应对环境压力因素对海洋和河口的影响。[⑤]2020 年 8 月，美国国家海洋和大气管理局发布《海洋、沿海和五大湖酸化研究规划：2020—2029 年》。该规划规定了三个主要研究目标：一是扩展和推进观测系统和技术，加深对酸化趋势和过程的理解；二是了解酸化如何影响重要物种及其生存的生态系统，并提高预测生态系统和物种对酸化和其他压力源反应的能力；三是促进利益相关者及合作伙伴参与该规划的实施，评估需求并生成支持管理、适应和

① NOAA. Arctic Action Plan [EB/OL].（2014-04-17）[2023-03-16]. http://www. arctic.noaa.gov/NOAAarcticactionplan2014.pdf.

② U.S. Arctic Nautical Charting Plan [EB/OL].（2015-06-05）[2023-03-16]. http://www.nauticalcharts. noaa.gov/mcd/docs/Arctic_Nautical_Charting Plan.pdf.

③ NOAA. Arctic Action Plan [EB/OL].（2014-04-17）[2023-03-16]. http://www.arctic.noaa.gov/NOAAarcticactionplan2014.pdf.

④ Interagency Working Group on Ocean Acidification. Strategic Plan for Federal Research and Monitoring of Ocean Acidification[EB/OL].（2016-10-13）[2023-03-16]. http://www.innovation4.cn/library/r3633.

⑤ Bonamici, Young, Pingree, Posey. Introduce Bipartisan Bill to Address Health of Oceans and Estuaries [EB/OL].（2019-02-14）[2023-03-16]. http://bonamici.house.gov/media/press-releases/bonamici-young-pingree-posey-introduce-bipartisan-bill-address-health-oceans.

抵抗酸化的产品和工具。[①]

针对海洋可再生能源问题，美国能源部于 2010 年 4 月发布了《美国海洋水动力可再生能源技术路线图》，指出美国未来将重点发展波浪能、潮汐能、海流能、海洋热能和渗透能等海洋清洁能源。该路线图预测，到 2030 年美国海洋可再生能源装机容量将达到 23 吉瓦，并分析了美国海洋可再生能源开发所面临的法律、环境、技术、政策、市场等关键问题。[②] 2019 年 3 月，美国国家海洋渔业局、美国海洋能源管理局（BOEM）和近海开发责任联盟（RODA）发布了《近海风能研发谅解备忘录》，确定了具有共同利益的四个领域：可靠的离岸风能规划、风能项目选址、风能开发以及与渔业行业合作。

4.重视海洋科研对海洋经济的促进作用

美国海洋科技政策明确要求政府各部门要协力保持稳定的海洋观测，提供更准确的海图和导航工具，提供更及时、准确、有效的海洋数据信息，以支撑美国海洋经济和海洋新兴产业的发展。[③]

在海洋生物医药业领域，美国启动了"海洋与人类健康研究计划"，支持跨学科的海洋科学与生物医药联合研究，将海洋生物医药作为重要支持方向。2007 年，美国发布了《跨部门海洋与人类健康研究实施计划》，

---

① NOAA unveils 10-year roadmap for tackling ocean, Great Lakes acidification [EB/OL].（2020-07-29）[2022-06-17]. http://research.noaa.gov/article/ArtMID/587/ArticleID/2652/New-research-plan-sets-the-course-for-NOAA's-ocean-coastal-and-Great-Lakes-acidification-science.

② National renewable energy laboratory.The United states marine hydrokinetic renewable energy technology roadmap（EB/OL）.（2010-04-13）[2022-06-22]. http://www.oceanrenewable.com/wp-content/uploads/2010/05/1 st-draft-roadmap-rwt-8april10.pdf.

③ National Ocean Council. National Ocean Policy: Implementation Plan[R/OL].（2016-09-11）[2022-06-24]. https://www.docin.com/p-1732035751.html.

指导 2007—2017 年"海洋与人类健康研究计划"实施。[1] 2012 年，美国政府发布了《国家生物经济蓝图》，该蓝图将发展海洋生物医药产业作为重点之一。这些举措推动了美国海洋生物医药产业的快速发展。[2] 目前，美国围绕伍兹霍尔海洋研究所海洋生物实验室、巴尔的摩海洋生物技术中心、佛罗里达哈勃海洋研究所海洋生物医学研究室和斯克里普斯海洋研究所海洋生物技术与生物医药研究中心四大海洋生物技术研究中心，已形成了以圣地亚哥、波士顿和迈阿密为中心的美国海洋生物技术研究集聚区。

在高端海洋装备制造业领域，美国主要从技术研发、成果转化和产品采购方面对其给予支持，对投资建立全球或国内海洋观测网络、开展海洋可再生能源技术研发等提供税收优惠。此外，部分技术联盟和行业协会，如美国近海技术联盟、美国海洋制造协会、海洋技术学会和海洋联盟等，通过加强行业内技术交流与合作、影响政策制定等方式促进了高端海洋装备制造业发展。

在海水淡化产业领域，美国内政部、能源部、国家研究理事会先后颁布了《海水淡化与净水技术路线图（2003）》《海水淡化：国家视角（2008）》等技术发展规划。美国内政部农垦局、地质调查局、国家科学基金会、陆军研究局、海军研究局、能源部等均投入经费鼓励加强对海水淡化技术的研发及项目示范，以期实现成本的显著降低。美国能源部提出到 2025 年

---

① 倪国江，文艳. 美国海洋科技发展的推进因素及对我国的启示[J]. 海洋开发与管理，2009，26（6）：29-34.

② White House. National Bioeconomy Blueprint[R/OL]. White House: Washington, DC, USA, 2012:1-48. http://www.whitehouse.gov/sites/default/files/microsites/ostp/national_bioeconomy_blueprint_april_2012.pdf.

将海水淡化成本降至 0.5 美元/吨，并部署有关研发项目加以推进。[①]

5.高度重视海洋教育事业的发展

美国高度发展的海洋事业得益于它的海洋教育。2004 年出台的《美国海洋行动计划》提出，将"促进海洋的终生教育"作为美国 21 世纪国民海洋意识教育的重要政策。2007 年颁布的《美国竞争法案》规定，美国国家海洋和大气管理局的管理者必须组织、开发、支持、促进和协调不同层次的正规和非正规教育，优先制定教育战略规划。

美国的海洋科技教育从小抓起，贯穿国民教育的全过程，目的在于培养综合型高层次人才，且政府投入大量的教育补助金资助海洋教育活动。21 世纪初，美国国家科学基金会就组建由多个卓越海洋教育中心组成的全国性海洋教育网络，在东西海岸相继成立多个卓越海洋科学教育中心，用以促进和提升全国性的海洋教育。在海洋高等教育方面，美国许多大学开设海洋学专业，涉海类专业包括海洋生物和生物海洋学、海洋资源管理学、海洋科学、海运、海洋工程及海洋学等。涉海高等院校近 150 所，主要集中分布在美国东海岸。美国的全民海洋教育形式多样，丰富多彩。许多涉海高校、研究所组织开展学生海洋夏令营等多种活动，为学生讲授海洋地理、海洋生物、海洋与大气等课程。美国通过多种媒体推广海洋知识，普及大众文化，为全民整体海洋意识打下牢固而又广阔的基础。

6.重视海洋科研基础设施与平台建设

海洋科研基础设施对于一个国家在海洋科学中的领导地位至关重要。最先进的海洋科研基础设施支撑着美国的海洋科学研究和技术发展，为

---

① Mark Johnson. Energy optimized desalination technology development workshop[EB/OL]. [2015-11-05]. http://energy.gov/sites/prod/files/2015/11/f27/Desalination%20Workshop%202015%20Johnson.pdf.

美国提供了特有的竞争力。美国 2018 年 11 月发布的《海洋科技发展未来十年的愿景》指出："海洋研究基础设施在每个领域都发挥着重要的基础性作用。海洋研究所需的基础设施与技术包括船舶、潜水器、飞机、卫星、陆基雷达、系泊和电缆浮标，以及各种无人水下、空中航行器。研究基础设施也包括陆基设施，如已支持部署的海洋高性能计算与通信网络接收、分析、管理数据平台。"美国向来重视海洋科研设施与平台的建设，建立了大量国际一流的设施与平台，如包括科考船、破冰船、钻探船在内的科研船队，有人/无人潜水器，综合海洋观测系统，大洋观测网络，等等。

二、日本的海洋科技政策

日本海洋科技居于世界先进水平，其发展离不开政策的支持。日本历来高度重视海洋科技创新，是海洋科技发展规划领域的先行者。

（一）日本海洋科技政策发展历程

日本制定海洋科技政策始于 20 世纪 60 年代末。1968 年，日本发布了《日本海洋科学技术》，制定了促进日本先进工业技术在海洋领域的拓展应用的相关措施。日本积极参与了多个国际专项计划，包括深海钻探计划（DSDP，1968—1983 年）、大洋钻探计划（ODP，1985—1994 年）和国际综合大洋钻探计划（Integrated Ocean Drilling Program，IODP），其目的在于勘探开发大洋资源。

20 世纪 90 年代到 21 世纪初期，日本海洋科技政策密集出台。1990年，日本出台了《海洋开发基本构想及推进海洋开发方针政策的长期展望》，以推动海洋高新技术的发展，重点发展领域包括海洋卫星技术、海洋深潜技术、深海资源勘探与开发技术、海洋空间开发利用技术、海洋牧场技术。1997 年日本政府制定了《海洋开发推进计划》《海洋科技发展计划》，目的在于发展基础海洋科学和海洋高新技术。21 世纪初期，日本组织实施了"西太平洋深海研究 5 年计划"，研究内容涉及海底地层深部构造、海底沉积物等高端海洋科技领域。2001 年，日本制定了《新世纪日本海洋政策基本框架》。2002 年，日本政府制定了《科学技术综合发展战略》，提出继续与美国合作进行深海钻探，参与国际综合大洋钻探计划（IODP）、"全球海洋观测计划网"（Argo）等，海洋科技方面的国际合作，为日本海洋科技的发展注入了新的动力。

进入 21 世纪，日本的海洋科技政策得到了全面优化，并不断成熟。2007 年，日本国会众、参两院审议通过《海洋基本法》，同时成立海洋政策本部，标志着日本基本完成了与海洋开发有关的立法、机构设置和人员配置等基础性工作，也为海洋科技的发展提供了完备的法律和制度保障。2008 年，日本出台《海洋基本计划（2008—2012 年）》，有效期为5 年。该计划将"率先挑战海洋领域中人类所面临之课题"作为三个具体的政策目标之一，提出应充实海洋科学知识，必须将海洋的调查和研究作为一个战略性课题推进。2013 年 3 月，日本出台实施了第二期《海洋基本计划（2013—2017 年）》，提出大力发展海洋高新技术，并将振兴海洋战略性新兴产业作为本国海洋经济新的增长点。[①] 2013 年，日本正式成为北极理事会正式观察员国，加入北极研究计划。[②] 2018 年 5 月，日本政府出台第三期《海洋基本计划》，将重点从此前的海洋资源开发转向安全保障。2019 年 2 月，日本发布《海洋能源和矿产资源开发计划》，提

---

① 王树文，王琪. 美日英海洋科技政策发展过程及其对中国的启示[J]. 海洋经济，2012，2（5）：7.

② Ministry of Education, Culture, Sports, Science and Technology-Japan. Arctic Challenge for Sustainability Project[EB/OL].（2015-09-30）. http://www.mext.go.jp/component/a_menu/science/micro detail/ics Files/afieldfile/2015/02/27/1355404_1_1.pdf.

出了日本未来海洋能源和矿产资源开发的具体计划和目标并制定了路线图。围绕具体海洋能源和矿产资源的勘查开发与技术研发等方面，确定了未来5年的工作方向，涉及天然气水合物、石油和天然气以及海洋矿产资源。《海洋能源和矿产资源开发计划》对海底热液矿床、富钴结壳、锰结核和稀土泥等海洋矿产资源在资源量调查、采矿扬矿技术、选矿和冶炼技术、环境影响评价、法律制度和经济研究等方面进行了具体的计划和部署。具体包括：一是针对海底热液矿床，日本将圈定5000万吨左右的资源量，开发采矿扬矿综合系统，开发适用于不同矿种的选矿和冶炼工艺，改进环境影响评价方法的适用性等；二是针对富钴铁锰结壳，在继续进行矿产资源评价的同时，日本将利用海底热液矿床的研究成果进行采矿技术的研究，设计选矿和冶炼试验工厂，开展环境基线调查等；三是针对锰结核，日本将按照国际海底管理局的规定进行调查和其他研究；四是针对稀土泥，日本将基于深海资源研究战略创新计划"创新性深海资源研究技术"，开展海洋资源调查和生产技术的研发和示范工作。①

（二）日本海洋科技政策的特点分析

1.完善高效的海洋管理体制为海洋科技发展提供保障

日本海洋管理工作由海洋综合政策本部负责。该部门成立于2007年4月。海洋综合政策本部直接由首相负责业务工作，研究制定海洋战略、政策，协调管理海洋工作，为海洋高新技术产业发展奠定了法制保障。完善的海洋科技管理体制有效地推进了日本海洋科技发展进程。

---

① 地学文献中心跟踪报道日本海洋矿产资源开发利用部署进展[EB/OL].（2019-12-30）[2022-06-22]. http://www.cgs.gov.cn/gzdt/zsdw/201912/t20191230_499838.html.

2.拥有完备的海洋法律法规

日本于20世纪70年代将"科技立国"上升至国家战略层面，并将其作为日本的重要国策。随后，日本大力推进海洋科技领域的立法建设，制定和颁布了多部海洋科技法律法规。2005年，日本颁布出台《关于在专属经济区等进行资源勘探及海洋科学调查行使主权权利及其他权利的法案》，规定了非日本人在日本专属经济区内开展海洋科考的许可条件和相关要求事项。2007年，日本出台了《海洋基本法》，规定了海洋领域的各项基本政策。《海洋基本法》为日本海洋科技的发展提供了法制保障和优良的政策环境。

3.高度重视培育和壮大海洋新兴产业

日本政府历来非常重视海洋新兴产业的发展，出台了一系列具有针对性的海洋政策，有效地指导了海洋新兴产业的快速发展。日本第一期《海洋基本计划（2008—2012年）》提出"振兴海洋产业与强化国际竞争力。日本应通过研发引入尖端新技术、培养海洋产业方面的人才等手段，维持与强化国际竞争力；为活用海洋资源与海洋空间，应创设新的海洋产业，把握海洋产业的动向"。2009年，日本出台了《海洋能源矿物资源开发计划（2009—2018年）》，确定未来10年重点推进的海洋开发活动，具体包括海洋油气资源、天然气水合物、海底热液矿藏以及国际海底矿藏等。[①] 2013年3月，日本出台的第二期《海洋基本计划（2013—2017年）》提出"支持海洋资源开发相关产业发展，支持海洋信息相关产业、海洋生物产业、海洋观光产业的发展"。2018年5月，日本出台的第三期《海洋基本计划（2018—2022）》提出"增强海洋产业国际竞争力，推动高附加值化、高生产率及产业结构转换，发展海洋资源开发

---

① 魏婷，石莉.日本海洋科技创新体系建设研究[J].国土资源情报，2017（10）：38-44.

相关产业"。

4.广泛开展海洋科技领域的国际合作

日本十分注重海洋科技领域的国际合作。日本先后参与了国际上多个海洋科学研究合作计划，具体包括"北极研究计划"（Arctic Research Plan，ARP）、"国际大洋发现计划"（International Ocean Discovery Program，IODP）、"南极研究观测"（Antarctic Research Observation，ARO）、"国际综合大洋钻探计划"、"全球海洋观测计划网"、"国际地圈生物圈计划"（International Biosphere Program，IBP）等。广泛地开展国际海洋科技合作有效地推动了日本的海洋科技创新发展，使得日本获得了海洋科技快速发展所需要的巨量资金，促进了日本与其他国家间的海洋科学交流，加快了海洋科技人才的培养，提升了日本在国际海洋竞争中的影响力和话语权。

5.高度注重海洋科技创新人才的培养和储备

日本十分重视海洋科技创新人才队伍的建设，强调海洋科技人才的储备。日本在普通高校中设立海洋科学专业，在著名高校中设立海洋研究所，创办海洋行业学会，充分利用各类教育资源培养海洋科技创新人才、储备海洋新兴产业人才。日本政府还积极推动建立政产学研联合的有效方式，加大海洋科技创新人才的培养力度。同时，日本注重在国家重大科研项目中加强对海洋科技创新人才的培养。日本政府建立科学合理的海洋科技创新人才评价制度，以优越环境培养、吸引、建设一支高层次、创新型的海洋科技创新人才队伍。日本完备的海洋科技创新人才的培养和储备机制，极大地推动了日本海洋科技创新活动的开展，极大地推动了海洋新兴产业的跨越式发展。

三、澳大利亚的海洋科技政策

（一）澳大利亚海洋科技政策发展历程

1998年澳大利亚出台了第一部国家海洋政策，即《澳大利亚海洋政策：关心、理解、明智使用》[①]。在这部海洋政策颁布后，澳大利亚成立了海洋科技计划工作组，负责制定第一部国家级海洋科技计划。随后，澳大利亚于1999年出台了第一部海洋科技计划《澳大利亚海洋科学与技术计划》[②]。该计划的主要目标包括三个方面：一是更好地开展科技创新活动，合理开发、管理海洋资源，确保海洋生态可持续发展，了解和预测气候变化趋势，指导可持续海洋产业的发展；二是更好地了解海洋环境、生物、矿产及能源资源；三是为澳大利亚科技界、工程界提供一个重点突出、行动协调的短期和长期工作框架，促进科技合作，提高合作成效。

2009年3月，澳大利亚出台了"海洋研究与创新战略框架"。该框架旨在建立更统一协调的国家海洋研究与开发网络，将参与海洋研究、开发及创新活动的所有部门协调起来，包括政府部门、研究机构及海洋企业等，充分挖掘海洋资源，为社会和经济发展服务。具体内容包括：海岸及海洋的价值；海洋业面临的机遇与挑战；海洋研究与创新；教育与培训；能力及基础设施建设；改进海洋科研管理；明确与国家及地方其他政策框架、计划的关系；等等。

2015年8月，澳大利亚国家海洋科学委员会颁布了最新海洋科技计划《国家海洋科学计划2015—2025：驱动澳大利亚蓝色经济发展》。该计

---

① Commonwealth of Australia. Australia's Oceans Policy: Caring, understanding, using wisely [J]. AGPS, 1998.

② 周乐萍. 澳大利亚海洋经济发展特性及启示[J]. 海洋开发与管理，2021，38（9）: 6.

划以推动蓝色经济发展为核心目标，以海洋科技为支撑，充分利用海洋资源，实现海洋可持续发展。该计划对优先发展领域进行了识别，并给予资金支持。

（二）澳大利亚海洋科技政策的特点分析

1.重视海洋科技对海洋新兴产业的支撑作用

澳大利亚通过颁布海洋科技领域的政策和规划、建立和整合科研机构和平台、积极开展国际合作等，建立了相对成熟的海洋科技发展体系。通过海洋科技发展，布局海洋产业，重点推动海洋新兴产业的快速发展。澳大利亚依托海洋科技计划，注重海洋科技的杠杆能力和对海洋经济发展的服务能力，加强对海洋监测与管理、海洋系统模拟与预测、海洋环境与社会模型系统分析、生态修复与生态工程等海洋决策支撑工具的研究与投入。注重对海洋科学转化能力的投入，不仅加强对海洋技术的研发支持力度，同时在基础设施建设、海洋优先领域投资、海洋金融发展、海洋科技合作等方面，制定了详细的实施细则，并通过有效的管理机制，促进提升海洋科技的转化能力，有效地培育和壮大了海洋新兴产业，为海洋经济可持续发展提供了保障。

2.明确提出发展海洋科技需要充足的资金支持

澳大利亚在《国家海洋科学计划2015—2025：驱动澳大利亚蓝色经济发展》出台前，长期都没有设立海洋科技专项发展基金，这在一定程度上制约了其海洋基础设施建设及其利用效率，往往导致基础海洋数据和资源获取不便利。为能够向海洋科技领域提供持续稳定的支持，《国家海洋科学计划2015—2025：驱动澳大利亚蓝色经济发展》明确了海洋科技的优先投资领域，并规定了对海洋科技的投资是澳大利亚国家经济增长不可分割的组成部分，提出海洋科技领域的投资将有助于海洋开发实现经济利益、环境健康和社会福利的均衡增长，在长期会产生最优的可能回报。

3. 开展多种层次的海洋教育

澳大利亚政府高度重视海洋教育。政府制定了一系列海洋战略和规划，提出了海洋经济和海洋科技发展的一系列目标，如海洋资源的多样化利用与综合管理、海洋产业的发展、基础数据的收集和研究、海洋高科技人才的培养等。[①] 其中，大力发展海洋教育，建立不同层次的人才培养计划，从整体上提高了国民的海洋教育水平，成为澳大利亚政府的一项重要举措。

澳大利亚大力发展海洋教育的主要途径包括四个方面。一是调整海洋相关专业课程以适应澳大利亚海洋战略。进入 21 世纪，澳大利亚各海洋高等教育机构纷纷调整各自专业和课程。在政府部门加大海洋科学研究投入、推动多领域海洋科学研究的背景下，一些大学的海洋科学系逐步从单纯的海洋生物研究过渡到多领域海洋科学研究。如：澳大利亚海洋学院为适应海洋战略目标的调整，在研究方向上进行了多方面的改革，拓宽了很多内容，研究方向涉及海洋生物、气候变化、海洋环境通信工程等。悉尼大学和詹姆斯·库克大学，其研究领域已涉及海洋动植物、海洋法、海洋生物、海洋与气候变化、海洋资源管理等。二是依托科研机构开展海洋研究。澳大利亚很多资金组织和科研机构资助或致力于海洋科学研究。如：澳大利亚生物资源研究会所提供的资金全部用于海洋分类学研究。澳大利亚海洋科学研究所研究领域主要包括海洋产品的开发与销售、海洋管理体制改革、推动澳大利亚海洋事业以及开展海洋领

---

① Cakldwell L K. International Environmental Policy: From the Twentieth to the Twenty-first Century[M]. Durham and London: Duke University Press, 1996.

域的国际合作等。三是在中小学开展海洋教育。澳大利亚中小学是开展海洋教育的重要场所。澳大利亚中小学海洋教育的主要目的是使学生增进对海洋的理解和关心，培养学生成为参与海洋保护行动的公民。具体的教育内容包括了解经济社会发展与海洋的关系、了解澳大利亚国内的海洋资源多样性的特点等。四是在社区开展各种海洋教育活动。为提高社区居民的海洋意识水平，澳大利亚的许多州都制定了一些社区海洋教育的发展计划，通过举办海洋知识讲座、开放图书馆、举办各种专题讨论等多种形式开展海洋教育活动。

四、英国的海洋科技政策

（一）英国海洋科技政策发展历程

英国历届政府对海洋科技发展都比较重视。20世纪八九十年代，英国采取了一系列促进海洋科技统筹发展的举措，包括制定海洋科技预测计划、建立政产学研联合开发机制、增加海洋科研投入等。[1]

20世纪90年代初，英国政府公布了《90年代海洋科学技术发展战略规划》，提出了20世纪90年代英国国家海洋六大战略目标和海洋发展规划，重点指明了实施海洋开发的优先技术领域。

2000年，英国自然环境研究委员会（NERC）和海洋科学技术委员会提出了21世纪初5至10年海洋科学技术的发展战略，内容包括海洋资源可持续利用和海洋环境预报方面的科技计划，并组织开展了深海底边界层研究计划。

2008年，英国自然环境研究委员会颁布了《2025年海洋科技计划》。2010年2月，《2025年海洋科技计划》正式实施。该计划优先资助

---

① 高战朝.英国海洋综合能力建设状况[J].海洋信息，2004（3）：29-30，24.

十个研究领域。一是气候、海洋环流和海平面：气候变化背景下的大西洋、南大洋和北极地区。二是海洋生物地球化学循环：在高 CO_2 的环境中，海洋生物地球化学循环及其反馈；生物碳泵及其对气候变化的敏感性。三是大陆架及海岸演化：海岸与陆架过程的相互作用；人类活动和气候变化对河口、近海和陆架海生态系统功能的影响。四是生物多样性和生态系统功能：调节海洋生物多样性的机制；生态系统服务的恢复力及可预测性；海岸带生态系统的生存。五是大陆边缘及深海研究。六是可持续的海洋资源利用。七是人类健康与海洋污染的关系。八是技术开发：海岸带和海洋模拟系统，生物地球化学传感器。九是下一代海洋预报：海洋生态模拟系统及其不确定性研究。十是海洋环境综合观测系统集成：公海和近海观测，海洋动物和浮游生物监测。[①] 自然环境研究委员会在 2007—2012 年向该计划提供了大约 1.2 亿英镑的科研经费。《2025 年海洋科技计划》是一个战略性的海洋科学规划，目的在于更好地保护英国海洋环境。《2025 年海洋科技计划》不仅为英国海洋科技发展指明了方向，而且为海洋科技的发展提供了基金等各方面的保障。

2010 年 2 月，英国政府发布《英国海洋战略 2010—2025》。该战略是一个旨在通过政府、企业、非政府组织以及其他部门的力量支持促进英国海洋科学发展、海洋部门相互合作的战略框架。该战略相对于《2025 年海洋科技计划》，内容更加完善、层次更加清晰、目标更加具体。该战略指出英国海洋研究应关注的主要问题包括食品安全问题、能源安全问题、全球变化和海洋酸化问题、人类活动对海洋的影响。该计划提出了海洋研究的三个优先支持领域。一是研究海洋生态系统运行机

① Natural Environment Research Council. Oceans 2025[EB/OL]. [2014-06-10]. http://www.nerc.ac.uk/research/pro-grammes /oceans2025/.

制。二是研究如何应对气候变化及其与海洋环境之间的互动关系。三是增加海洋的生态效益并推动其可持续发展。①

2010 年 3 月，英国颁布《海洋能源行动计划 2010》，绘制了英国海洋能源领域 2030 年的愿景，鼓励创新型产业发展，倡导私营部门和公共部门相互协作以促进海洋能源技术的开发和应用，并努力实现可再生能源战略和低碳产业战略愿景。②

2018 年 3 月，英国政府科学管理办公室发布《预见未来海洋》报告，从海洋经济发展、海洋环境保护、全球海洋合作、海洋科学等四方面分析阐述了英国海洋战略的现状和未来需求。报告在海洋科技方面提出了五点建议。一是确保科学研究活动与英国国家优先事项的结合。二是需优先考虑的关键研究需求包括：提高对海平面上升和沿海洪水的模拟水平，以便优化基础设施建设，降低沿海社区的不确定性；研究现代海洋通信技术，提升数据传输和电池技术水平；研究海洋变暖和海洋酸化及其对海洋环境的累积影响；研究海洋生态系统在可预见的威胁下崩溃的"临界点"。三是加强国际科学合作。四是推进大数据成为创新的驱动力，确保英国有足够的存储能力和分析能力，协调政府内部部门间在大数据方面的合作。五是推动系统性、全球合作、协调和可持续的全球海洋观测和海底绘图工作，提升对海洋的认识。③

英国近年来十分重视海上运输的绿色低碳发展。2019 年 1 月，英国

① HM Government. UK Marine Science Strategy[EB/OL]. [2014-06-10]. London: Department for Environment Food and Rural Affairs on Behalf of the Marine Science Co-ordination Committee. http://www.ukmpas.org/pdf/mscc-strategy.pdf.
② 苏娜. 英国海洋能源行动计划2010[J]. 科学新闻，2010（14）: 4.
③ Government Office for Science. Future of the sea[R]. (2018-03-30)[2023-03-16]. https://www.gov.uk/government/uploads/system/uploads/attachment_data/file/693129/future-of-the-sea-report.pdf.

交通部发布《海事 2050 战略》，详细阐述了到 2050 年实现零排放航运的愿景。2019 年 7 月，英国交通部发布《清洁海事计划》，提出《海事 2050 战略》的环境路线图，确定了同时解决空气污染物和温室气体排放问题的方法。

（二）英国海洋科技政策的特点分析

1.注重海洋科技成果转化和产业化

英国的海洋科技政策不同于美国具有全球战略视角，也不同于日本着力发展海洋高新技术，而是更加注重海洋科技成果转化及其对经济发展的推动作用，从而获得海洋科技发展带来的经济收益。

2.高度重视海洋科技在实现海洋经济可持续发展中的作用

英国政府深刻地认识到海洋科技发展对于海洋经济可持续发展的促进作用。为了推动海洋经济可持续发展和促进海洋生态环境良性发展，英国政府高度重视海洋科技创新对于海洋新兴产业的促进作用。例如优先开发海洋可再生能源技术，推动实现海洋产业低碳化发展等。英国的海洋科技战略和政策不仅响应了保护海洋生态环境、发展低碳经济的国际大趋势，也使得英国的海洋科技一直保持健康、稳步、有特色的发展状态。

3.高度重视海洋研究的基础设施建设

英国政府历来高度重视海洋科技基础设施的建设和发展，认为海洋科技基础设施对于国家海洋科技发展至关重要。

2009 年英国公布的《大科学装置战略路线图》，便体现了对海洋科技基础设施发展的重视。在该路线图重点支持发展的 8 项科研大装置中，涉及海洋研究的有 4 项。具体包括：建造欧洲极地破冰船"北极光"号；发展欧洲海洋观测基础设施系统（Euro-Argo）；发展欧洲多领域海底观测系统（EMSO）；发展北极斯瓦尔巴特群岛综合观测系统（SIOS），加强对北极地区的研究。①

此外，英国政府还重视水下航行器以及海洋机器人的发展，这些设备可与卫星观测系统结合来推动船舶的观测系统发展，从而构建一个全方位的自动观测网络。经过多年发展，英国在自动水下航行器和海洋机器人领域已处于世界领先地位。

五、国际组织的海洋科技政策

（一）联合国的海洋科技政策

1. 联合国启动"海洋科学促进可持续发展十年计划"

2018 年 8 月，在联合国教科文组织政府间海洋学委员会（IOC）（简称海委会）执行委员会第 51 届年会上，与会各方批准通过了联合国《海洋科学促进可持续发展十年计划（2021—2030）》路线图（以下简称"海洋十年"）。② "海洋十年"旨在为全球海洋利益相关者建立合作机制和平台，鼓励各方加强海洋科学研究和数据收集，以确保《联合国 2030 年可持续发展议程》中"目标 14"（保护海洋、促进海洋资源可持续发展）的实现。

"海洋十年"的愿景是"构建我们所需要的科学，打造我们所希望的海洋"。"海洋十年"确定了三个目标。目标一是确定可持续发展所需的知识，提高海洋科学提供所需海洋数据和信息的能力。目标二是开展能力建设，形成对海洋的全面认知和了解，包括海洋与人类的相互作用、海洋与大气层及冰冻圈的相互作用，以及陆地与海洋的交互关系。目标三是加强对海洋知识的利用以及对海洋的了解，开发有助于形成可持续

---

① 王仲成. 2010年英国的科技政策和科技举措[J]. 全球科技经济瞭望，2011，26（8）：16-24.
② 联合国海洋科学促进可持续发展十年（2021-2030）[R/OL]. [2022-07-19]. http://unesdoc.unesco.org/ark:/48223/pf0000377082_chi.

发展解决方案的能力。[①]

2.联合国发布《蓝色伙伴关系原则》

2022 年 6 月 29 日在于葡萄牙里斯本召开的 2022 年联合国海洋大会上，"促进蓝色伙伴关系，共建可持续未来"论坛公布了《蓝色伙伴关系原则》。《蓝色伙伴关系原则》共提出了 16 条原则，其中第 6 条原则提出"创新科技引领"，其目的在于提高人类对海洋的认知水平，加强知识对可持续发展的引领作用。第 6 条原则提出，各国将持续支持海洋基础科学研究，共同参与和支持联合国《海洋科学促进可持续发展十年计划（2021—2030）》的实施，丰富实现可持续发展所需要的知识，加强对海洋的综合认知与理解，助推海洋科技成果转化，推广海洋知识的广泛利用。[②]

（二）欧盟的海洋科技政策

1.欧盟海洋科技政策的发展历程

欧盟历来十分重视海洋事业，高度重视海洋科技政策的发展，其出台的海洋科技政策最早可追溯至 20 世纪 80 年代。欧盟从 1989 年到 20 世纪末，共出台四部海洋科技规划（MAST），分别为 MAST-Ⅰ（1989—1991 年）、MAST-Ⅱ（1991—1994 年）、MAST-Ⅲ 和 MAST-Ⅳ。这四部海洋科技规划的总体目标是一致的，即"发展海洋科学和技术，认识海洋系统，为海洋持续利用和环境保护以及认识海洋在全球变化中的作用服务"，具体内容包括："提高对海洋环境的认识，更好地管理和保护海洋，

---

① United Nations Decade of Ocean Science for Sustainable Development 2021—2023 Implementation Plan（Version 2.0）[EB/OL].（2020-08-04）[2022-07-12]. http://oceandecade.org/resource/108/Version-20-of-the-Ocean-Decade-Implementation-Plan.

②《蓝色伙伴关系原则》在2022联合国海洋大会期间发布[EB/OL].（2022-07-08）[2022-07-11]. http://ocean.china.com.cn/2022-07/08/content_78313459.htm.

预测海洋变化及其在全球变化中的作用；鼓励海洋资源勘探、保护和开发，重视新技术的研发；提高欧盟国家R&D计划的协调合作和信息交流，通过更有效使用研究设施提高项目效益；加强有关行业的工业竞争力；通过鼓励不同成员国科学家的合作和参与，促进提升欧盟的经济水平和社会凝聚力，同时加强欧盟的科研基础建设；促进人员交流和培训；协助欧盟参与国际海洋计划"。

进入21世纪后，欧盟出台了一系列海洋政策与战略，对海洋科技发展进行部署。

2006年6月，欧盟颁布了《欧盟海洋政策绿皮书》，其中提出通过高水平的科学研究和技术革新来支撑海洋经济发展，加大海洋研究与技术开发投入，保持欧盟在新兴海洋产业，包括海洋生物技术、近海可再生能源、水下技术与装备以及海水养殖领域的领先地位。

2007年10月，欧盟通过了《欧盟综合海洋政策》（蓝皮书）。[①]蓝皮书确定了五个重点行动领域，包括最大限度地可持续利用海洋，为海洋决策奠定知识与创新基础，为沿海地区创建高质量的生活环境，提升欧盟在国际海洋事务中的领导地位，提高欧洲海洋事务的透明度等。蓝皮书在"为海洋决策奠定知识与创新基础"部分指出，海洋科学、技术及研究对海上活动的可持续发展起着至关重要的作用，为综合海洋政策提供跨学科的科学和技术支持，是综合海洋政策不可或缺的一部分。在综合海洋政策及行动的指导下，欧盟要加大对海洋研究与技术的投入，发展能够在保护环境的同时促进海洋产业繁荣的环境友好型技术，使欧洲的海洋产业，例如蓝色生物技术产业、海洋可再生能源产业、水下技术与

---

① Commission of the European Community. An integrated maritime policy for the European Union (COM/2007/575 final)[EB/OL]. [2023-03-16]. http://eur-lex.europa.eu/legal-content/EN/TXT/PDF/?uri=CELEX:52007DC0575&from=EN.

装备产业及海洋水产养殖业等迈入世界先进行列。此外，为了发展海洋科技，欧盟必须建立"海洋观测与资料网络"，支持建立欧洲海洋科学伙伴关系，加强科技界、产业界和决策者之间的沟通与对话。《欧盟综合海洋政策》提出的具体举措突出了海洋科技及研究的重要作用，具体包括四个方面。一是拟定欧盟海洋研究战略。二是通过欧盟第七研究框架计划加强联合研究，促进用综合方法处理海洋事务，加深对海洋的了解。三是加强研究，更好地预测气候变化对海洋活动、海洋环境、沿海地区和海岛的影响，降低气候变化对它们的影响以及有效地应对气候变化。四是建立欧盟海洋科学伙伴关系，加强科技界、产业界和决策者之间的沟通与对话。

2012年9月，欧盟颁布《蓝色增长——海洋和海洋可持续增长的机会》。《蓝色增长——海洋和海洋可持续增长的机会》提出，为推动蓝色增长需采取六个方面的措施。一是注重部门政策之间的协同作用。二是研究不同的活动对海洋环境和生物多样性的影响及其与潜在影响之间的相互作用。三是确定长期具有高增长潜力的活动，并给予支持。四是消除阻碍经济增长的行政壁垒。五是加强在研究和创新方面的投资。六是通过教育和培训提升劳动者技能。[①]

2014年5月，欧盟颁布推出《"蓝色经济"创新计划》，具体包括三个方面的推进措施：一是决定2020年前绘制出多分辨率的包括海底和覆盖水域的欧洲海洋地图，同时积极推进数据的整合，确保数据便于访问、可互相操作和自由使用。二是增强国际合作，促进科技成果转化。三是加强技能培训，提高从业人员技术水平。通过"玛丽·居里行动计划"

---

① European Commission. Blue Growth: Opportunities for Marine and Maritime Sustainable Growth[M]. Luxembourg: Publications Office of the European Union, 2012.

（MSCA）鼓励欧洲科研人员留在欧洲工作、吸引全世界的科研人员到欧洲工作，从数量上和质量上加强在欧洲的科研人员的力量，将欧洲建设成最能吸引顶尖人才的地方。鼓励海洋相关行业从业者积极开展研究，并通过教育培训、设立创新工程以及企业孵化器等多种方式加强研究成果的转化。鼓励所有涉海公立、私营机构科研人员通过各种形式的培训和学习，提高就业能力，最大程度地满足劳动力市场需求。[①]

2021 年 5 月，欧盟发布的《从"蓝色增长"向"可持续的蓝色经济"转型——欧盟海洋经济可持续发展方案》提出："鼓励科学研究与创新。为了实现推动欧盟海洋经济可持续转型，需通过'欧洲地平线计划'的科研和投资计划，建立可持续蓝色经济价值链，实现向绿色经济和数字经济的双重转型。"

2. 欧盟海洋科技政策的特点

（1）重视海洋科技对海洋产业低碳绿色发展的重要作用

欧盟在《从"蓝色增长"向"可持续的蓝色经济"转型——欧盟海洋经济可持续发展方案》中提出了管理科技创新，并为科技创新安排投资计划。该方案还强调加大科技攻关，抢占海洋能开发利用技术制高点，加快海洋可再生能源产业发展，提高生产规模和能力。

（2）重视海洋科技技能职业教育

欧盟《"蓝色经济"创新计划》中提出通过鼓励相关人员加入知识联盟和海洋行业技能联盟等多种形式，大力发展职业教育，提高相关人员的就业能力，最大程度地满足劳动力市场对高级技工人才的需求。欧盟发布的《从"蓝色增长"向"可持续的蓝色经济"转型——欧盟海洋经济

---

① 刘堃，刘容子. 欧盟"蓝色经济"创新计划及对我国的启示[J]. 海洋开发与管理，2015，32（1）: 64-68.

可持续发展方案》提出：要提高蓝色经济市场上劳动力的技能，帮助企业和个人适应数字化过程和新技术的目标，缩小海洋可再生能源和造船行业的技术差距。

（3）明确优先推进领域，制定详细的执行时间表和实施路线图

欧盟为提高《"蓝色经济"创新计划》的执行效果，明确了重点行动的实施时间表和实施路线图。例如，该计划规定了 5 项重点行动任务，其中规定要在 2020 年 1 月前发布欧洲整个海底的多分辨率地图，要在 2015 年 12 月 31 日前建立一个信息共享平台。

05

第五章

我国海洋科技发展的
优先领域及政策建议

本章将在对国内外海洋科技发展现状以及海洋科技政策特点进行梳理的基础上，结合国内海洋科技发展的战略需求以及追赶国外先进水平的要求，对我国未来海洋科技发展的优先领域进行分析，并提出促进未来我国海洋科技发展的政策建议。

第一节 中国海洋科技发展的优先领域分析

一、围绕全球重大海洋问题开展科学研究，部署综合性国际科学计划

气候变化、全球变化中，海洋变化、海洋升温、海洋酸化、海洋塑料污染等问题是未来若干年全球重点关注的科学问题。我国未来的海洋科学研究应针对海洋多尺度相互作用与气候变化、跨圈层流固耦合、海洋生命过程、健康海洋与海岸带可持续发展、海底深部过程、极地海洋过程等重大科学前沿，在国内聚集研究力量启动一批重大专项，在国际上聚焦西太平洋、南海、印度洋和极地等关键海区，组织并发起我国主导的国际大科学计划，布局依托物联网技术的太空—海汽界面—深海—海底多要素立体观测网，开展跨尺度、跨圈层的多学科交叉研究，构建基于人工智能和大数据的多圈层耦合的高分辨率海洋观测与模拟预测系统，抢占国际海洋科学的战略制高点。[①] 为实现此战略目标，结合目前国内外研究现状和发展趋势，提出以下发展方向和具体目标。

（一）开展海洋物质能量循环及其气候效应研究

阐明海洋能量串级和物质循环机理，建立多尺度海气相互作业理论体系，大幅提升海洋和气候变化的预测预报精度，揭示海洋对全球气候变化的响应、反馈和调控机制，为应对极端天气和气候变化提供科学方案。

（二）开展海底多圈层耦合与宜居地球研究

揭示板块运动的驱动和影响机制，阐明地表圈层与地球深部圈层之

---

① 吴立新，荆钊，陈显尧，等. 我国海洋科学发展现状与未来展望[J]. 地学前缘，2022，29（5）：1-12.

间的物质循环机理，将地球系统科学从地表圈层拓展到地球深部，建立并完善跨流—固界面和固体多圈层的地球系统科学的理论框架；恢复亚洲大陆边缘高分辨率古气候古环境演化历史，认识海洋记录的海洋和全球气候变化及其规律；认识海底流体活动规律和规模，揭示板块俯冲过程对元素运移和成矿作用的控制规律，阐明海洋资源形成规律，提高资源安全保障；认识海底环境变化规律，揭示天然气水合物分解、海底滑坡和地震活动等地质灾害的机制和影响，提高海底减灾防灾能力，为合理评估海底灾害风险提供科学支撑。

（三）开展蓝色生命过程及其适应演化机制研究

建立海洋模式生物研究体系，揭示蓝色生命现象与演化规律，突破海洋生物学认知的瓶颈与极限，回答海洋生命过程的关键科学问题，形成系统性原创重大成果。同时，建立海洋生物资源开发和利用高水平基地和技术平台，为海洋生物资源精准高效利用和绿色发展提供科技支撑。

（四）开展健康海洋与海岸带可持续发展研究

揭示主要营养盐、重金属、持久性有机污染物、微塑料等新型污染物在海洋环境中的迁移—转化机制和生态效应，建立陆海统筹污染物管控模式和治理体系；揭示全球气候变化和人类活动影响下的典型海洋生态系统稳态转换机制和生态灾害发生机理；揭示海洋生态系统关键生物功能群存续和环境适应机制，揭示生物毒素、病原微生物的致灾致害机理，构建生态阈值和预警体系，保障海洋食品安全和人类健康；全面评估近海生态系统健康状况和环境承载力，科学预测典型海域生态系统演变趋势。

（五）开展极地快速变化的机制、影响与适应研究

揭示极地冰盖—海冰—海洋系统的形成与演变规律，明确极地系统对全球气候变化的响应机理与反馈作用，实现极地海洋与大气环境在小时、季节到年代际时间尺度的预测，明确极地物理系统、生态环境和资源与人类活动的耦合机制与效应。建立完备的极地观测—探测技术与装备体系，支撑极地基础科学研究及极地开发与治理。[①]

（六）开展智能海洋观测技术研究

推动新型材料、新能源技术、新型制造技术和新型通信技术融合，并结合人工智能大数据，发展具有自主学习能力的智能观测设备，实现对海洋上层几百米长时间、全海域、高时空分辨的卫星观测。

（七）开展深海战略性矿产资源重大基础科学问题研究

揭示深海战略性矿产资源的成矿机理，开展资源量精确评估以及深海矿产的采矿、集矿、扬矿、选矿以及水下作业系统等技术装备的研发。

（八）开展大型深海工程安全保障研究

建立极端动力环境下超长重现期动力环境设计标准，发展科学高效的平台系统整体耦合动力分析方法，揭示整体结构损伤演化规律和耦合失效模式。[②]

二、加快北极问题研究，积极参与北极事务

近年来，各国对北极海洋研究进行了密集部署，使北极成为海洋研究的热点地区。中国是北极事务观察国，是近北极国家，在北极研究方面具有坚实基础。

我国应注重发展极地生态环境保护的技术装备，积极参与北极开发

---

① 吴立新，荆钊，陈显尧，等. 我国海洋科学发展现状与未来展望[J]. 地学前缘，2022，29（5）：1-12.

② 廖洋，纪粹琳. 2021年十大海洋科学问题和工程技术难题发布[N]. 中国科学报，2021-10-29（1）.

的基础设施建设，推动深海远洋考察、冰区勘探、大气和生物观测等领域的装备升级，促进在北极海域石油与天然气钻采、可再生能源开发、冰区航行和监测以及新型冰级船舶建造等方面的技术创新。

不断加大北极科研投入的力度，支持构建现代化的北极科研平台，集中国内研究优势，进行跨部门、跨领域的合作，努力提高北极科研能力和水平。积极开展北极地质、地理、冰雪、水文、气象、海冰、生物、生态、地球地理、海洋化学等领域的多学科科学考察。积极参与北极气候与环境变化的监测和评估，通过建立北极多要素协同观测体系，合作建设科学考察或观测站、建设和参与北极观测网络，对大气、海洋、海冰、冰川、土壤、生物生态、环境质量等要素进行多层次和多领域的连续观测。

不断加强北极社会科学研究，促进北极自然科学和社会科学研究的协同创新。加强北极人才培养和科普教育，积极推进北极科研国际合作，围绕北极问题实施综合性的重大国际研究计划。[1]

三、加大深海装备研制，支撑深海科学考察和勘探开发

深海和远洋研究是未来几年的重点研究方向。提高深远海的探测考察能力，加强海洋重大设备装备建设是我国海洋科技领域未来几年的艰巨任务。具体需要重点开展以下几类深海装备的研发。

（一）加大深海矿产资源开发技术攻关力度

深海矿产资源开发技术的重点关键技术主要集中在船型总体设计、集矿系统、提升系统、环保技术、智能技术等领域，水面支持系统、集矿技术和提升技术是深海采矿系统的三大关键技术。未来技术攻关应从

---

① 中华人民共和国国务院新闻办公室.中国的北极政策[EB/OL].（2018-01-26）[2023-03-16]. http://www.scio.gov.cn/zfbps/32832/Document/1618203/1618203.htm.

三个方向发展。一是加强深海采矿总体设计技术研究，开展深海采矿整体系统的动力学建模以及联动开采作业过程的模拟研究。二是改善集矿系统的效率、控制性能和自动化。攻关研制适应深海矿区地形的采矿作业车，研究作业车的定位、姿态、行走测控技术及其控制技术，适应深水、丰度变化和微地形变化的固体矿物集矿技术。三是突破深海采矿的提升技术。针对集矿机与立管协同技术、中继站技术、固体物料在立管中的输送技术等开展攻关。

（二）加大海洋钻井设备自动化、智能化以及核心技术的研发力度

推动国内浅海钻井装备技术向标准化和模块化方面发展。加大深水钻井装备的研发力度，推动钻井装备的自动化和智能化发展进程。重点攻克复杂条件下的深水钻井完井关键技术，提升深水应急救援技术能力，系统建立深水钻井、完井、修井及应急救援技术体系，实现深水油气勘探开发全面自主作业。

（三）加大深海生物资源开发装备的研制力度

深海生物资源开发技术的重点关键技术主要包括取样技术和定植培养技术等。未来技术发展的重点主要有三个方向。一是开发具有原位条件保真采样、连续长距离采样、高丰度富集、结构简单和操作灵活等特点的装备。二是开发敏捷、灵活、针对性强和诱捕率高的诱捕装备，以及保温、保压和快速精准的取样装备。三是开发可长周期工作、自主感应记录环境参数、定向诱导富集、智能控制的微生物原位定植培养装备，同时增强开发可原位定向条件控制的深海宏生物智能培养装备。

（四）加大深海环境生态保护装备的研发力度

深海环境生态保护装备发展主要有三个重点方向。一是开展深海环境探测装备的研发。重点开发能够进行现场、原位和在线探测，并且兼

具灵敏、快速、自动化、耐腐蚀、耐高压和高温的极端环境等特点的深海环境探测装备。二是开展深海环境模拟装备的研发。研发自动化、大体积、高压力、可视化、综合化和迅速响应环境参数变化的深海极端环境模拟装备。三是研发和构建深海原位水下实验室。构建深海有人、无人高度有机融合的智能协调的深海实验室，开展对深海生态前沿科学问题的全天候、高效率、长时间、连续观测和原位实验的技术与装备研究，利用深海环境条件，开展原位观测、现场取样和实验研究，从而全面掌握深海真实动态的客观规律。

四、不断突破关键技术，推动智能船舶向完全智能化方向发展

智能船舶的发展分为四个阶段。第一阶段是实现船舶状态的远程监测和数据分析。第二阶段是运用云计算、物联网、大数据分析等技术，通过与岸线中心连接，为船舶提供安全、环保、节能优化建议，实现半自动导航。第三阶段是在船舶数据分析的基础上，增加港口物流信息，实现船岸信息的无缝连接，实时动态地优化导航、船期安排和港口作业。第四阶段是实现全自主无人驾驶和港口自动装卸和物流。

智能船舶的主要关键技术包括智能航行技术、智能船体技术、货物智能管理技术和智能集成平台技术。智能航行技术是对船舶航行路线和速度进行数据识别并获得最优航行规划，在行驶过程中通过智能化深度处理所获数据和信息，从而有效感知行驶环境，进而实现智能化航行的技术。智能船体技术是指通过构建船体信息数据库，通过监测系统收集船体数据和信息，对船体、船舶以及船舱的使用状况进行分析与预估，以便为船舶操作提供充分辅助的技术。货物智能管理技术是指借助传感器设备自动采集货舱和设备中与货物有关的信息和数据，利用自动控制技术、计算机技术、大数据处理技术等，对货舱和设备内货物状态进行

实时监测和报警的技术。智能集成平台技术是指构建高度集成、开放的船舶数据及应用平台，通过集成智能能效管理、智能航行、智能机舱等方面的数据信息，实现对船舶的智能管理，更好地实现船舶与岸基的实时信息互动的技术。

未来智能船舶领域应重点突破以上关键技术，推动我国智能船舶逐步实现全自主无人驾驶和港口自动装卸和物流。

五、加快海洋可再生能源技术装备的研发，推动商业化进程

当前我国不同种类的海洋可再生能源的获取技术成熟度各不相同，未来需根据技术发展水平和商业化发展需求，重点研发以下几类海洋可再生能源技术装备。

（一）加快研发波浪能发电关键技术装备

研发多自由度、阵列化波浪能发电技术。研发多自由度波浪能发电装置，突破获能体形式、获能体耦合方式、能量提取系统等关键技术难点。研发阵列浮子式波浪能发电平台和以阵列浮子式波浪能发电平台为单元的阵列式波浪能发电场，以有效扩展波浪能发电的规模，显著增大波浪能发电装置的单机容量。

研发多能互补耦合波浪能发电技术。研发波浪能发电装置依托漂浮式风机平台或风机依托漂浮式波浪能发电装置，实现风能和波浪能一体化联合发电。

研发波浪能利用多功能综合平台。将波浪能发电装置拓展研发成集波浪能发电、网箱养殖、观光旅游和环境监测等为一体的新型智慧海洋可再生能源利用多功能综合平台。基于此类平台的高适应性，可将波浪能发电装置向深远海推进，进行平台阵列化投布，以获取优质的海洋资源。

（二）加快研发潮流能发电技术设备

进一步研究潮流能发电装置系统耦合作用机理，完善潮流能装置水动力性能耦合预报方法、水轮机优化设计方法以及水轮机叶片偏角优化控制方法。进一步突破水轮机高效能量转换技术、载体技术、装置定位技术、运维技术以及电力输送和变换的微网技术，保障潮流能发电装置运行的稳定性、可靠性和高效性。建立真实波流的试验设施，实现潮流能装置的可靠性测试。不断加强成果转化，形成产业链，提高投入产出比，推动潮流能更快地走向规模化和商业化。从设计、制造、海上施工和运维管理等环节开展产业链建设，提升装置的设计、制造、海上施工和运维管理能力。建设和完善潮流能公共试验测试平台。

（三）推进深远海海上风电技术装备的研发

加快研发漂浮式深海风电机组关键技术，重点突破漂浮式风电的风浪量载荷体系、自由运动分析等技术难点。研制 15 兆瓦以上超大型海上风电机组，重点突破叶片主轴承、发电机、系统集成工艺形成全套技术。推动海上风电远距离大规模直流输送关键技术研发。攻克海上风电低频输电系统安全稳定与过电压绝缘配合技术，以及低频换流器、低频变压器、断路器等核心设备关键技术。开发风机、多风场云边协同调度运行体系。攻克在海上建立成本可控的海上制氢站以及氢能运输的技术难题，开发从氢制备、储存、运输到集关键装备技术、系统技术、工程技术为一体的制氢全链条，最终形成海上风电绿氢制备的技术体系。推动建立海洋风电组网。研发海上风电与潮流能及波浪能的综合利用技术。

（四）开展潮汐能更大规模开发和环境友好型开发技术研究

开展更大规模潮汐传统拦坝式电站技术研究，提高潮汐能发电的经济效益。开展潮汐泻湖发电、动态潮汐能、海湾内外相位差发电等环境友好型潮汐能利用技术的研究。

（五）加快突破温差能发电关键技术

研发涡激振动效应对海洋温差能平台的影响机理，有效促进温差能发电装置的安全稳定。研究开发深层冷海水的综合利用技术。研究高效率换热技术，开发温差能发电装置的高效换热器。开发多能互补的温差能综合发电装置，加快温差能示范工程的发展进程，提高温差能发电系统的可行性。开发集漂浮式温差能发电系统、漂浮式海上风电机组、太阳能发电系统和海洋渔业养殖系统为一体的海上平台。开展温差能开发利用的环境影响评价方法研究。

（六）推动盐差能开发利用关键技术突破

研制透水率高的渗透压能法渗透膜，提高膜的工作性能。研制高选择性反电渗析法的离子渗透膜，以及有效降低发电装置的内电阻。突破高效渗透膜和电渗析膜组件技术，以提高膜组能量密度运行稳定性和使用寿命。研究盐差能发电系统与公用电网和用户衔接的问题，以保证电网与用户用电的稳定性。拓展温差能发电技术的应用领域，从海水应用向其他卤水领域转移，以期望从多领域取得突破。

六、研制智能化海洋观测设备，推动海洋信息技术向智能化方向发展

我国海洋信息化在经历了数字化、网络化、业务化之后，正在实现智能化。智能化的海洋信息技术主要包括智能感知、智能分析和智能决策3个层面，主要以自主化、智能化海洋仪器设备为基础，包括无人水面艇（USV）、自主水下潜航器（AUV）、水下滑翔器、Argo浮标、锚系自主移动剖面（MAMP）以及海洋大数据技术等。

未来我国应重点开展AUV的智能理论与方法研究、多AUV协同控

制研究、系统与设备的可靠性研究；重点开展面向实际需求的水下滑翔器应用技术研究、多滑翔器编队和组网观测技术研究。重点开展锚系自主活动剖面技术研究。对海量海洋观测数据进行挖掘和信息提取，通过云计算技术、智能分析技术，结合海洋分析预报和辅助决策模型，解决海洋大数据的智能分析、预报以及决策问题，构建智慧海洋大数据平台。

七、构建大气—岸基—水面—海底一体化海洋通信网络，扩大海洋通信覆盖范围

海洋通信网络划分为四个类别。第一类是有线网络系统，包括海底电缆网络系统、舰船及港口光纤网络系统。第二类是水面无线电通信网络系统，包括水面上方各种通信平台构成的网络系统，这类系统用于连接水面舰船、浮标、无人水面航行器、空中飞行器、沿海岸基基站和通信卫星等。第三类是非声通信系统和网络，包括激光和电磁波远程通信。第四类是水声通信系统和网络，尤其是以无线、移动水声通信系统为主。

前三类都属于海面上通信技术，但海上无线通信系统、海上卫星通信系统以及基于岸基陆地蜂窝网络实现的岸基移动通信，都存在一个共同问题，就是相互之间通信制式互不兼容、通信带宽高低不一、覆盖范围存在盲区、缺乏高效统一的管理机制，造成海上通信受阻。针对海面上通信存在的问题，未来重点通过融合通信技术，由卫星通信与海上无线通信网络及岸基移动通信等多种通信技术，共同构成一个从近海到远海的通信发展新链路，打破以往海上通信过程中带来的众多信息分散的通信壁垒，实现海上组网从分散走向集中的通信信息转变，构建一条高速率、广覆盖、易管理、低成本的新型海洋通信网络。

针对海洋水体与空间大气之间的通信，未来可通过水生—无线电浮标、甚低频电磁波、海洋移动平台以及对水声产生的海面条纹进行的微

波探测等"数据桥梁",构建大气—水面—海底一体化海洋通信网络。一体化的大气—水面—海底通信网络可以利用诸如深海声道、可靠声路径信道、空/海跨介质信道和海洋移动平台等多种信道,在任何地方、任何时间与广阔的深海进行通信。该通信网络通过水声技术和空中无线电传输技术的有效结合,可以大大改善水下数据传输时的高延时和低数据率现状。

八、加快推进战略性海洋新材料的研究与开发

推动环保、节能、节约资源、高性能和功能化的船舶与海洋工程重防腐涂料的发展。促进"易焊性、耐腐蚀、高强度、高韧性、高止裂"高性能钢的研发与设计,以满足海工装备的需要。推动形成完整的海工装备用钛合金材料产业体系,具备创新应用钛金属材料的技术能力,在海洋工程装备钛合金应用技术和范围方面达到国际先进水平。推动研发高强、可焊、耐蚀、加工性能优良的海工用铝合金材料,进行高品质铜合金冶炼质量控制技术研究和镁合金防腐材料研究等。

第二节　促进我国海洋科技发展的政策建议

发展海洋科技是一项具有全局性、长期性和战略性的复杂系统工程，需要政府部门和社会各界提高站位、凝心聚力，从政策规划、财税金融、人才供给、监督考核和发展环境等各个领域综合施策，保障海洋科技发展顺利，以加快建设海洋强国和落实国家创新驱动发展战略。

一、制定和实施中长期海洋科技战略和政策，加快海洋科技发展

围绕加快建设海洋强国和落实国家创新驱动发展战略的目标，以提高海洋开发能力、发展海洋经济、保护海洋生态环境、坚决维护国家海洋权益为主线，以加速推动海洋科技创新和成果转化为牵引，制定和实施中长期国家海洋科技发展战略和政策，用以对国家海洋科技发展进行宏观指导。国家海洋科技战略和政策要着力实现海洋科技引领、推动和支撑海洋经济高质量发展、海洋资源高效利用以及海洋维权的统筹兼顾，重点在深水、绿色、安全的海洋高技术领域取得突破和跨越式发展，尤其要推进急需的核心技术和关键共性技术的研发。

制定中长期国家层面的海洋科技战略和政策要与新时期加快建设海洋强国以及国家创新驱动战略的阶段性目标相协调，分阶段确定海洋科技发展目标和重点任务，详细绘制新时期海洋科技发展路线图，统筹规划、合理部署海洋科技发展。

二、加快海洋科技人才队伍建设，为海洋科技发展提供支撑

通过大力推动人才管理机制、涉海高校科研院所的海洋科技创新活动及涉海教育实践活动，加快高水平海洋科技人才队伍的建设。加快海洋科技人才队伍建设的主要途径有以下几方面。

一是在国家和部委的各类人才培养规划和计划中高度重视海洋科技

人才的培养，营造有利于海洋科技创新的环境，培养一批高水平的海洋科技领域的战略科学家，推动海洋科技重点领域优秀创新人才群体的形成和发展。不断完善海洋科技人才的管理体制机制，如科学的人才选任机制、政产学研金密切合作的海洋人才教育培训机制、公平的人才市场机制以及公正公开的人才激励机制等。

二是不断优化海洋重点实验室的布局，加强各级重点海洋工程研发中心建设，提升和完善海洋科技设施的现代化水平。通过实施国家重点研发计划、自然科学基金以及涉海行业内的各类重大研发计划，突出海洋科技学术带头人和创新团队的培养。同时，通过联合攻关、协同创新和创建产业联盟，培养科技成果转化专家。

三是加强知识产权和标准建设，完善海洋科技成果转化机制。加强对海洋科技知识产权的保护，加强海洋技术标准体系建设，为海洋科技人才创造良好的科技创新和成果转化的制度环境。积极动员和引导社会力量参与海洋科技成果转化，支持海洋科技企业组建产业联盟，推动政产学研金紧密结合，共同促进海洋科技创新和成果转化顺利实施。

四是加强海洋科技领域的国际合作，促进高端海洋科技人才的培养。通过海洋领域的国际合作，引进发达海洋国家的海洋科技对国内重大项目进行合作攻关，或者通过鼓励境外涉海科研机构或企业到我国开设研究机构，加快高端海洋科技人才的培养。

三、加速推进海洋科技创新及产业化平台建设

海洋科技创新平台和成果转化平台建设对于提升海洋科技自主创新能力，强化海洋科技领域的基础研究和源头创新，加快海洋产业技术研发和成果转化具有重要意义。海洋科技创新及产业化平台建设可从以下几方面加以推进。一是加速建设海洋科学创新平台。推动建设海洋国家

实验室及建设和完善一批海洋领域的国家重点实验室、部级重点实验室，突破各海洋知识创新主体之间现存的体制障碍，促进各主体之间的有机组合，集聚各类资源，建成中国海洋基础与应用研究以及高技术研发与产业化中试基地、高层次人才培养基地，推动建立具有国际竞争力的国家海洋科学创新平台体系。二是强化建设以涉海企业为主体、产学研结合的海洋技术创新平台。充分发挥政府的引导作用，强化涉海企业技术创新的主体地位。建设以国家重点实验室、工程技术研究中心和企业技术中心为核心，以省市级重点实验室、工程技术研究中心和企业技术中心及特色型技术中心为辅助的国家海洋技术创新平台体系。三是大力推进各类科技中介机构服务能力建设，不断完善促进科技服务业发展的政策措施。

四、加大对海洋科技发展的财税支持，拓宽融资渠道

海洋科技是一个高投入、高产出、高风险的领域，需要政府采取多种财税政策，进行持续不断的投入支持，不断拓宽海洋科技发展的融资渠道。一是要建立和不断完善海洋科技领域的发展基金，建立稳定的财政投入增长机制。财政投入重点支持重大基础研究、重大关键技术、重大产业创新、重大创新成果转化、重大应用示范工程以及创新平台建设等。对于与维护国家海洋权益、拓展海洋空间等密切相关的海洋科技领域，政府应持续加大资金投入给予倾斜支持。二是采用税收优惠激励政策。给海洋高技术企业提供更优惠的税收政策。加大政府采购政策对海洋高技术产品的支持力度。鼓励和支持金融机构创新金融产品，为涉海科技企业有效拓宽融资渠道。三是积极扶持竞争力强、成长性好、发展潜力大的涉海高科技企业上市融资。完善政府创业风险投资引导基金。大力吸引国际风险投资，鼓励国外投资机构等各类投资主体建立科技创新风险投资分机构，参与中国海洋科技创新。

参考
文献

（一）中文著作（包括译著）

[1]　艾万铸，李桂香主编.海洋科学与技术[M].北京：海洋出版社，2000.

[2]　冯士筰.风暴潮导论[M].北京：科学出版社，1982.

[3]　福建省地方志编纂委员会.中华人民共和国地方志 福建志 海洋志[M].北京：方志出版社，2002.

[4]　国家海洋局海洋发展战略研究所.中国海洋发展报告（2016）[M].北京：海洋出版社，2017.

[5]　蒋铁民.中国海洋区域经济研究[M].北京：中国社会科学出版社，2015.

[6]　金庆焕，张光学，杨木壮.天然气水合物资源概论[M].北京：科学出版社，2006.

[7]　金庆焕.南海地质与油气资源[M].北京：地质出版社，1989.

[8]　金翔龙.东海海洋地质[M].北京：海洋出版社，1992.

[9]　李家彪.中国边缘海形成演化与资源效应[M].北京：海洋出版社，2005.

[10]　刘敏厚，吴世迎，王永吉.黄海晚第四纪沉积[M].北京：海洋出版社，1987.

[11]　刘明，吴姗姗，刘堃，等.中国滨海旅游业低碳化发展途径与政策研究—基于碳足迹理论的视角[M].北京：社会科学文献出版社，2017.

[12] 刘昭蜀，赵焕庭，范时清，陈森强，等.南海地质 [M].北京：科学出版社，2002.

[13] 鹿守本.海洋管理通论[M].北京：海洋出版社，1997.

[14] 倪国江.基于海洋可持续发展的中国海洋科技创新战略研究[M].北京：海洋出版社，2012.

[15] 农业农村部渔业渔政管理局，全国水产技术推广总站，中国水产学会.中国渔业统计年鉴 2020 版 [M].北京：中国农业出版社，2020.

[16] 秦蕴珊.东海地质 [M].北京：科学出版社，1987.

[17] 秦蕴珊.黄海地质 [M].北京：海洋出版社，1989.

[18] 全国科学技术名词审定委员会.海洋科技名词[M].北京：科学出版社，2007.

[19] 汪品先.十五万年来的南海：南海晚第四纪古海洋学研究阶段报告[M].上海：同济大学出版社，1995.

[20] 文圣常，余宙文.海浪理论与计算原理[M].北京：科学出版社，1984.

[21] 文圣常.海浪原理 [M].济南：山东人民出版社，1962.

[22] 徐鸿儒主编.中国海洋学史[M].济南：山东教育出版社，2004.

[23] 许东禹，刘锡清，张训华，等.中国近海地质 [M].北京：地质出版社，1997.

[24] 杨金森，刘容子.海岸带管理指南——基本概念、分析方法、规划模式[M].北京：海洋出版社，1999.

[25] 袁耀初.西北太平洋及其边缘海环流第二卷[M].北京：海洋出版社，2017.

[26] 袁耀初.西北太平洋及其边缘海环流第一卷[M].北京：海洋出版社，2016.

[27] 曾呈奎，徐鸿儒，王春林.中国海洋志 [M].郑州：大象出版社，2003.

[28] 张德贤，陈中慧，戴桂林.海洋经济可持续发展理论研究：海洋经济前沿问题研究[M].青岛：中国青岛海洋大学出版社，2000.

[29] 张海峰.中国海洋经济研究 [M].北京：海洋出版社，1984.

[30] 张海峰.中国海洋经济研究大纲[M].北京：海洋出版社，1986.

［31］ 赵一阳，鄢明才.中国浅海沉积物地球化学[M].北京：科学出版社，
 1994.

［32］ 中国大百科全书普及版编委会.海洋—神秘的水世界[M].北京：中国
 大百科出版社，2013.

［33］ 中国地质调查局.中国地质调查百项成果[M].北京：地质出版社，
 2016.

［34］ 中国科学技术协会主编，中国海洋学会编著.中国海洋学学科史[M].
 北京：中国科学技术出版社，2015.

［35］ 自然资源部.中国海洋经济统计年鉴 2018[M].北京：海洋出版社，
 2019.

［36］ 自然资源部海洋战略规划与经济司.中国海洋经济统计年鉴 2020[M].
 北京：海洋出版社，2021.

（二）中文论文类（期刊、会议论文）

［37］ ALAAELDEEN M.E.Ahmed 段文洋.自主水下航行器发展概述[J].船
 舶力学，2016，20（6）.

［38］ 北极星电力网.中国最大的潮流能发电站投运[J].浙江电力，2013
 （9）.

［39］ 陈绍艳，王芳，张多，等.我国波浪能产业化进展现状分析[C] //中
 国海洋学会，中国太平洋学会.第八届海洋强国战略论坛论文集.北
 京：海洋出版社，2016.

［40］ 陈伟琪，张珞平，洪华生，等.近岸海域环境容量的价值及其价值量
 评估初探[J].厦门大学学报（自然科学版），1999，38（6）.

［41］ 丁国芳，郑玉寅，杨最素，等.海洋保健食品研发进展[J].浙江海
 洋学院学报（自然科学版），2010，29（2）：162-166.

［42］ 董月成，方志刚，常辉，等.海洋环境下钛合金主要服役性能研究
 [J].中国材料进展，2020，39（3）.

［43］ 董兆乾.中国首次北极科学考察[J].海洋地质与第四纪地质，1999，19
 （3）.

[44] 范维，许攸.日本率先拉开"智能船舶"国际标准化战略序幕[J].船舶标准化与质量，2015（4）.

[45] 冯景春，梁健臻，张偲，等.深海环境生态保护装备发展研究[J].中国工程科学，2020，22（6）.

[46] 高峰，王金平，汤天波.世界主要海洋国家海洋发展战略分析[J].世界科技研究与发展，2009，31（5）.

[47] 高祥帆，梁贤光，蒋念东，等.中水道1号灯船波力发电系统模拟试验和设计[J].海洋工程，1992（2）.

[48] 高战朝.英国海洋综合能力建设状况[J].海洋信息，2004（3）.

[49] 龚世禹，刘艺琳，李世明，等.海洋中药的研究进展[J].安徽农业科学，2020，48（8）.

[50] 顾代方，袁业立.成长过程中非线性水波的色散关系[J].海洋与湖沼，1987（6）.

[51] 郭雷，阎斌伦，王淑军，等.我国已获批准的海洋保健食品现状分析及其开发前景[J].食品与发酵工业，2010，36（1）.

[52] 韩忠南.我国海洋经济持续发展可能性的分析[J].海洋开发与管理，1994（4）.

[53] 郝记明，马丽艳，李景明.食品安全问题及其控制食品安全的措施[J].食品与发酵工业，2004（2）.

[54] 何成贵，张培志，郭方全，等.全海深浮力材料发展综述[J].机械工程材料，2017，41（9）.

[55] 季自力，王文华.美军加快推进战场感知系统建设[J].军事文摘，2019（7）.

[56] 江为为.《中国边缘海的形成演化及重大资源的关键问题》项目（973计划）第一次学术会议及第二次工作会议在杭州召开[J].地球物理学进展，2001（1）.

[57] 姜勇，党安涛，胡建廷，等.加强海洋科技创新支撑山东海洋强省建设的战略研究[J].海洋开发与管理，2019，36（9）.

[58] 蒋兴伟，何贤强，林明森，等.中国海洋卫星遥感应用进展[J].海洋

学报，2019，41（10）．

[59] 蒋兴伟，刘建强，邹斌，等.浒苔灾害卫星遥感应急监视监测系统及其应用[J].海洋学报，2009，31（1）．

[60] 孔一颖，王明晔.全国首座半潜式波浪能养殖网箱广东交付[J].海洋与渔业，2019（8）．

[61] 李奔，刘洋.国外深海无人潜航器装备及技术发展研究[J].中国造船，2019，60（A01）．

[62] 李聪，杜正彩，郝二伟，等.2015版《中国药典》含海洋中药成方制剂收录情况及其临床应用分析[J].中成药，2018，40（11）．

[63] 李风华，路艳国，王海斌，等.海底观测网的研究进展与发展趋势[J].中国科学院院刊，2019（3）．

[64] 李红志，贾文娟，任炜，等.物理海洋传感器现状及未来发展趋势[J].海洋技术，2015，34（3）．

[65] 李天星.艰难曲折的深海开发历程[J].中国石油企业，2012（10）．

[66] 李晓敏，王文涛，揭晓蒙，等.中美海洋科技经费投入对比研究[J].全球科技经济瞭望，2020，35（12）．

[67] 李中.中国海油深水钻井技术进展及发展展望[J].中国海上油气，2021，33（3）．

[68] 梁贤光，蒋念东，王伟，孙培亚.5kW后弯管波力发电装置的研究[J].海洋工程，1999，17（4）．

[69] 林间，李家彪，徐义刚，等.南海大洋钻探及海洋地质与地球物理前沿研究新突破[J].海洋学报，2019，41（10）．

[70] 林明森，何贤强，贾永君，等.中国海洋卫星遥感技术进展[J].海洋学报，2019，41（10）．

[71] 林栖凤，李冠一.海水灌溉农业和盐土农业研究概况和进展[C].//全国海洋高新技术产业化论坛论文集，2005．

[72] 凌云.2018年南海周边国家全面提升攻防能力[J].兵器知识，2019（1）．

[73] 刘光鼎，王学言，雷受旻.中国海区及邻域地质—地球物理系列图[J].海洋地质与第四纪地质，1990，10（1）．

[74] 刘坤，王金，杜志元，等.大深度载人潜水器浮力材料的应用现状和发展趋势 [J].海洋开发与管理，2019.

[75] 刘堃，刘容子.欧盟"蓝色经济"创新计划及对我国的启示 [J].海洋开发与管理，2015，32（1）.

[76] 刘明.区域海洋经济可持续发展的能力评价 [J].中国统计，2008，（3）.

[77] 刘伟民，刘蕾，陈凤云，等.中国海洋可再生能源技术进展 [J].科技导报，2020，38（14）.

[78] 刘伟民，麻常雷，陈凤云，等.海洋可再生能源开发利用与技术进展 [J].海洋科学进展，2018，36（1）.

[79] 刘延俊，武爽，王登帅，等．海洋波浪能发电装置研究进展 [J].山东大学学报（工学版），2021，51（5）.

[80] 柳莺.罗•罗展示全球首艘遥控商船 [J].船舶经济贸易，2017（7）.

[81] 路晴，史宏达．中国波浪能技术进展与未来趋势 [J].海岸工程，2022，41（1）.

[82] 路晓磊，陈默，王小丹，等，2020.我国海洋水文调查设备的发展历程 [J].海洋开发与管理，37(9).

[83] 栾海.俄罗斯海军构建水下通信"互联网" [J].军民两用技术与产品，2017（3）.

[84] 罗钰如．协调好"人口、资源、环境"之间的关系是实现可持续发展的一个核心 [J].太平洋学报，1997（1）.

[85] 马志华.全国海岛资源综合调查取得丰硕成果 [J].海洋信息，1996（6）.

[86] 孟红.新中国首次南极科考始末 [J].党史纵览，2014（3）.

[87] 孟庆武.海洋科技创新基本理论与对策研究 [J].海洋开发与管理，2013，30（2）.

[88] 倪国江，文艳.美国海洋科技发展的推进因素及对我国的启示 [J].海洋开发与管理，2009，26（6）.

[89] 欧阳宗书.明清海洋渔业及其重要地位 [J].古今农业，1998（4）.

[90] 钱洪宝，卢晓亭.我国水下滑翔机技术发展建议与思考 [J].鱼雷技术，2019，27（5）.

[91] 秦绪文，石显耀，张勇，等.中国海域 1:100 万区域地质调查主要成果与认识[J].中国地质，2020（5）.

[92] 权锡鉴.海洋经济学初探[J].东岳论丛，1986（4）.

[93] 沈新蕊，王延辉，杨绍琼，等.水下滑翔机技术发展现状与展望[J].水下无人系统学报，2018（2）.

[94] 盛松伟，张亚群，王坤林，等."鹰式一号"波浪能发电装置研究[J].船舶工程，2015，37（9）.

[95] 石秋艳，宁凌.我国海洋生物医药产业发展现状分析及对策研究[J].宜春学院学报，2014，36（6）.

[96] 史宏达，曹飞飞，马哲，等.振荡浮子式波浪发电装置物理模型试验研究[C]//第三届中国海洋可再生能源发展年会暨论坛.国家海洋技术中心；国家海洋局，2014.

[97] 宋金明，王启栋，张润，等.70 年来中国化学海洋学研究的主要进展[J].海洋学报，2019，41（10）.

[98] 苏娜编译.英国海洋能源行动计划 2010[J].科学新闻，2010（14）.

[99] 苏胜金.七年全国海岸带和海涂资源综合调查综述[J].海洋与海岸带开发，1988（2）.

[100] 苏育嵩，李凤岐，王凤钦.渤、黄、东海水型分布与水系划分[J].海洋学报，1996，18（6）.

[101] 隋世峰.关于混合型单峰实测海浪谱的拟合[J].热带海洋学报，1985（1）.

[102] 孙凤山.海洋经济学的研究对象、任务和方法[J].海洋开发，1985（3）.

[103] 孙军，蔡立哲，陈建芳，等.中国海洋生物研究 70 年[J].海洋学报，2019，41（10）.

[104] 孙芹东，兰世泉，王超，等.水下声学滑翔机研究进展及关键技术[J].水下无人系统学报，2020，28（1）.

[105] 孙文心，冯士筰，秦曾灏.超浅海风暴潮的数值模拟（一）—零阶模型对渤海风潮的初步应用[J].海洋学报（中文版），1979，1（2）.

[106] 孙文心.参数化浅海流体动力学模型中的耗散与频散[J].中国海洋大

学学报（自然科学版），1992（4）.

[107] 孙洋洋，常辉，方志刚，等. TC4 ELI 钛合金显微组织对低周疲劳性能的影响[J].稀有金属材料与工程，2020，49（5）.

[108] 谭俊哲，郑志爽，李仁军，等.潮流能发电装置支撑结构对水轮机水动力学性能影响研究[J].海洋工程，2018，36（3）.

[109] 唐庆辉，范开国，徐东洋.海洋无人观测装备发展与应用思考[J].数字海洋与水下攻防，2021，4（5）.

[110] 天工.东方物探海洋勘探导航定位关键技术国际领先[J].天然气工业，2020，40（11）.

[111] 田应元，吴小涛，王海军，等."海鳐"波浪滑翔器研究进展及发展思路[J].数字海洋与水下攻防，2020，3（2）.

[112] 王博，魏世丞，黄威，等.海洋防腐蚀涂料的发展现状及进展简述[J].材料保护，2019，52（11）.

[113] 王春法.关于国家创新体系理论的思考[J].中国软科学，2003（5）.

[114] 王海军.波浪滑翔机海上试验研究[J].数字海洋与水下攻防，2020，3（2）.

[115] 王洛伟，韩燕，龚国川，等.海洋药物开发现状及展望[J].中华航海医学杂志，1999（6）.

[116] 王鹏，胡筱敏，熊学军. 新型表层漂流浮标体设计分析[J].海洋工程，2017，35（6）.

[117] 王琪，王璇.我国海洋教育在海洋人才培养中的不足及对策[J].科学与管理，2011，31（3）.

[118] 王树文，王琪.美日英海洋科技政策发展过程及其对中国的启示[J].海洋经济，2012，2（5）.

[119] 王思佳.韩国智能船舶发展路径[J].中国船检，2021（3）.

[120] 王思佳.造船业的麒麟之争[J].珠江水运，2019（1）.

[121] 王维旭，刘志桐，张鹏，等.全液压海洋地质钻探系统的研制与应用[J].石油机械，2019，47（12）.

[122] 王雅琳，郭佳，刘都群.2018 年水下无人系统发展综述[J].无人系统

技术，2019（4）.

[123]　王雅琳，刘都群，杨依然.2019年水下无人系统发展综述[J].无人系统技术，2020，3（1）.

[124]　王长云，邵长伦，傅秀梅，等.中国海洋药物资源及其药用研究调查[J].中国海洋大学学报（自然科学版），2009，39（4）.

[125]　王智峰，周良明，张弓贲，等.舟山海域特定水道潮流能估算[J].中国海洋大学学报：自然科学版，2010(8).

[126]　王仲成.2010年英国的科技政策和科技举措[J].全球科技经济瞭望，2011，26（8）.

[127]　魏婷，石莉.日本海洋科技创新体系建设研究[J].国土资源情报，2017（10）.

[128]　魏泽勋，郑全安，杨永增，等.中国物理海洋学研究70年：发展历程、学术成就概览[J].海洋学报，2019，41（10）.

[129]　吴必军，刁向红，王坤林，等.10kW漂浮点吸收直线发电波力装置[J].海洋技术，2012（03）.

[130]　吴立新，荆钊，陈显尧，等.我国海洋科学发展现状与未来展望[J].地学前缘，2022，29（5）.

[131]　吴尚尚，李阁阁，兰世泉，等.水下滑翔机导航技术发展现状与展望[J].水下无人系统学报，2019，27（5）.

[132]　吴万夫.试论水产资源的有偿使用[J].海洋开发与管理，1997，14（3）.

[133]　吴秀杰，滕学春，郭洪梅，等.浅水海浪谱的初步研究[J].海洋学报（中文版），1984（2）

[134]　伍尚慧.俄罗斯大力发展无人潜航器以提升水下作战能力[J].军事文摘，2019（9）.

[135]　武志星.俄罗斯宣布将在2035年前打造一支重量级北极破冰船队[J].科技中国，2019（5）.

[136]　武志星.全球首家无人船航运公司将诞生[J].科技中国，2018（5）.

[137]　武志星.土耳其研发出新型"移动水雷"[J].科技中国，2018（5）.

[138]　夏登文.海洋能开发利用关键技术研究与示范[J].中国科技成果，2013（22）.

[139] 夏光敏，向凤宁，周爱芬，等.小麦与高冰草属间体细胞杂交获可育杂种植株[J].Acta Botanica Sinica（植物学报：英文版），1999，41（4）.

[140] 肖琳.摸清海洋经济家底　助力海洋强国建设—第一次全国海洋经济调查正式启动[J].太平洋学报，2015，23（2）.

[141] 邢军武.盐碱环境与盐碱农业[J].地球科学进展，2001，16（2）.

[142] 徐君亮.海洋国土开发与地理学研究[J].海洋开发，1987（1）.

[143] 徐宪忠.浅谈构建国家海洋科技创新体系[J].海洋开发与管理，2009，26（8）.

[144] 徐小龙.中国海洋科考历程（一）值得记住的里程碑[J].百科探秘（海底世界），2021（11）.

[145] 许继琴.港口城市成长的理论与实证探讨[J].地域研究与开发，1997（4）.

[146] 闫亚飞.海洋传感器产业分析报告[J].高科技与产业化，2021，27（12）.

[147] 严侃，黄朋.复合材料在海洋工程中的应用[J].玻璃钢/复合材料.2017（12）.

[148] 姚齐国,刘玉良,李林,等.潮流发电前景初探[J].长春工程学院学报：自然科学版,2011(2).

[149] 叶利民，徐芬芬，徐卫红，等.海水灌溉农业[J].生物学教学，2010（6）.

[150] 叶效伟，胡桂祥，俞圣杰.国外重型无人潜水器最新发展动态及启示[J].船舶物资与市场，2020（3）.

[151] 佚名，全球航运史上首次！首艘大型货船从中国"自动航行"到达日本[J].船舶与配套，2019.

[152] 佚名.10896m!"悟空号"再创潜深纪录[J].机电设备，2021，38（6）.

[153] 佚名.试采创纪录 我国率先实现水平井钻采深海"可燃冰"[J].录井工程，2020.

[154] 佚名."深海潜标测量系统"获国家发明专利授权[J].军民两用技术与产品，2007（12）.

[155] 佚名.《海洋卫星业务发展"十三五"规划》发布[J].海洋与渔业，

2018（1）.

[156] 佚名.NASA 发射了 ICESat-2 卫星用激光测量地球冰变化[J].航天返回与遥感，2019，40（1）.

[157] 佚名. Robert Allan 推出无人驾驶消防船[J].船舶与配套，2019.

[158] 佚名.大洋科学考察首次成功实施深海声学深拖作业[J].地质装备，2009，10（5）.

[159] 佚名.俄启动首艘"领袖"级核动力破冰船建造[J].国外核新闻，2020（8）.

[160] 佚名.目标：冰穹 A！—中国科考队胜利登上南极冰穹核心区纪实[J].中国青年科技，2005，（4）.

[161] 佚名.我国考察船在太平洋底采集锰结核[J].中国锰业，1983（1）.

[162] 佚名. 我国自主设计建造的世界最大桁架式半潜平台组块顺利完工[J].中国机电工业，2020（11）.

[163] 佚名.浙大研制出国内首台"水下风车"模型样机成功发电[J].流体传动与控制，2006（6）.

[164] 于莹，刘大海.日本深海稀土研究开发最新动态及启示[J].中国国土资源经济，2019，32（9）.

[165] 于永学，王玉珧，解嘉宇.海洋通信的发展现状及应用构想[J].海洋信息，2020，35（2）.

[166] 余良晖. 构建矿产资源国内国际双循环思考[J]. 中国国土资源经济，2020，33（11）.

[167] 余志，蒋念东，游亚戈.大万山岸式振荡水柱波力电站的输出功率[J].海洋工程，1996，14（2）.

[168] 余宙文，蒋德才，张大错.联合海浪过程的数值模拟[J].海洋学报，1979（1）.

[169] 袁业立.论成长过程中的非线性水波[J].中国科学，1986（8）.

[170] 张爱珠.口岸城市同腹地经济一体化发展研究[J].财经问题研究，1999（10）.

[171] 张耀光.海洋经济地理研究与其在我国的进展[J].经济地理，1988（2）.

[172] 赵聪蛟，周燕.国内海洋浮标监测系统研究概况[J].海洋开发与管理，2013（11）.

[173] 赵捷.我国高品质船舶、海洋工程用钢研究进展[J].材料导报，2018，32（A01）.

[174] 赵林，张宇硕，焦新颖，等.基于SBM和Malmquist生产率指数的中国海洋经济效率评价研究[J].资源科学，2016，38（3）.

[175] 赵淑莉，王冬海，郭明瑞，等.海上多能源高效互补智能供电系统技术研究[J].环境技术，2020，38（2）.

[176] 赵严，胡梦青，阮慧敏，等.逆向电渗析法海水盐差能发电工艺研究[J].过滤与分离，2015（1）.

[177] 郑华荣，魏艳，瞿逢重.水面无人艇研究现状[J].中国造船，2020，61（S01）.

[178] 郑全安，吴克勤.我国的海洋遥感十年发展回顾（1979—1989）[J].海洋通报，1990，9（3）.

[179] 周乐萍.澳大利亚海洋经济发展特性及启示[J].海洋开发与管理，2021，38(9).

[180] 周名江，朱明远.我国近海有害赤潮发生的生态学、海洋学机制及预测防治研究[J].应用生态学报，2003.

（三）中文硕博论文类

[181] 陈博文.Ti80和TC4 ELI钛合金的室温高压压缩蠕变行为研究[D].南京：南京工业大学，2017.

[182] 陈才敏.耐蚀Ti-Al-Nb-Zr-Mo合金的成分优化及组织性能研究[D].哈尔滨：哈尔滨工业大学，2018.

[183] 陈梦雪.基于BEM-CFD模型的水平轴潮流能发电装置叶轮优化研究[D].杭州：浙江大学，2018.

[184] 李振宇.潮流能水轮机制动策略及实现方法研究[D].哈尔滨：哈尔滨工程大学，2016.

[185] 屈平.深海钛合金耐压结构蠕变特性探索研究[D].北京：中国舰船研

究院，2015.

[186] 渠佳慧.高强Ti-35421合金应力腐蚀及表面钝化膜自修复[D].南京：
南京工业大学，2019.

[187] 山川.钛合金的应力腐蚀开裂与腐蚀电化学研究[D].青岛：中国海洋
大学，2013.

[188] 王妍.高强耐蚀Ti-Al-Zr-Sn-Mo-Nb合金的成分优化及组织性能研究
[D].哈尔滨：哈尔滨工业大学，2019.

[189] 赵耕毛.莱州湾地区海水养殖废水灌溉耐盐植物—菊芋和油葵的研究
[D].南京：南京农业大学，2006.

（四）报纸文章

[190] 渤海油气资源勘探获重要突破[N].中国海洋报，2018-10-18（1B）.

[191] 渤中13-2，中海油再发现亿吨级大油气田！[N].环球时报，2021-
02-22.

[192] 潮汐能发电基地落户东莞[N].南方都市报，2010-12-14.

[193] 打破国外垄断的"海燕"水下滑翔机[N].中国海洋报，2018-08-15
（1B）.

[194] 大洋42航次圆满完成资源调查任务[N].中国海洋报，2017-04-14
（1A）.

[195] 大洋45航次第一航段科考作业圆满收官[N].中国海洋报，2017-08-
14（1A）.

[196] 大洋56航次完成多项考察任务[N].中国海洋报，2019-10-21（1B）.

[197] "大洋一号"完成中国大洋52航次任务回国[N].中国海洋报，2019-
07-26（1B）.

[198] 东海油气勘探再传捷报[N].浙江日报，2000-07-02.

[199] 东海油气勘探喜传捷报[N].中国矿业报，2001-04-05（1）.

[200] 2019年国际海洋盘点（上）[N].自然资源报，2019-12-30.

[201] 发电量比国际同水平提高20%，我国首个自主知识产权海上风电机
组研制成功[N].中国海洋报，2016-10-28（1A）.

[202] 管华诗.海洋药物研究开拓者[N].光明日报，2004-09-23.

[203] 国产 500 千伏交联聚乙烯绝缘海缆完成预鉴定试验[N].中国海洋报，2018-08-23（1B）.

[204] 国产化深海浮力材料在青"突围"[N].青岛财经日报，2015-09-25.

[205] 国家全球海洋立体观测网：认知海洋的宏伟计划[N].自然资源报，2019-07-17.

[206] 国内单体最大海上风电场首台发电在即[N].中国海洋报，2019-08-12（2B）.

[207] 国内第一个海流能发电项目花落荣成[N].大众日报，2011-03-20（4）.

[208] 国内首创履带式海上自行走平台试验机研制成功[N].中国海洋报，2018-08-10（2B）.

[209] 国内首台 10MW 海上永磁直驱风力发电机研制成功[N].中国海洋报，2019-08-23（2B）.

[210] 国内首套 3000 米级声学深拖系统试水成功[N].中国海洋报，2016-01-11（2A）.

[211] 国内首座潮流能发电站首次结算已并网发电[N].中国海洋报，2019-08-28（1B）.

[212] 国内最大兆瓦级潮流能发电机组在舟山下海[N].中国海洋报，2016-01-14（1A）.

[213] 国内最先进深潜水工作母船在青岛开建[N].中国海洋报，2018-09-18（1B）.

[214] 海斗一号：向万米海底深潜[N].光明日报，2022-04-29（1）.

[215] "海龙III"在西北太平洋试验性应用获得成功[N].中国海洋报，2018-09-04（1B）.

[216] "海豚"5G无人船首次发布[N].中国海洋报，2019-10-10（3B）.

[217] 海洋二所声学探测系统开展试验性应用[N].中国自然资源报，2021-05-26.

[218] 海洋三所攻克虾苗"玻璃苗"病害难题[N].中国自然资源报，2021-03-01.

[219] 海洋三所在海洋微生物天然药物研究中取得重要进展 [N]. 中国海洋报，2019-10-23（2B）.

[220] 海洋温差能发电初露曙光 [N]. 中国海洋报，2012-09-07（3）.

[221] "海洋六号"顺利完成中国大洋 41 航次首航任务 [N]. 中国海洋报，2016-08-16（1A）.

[222] "海洋六号"完成中国大洋 36 航次科学考察任务顺利返航 [N]. 中国海洋报，2015-11-10（A1）.

[223] "海洋六号"圆满完成大洋 51 航次科考任务 [N]. 中国海洋报，2018-10-19（2B）.

[224] 海翼号"滑翔"深海创纪录 [N]. 人民日报海外版，2017-03-29（11）.

[225] 海装风电 5 兆瓦风机并网发电 [N]. 中国海洋报，2013-01-21（3）.

[226] 韩国 KR 启动氢燃料动力船舶研发项目 [N]. 中国船舶报，2019-05-18.

[227] 核潜艇"牵手"核动力潜航器　优势互补引领水下作战新打法 [N]. 科技日报，2020-05-06（6）.

[228] 洪恒飞，高晓静，张超梁，江耘. 增强海洋工程结构耐久性 复合涂层为钢管桩披上"防护衣" [N]. 科技日报，2021-02-03（6）.

[229] 惠州 26-6 油气田探明地质储量 5000 万方 [N]. 惠州日报，2021-01-26.

[230] 技术指标国际领先的"海牛"号 [N]. 中国海洋报，2019-01-28（2B）.

[231] "蛟龙"归来　细说 38 航次五大科学成果 [N]. 中国海洋报，2017-06-26（1A）.

[232] 聚焦我国海洋油气调查 [N]. 中国国土资源报，2017（6）.

[233] "蓝色药库"奉献治疗阿尔茨海默症新药 [N]. 中国海洋报，2019-11-05（1B）.

[234] 李健，洪术华，沈金平. 复合材料在海洋船舶中的应用 [N]. 机电设备，2019，36（4）.

[235] 李琴. 大数据"落地"促智能船舶加速驶来 [N]. 中国船舶报，2015-09-01.

[236] 历史性突破！南海可燃冰试采成功 [N]. 中国海洋报，2017-05-19（1A）.

[237] 两座"中国首造"自升式钻井平台交付 [N].中国海洋报,2017-08-26
（1A）.

[238] 辽东湾北部沉积环境研究获新进展 [N].中国自然资源报,2021-04-01.

[239] 廖洋,纪粹琳.2021 年十大海洋科学问题和工程技术难题发布 [N].中
国科学报,2021-10-29（1）.

[240] 637 千瓦,单机发电新纪录　浙大研制的海流发电装备在舟山"复
工"[N].浙江日报,2020-04-22（2）.

[241] 龙邹霞.2014 年西太平洋放射性监测第一航次顺利返航 [N].中国海洋
报,2014-06-17.

[242] 陆琦.第二次全国海岛资源综合调查将启动 [N].中国科学报,2013-
07-24.

[243] 美海军成功测试一种新型无人水面扫雷艇 [N].环球时报,2019-09-20.

[244] 潘锋.中国 Argo 大洋观测网初步建成 [N].中国科学报,2014-10-08
（4）.

[245] 青岛海洋温差能发电驶向产业化　为企业降本增效 [N].青岛财经日
报,2015-07-30.

[246] 全球首款水陆两栖智能无人防务快艇"海蜥蜴"交付 [N].中国海洋报,
2019-04-15（2B）.

[247] 全球首艘 40 万吨级职能船交付 [N].中国海洋报,2018-11-29（1B）.

[248] 全球首艘超大型智能原油船在大连成功交付 [N].中国海洋报,2019-
06-26（2B）.

[249] 全球最大型液化天然气动力集装箱船下水 [N].中国海洋报,2019-09-
30（2B）.

[250] 任秀平.JFE 船舶及海工用钢开发现状及发展方向 [N].世界金属导报,
2020-12-08.

[251] 10 万吨级海水循环冷却技术与装备研发课题圆满完成 [N].中国海洋
报,2011-08-26（3）.

[252] 10 兆瓦级海上风电机组通过认证 [N].中国海洋报,2019-11-11（2B）.

[253] 涉海科技多项目入选国家重点专项 [N].中国海洋报,2018-08-14（1B）.

[254] 深中通道进入最难建设阶段[N].中国海洋报,2019-03-27(2B).

[255] 沈佳强,叶芳.海洋经济示范区的浙江样本[N].浙江日报,2017-05-24(5).

[256] 世界首艘自航式沉管运输安装一体船成功试航[N].中国海洋报,2019-08-21(1B).

[257] 誓将节能减排进行到底!60家行业巨头成立零排放联盟,加速实现航运业碳减排目标[N].中国航务周刊,2019-09-25.

[258] 首艘国产大型邮轮在上海开工建造[N].中国海洋报,2019-10-22(1B).

[259] 首套国产化海气界面观测浮标布放西北太平洋[N].中国自然资源报,2020-08-28.

[260] 首条国产大长度海洋脐带缆交付[N].中国海洋报,2018-06-21(1A).

[261] 突破技术瓶颈 组网观测南海—中国海洋大学团队构建国际规模最大的区域潜标观测网[N].中国海洋报,2019-03-07(3B).

[262] "万吨科考船"来了!建成后将成为国内性能最强海洋综合科学考察船[N].文汇报,2021-03-25.

[263] 王祝华,樊奇,何玉发.国产自主天然气水合物钻探和测井技术装备海试取得重大进展[N].科技日报,2021-07-08(2).

[264] 我国渤海湾盆地喜获千亿立方米天然气田[N].中国海洋报,2019-02-27(1B).

[265] 我国创下全球海洋地球科学钻探全取心孔深最高纪录[N].中国海洋报,2016-09-21(1A).

[266] 我国第二大海洋油气平台建成装船启运[N].中国海洋报,2019-04-09(1B).

[267] 我国第三次万米深渊综合科考成果丰硕[N].中国海洋报,2018-10-18(1B).

[268] 我国东南沿海首个海上风电场建成投产[N].中国海洋报,2016-08-16(1A).

[269] 我国海流能发电攻克"稳定"难题[N].中国海洋报,2017-01-16(1A).

[270] 我国海气界面浮标应用又获新进展[N].中国海洋报,2018-10-10(1B).

[271] 我国海上风电场送电系统与并网关键技术研究取得重要进展[N].中国

海洋报，2017-08-02（1A）.

[272] 我国海上物探完成红海海域勘探[N].中国海洋报，2017-04-19（1A）.

[273] 我国海洋科考重器"实验6"开启首航[N].光明日报，2021-09-07（9）.

[274] 我国跻身国际海水淡化综合运用第一梯队[N].中国海洋报，2019-10-18（2B）.

[275] 我国建成最大区域潜标观测网[N].中国科学报，2018-03-26（1）.

[276] 我国将建造首艘核动力破冰船[N].中国海洋报，2018-06-28（1B）.

[277] 我国近海底水合物探测技术项目获新进展[N].中国海洋报，2019-07-04（3B）.

[278] 我国科学家完整刻画出全球"气候心脏"三维热盐结构[N].中国自然资源报，2020-07-09.

[279] 我国科学家用野生海参提取物研发成功肿瘤免疫力再生剂[N].中国海洋报，2017-02-16（2A）.

[280] 我国科学家在西太平洋初步建成潜标观测网[N].中国海洋报，2015-11-16（2）.

[281] 我国南海"海马冷泉"资源勘察取得新突破[N].中国海洋报，2016-06-29（1A）.

[282] 我国南海海域首次发现Ⅱ型天然气水合物[N].中国海洋报，2016-04-18（1A）.

[283] 我国深海热液原位探测取得新突破[N].中国海洋报，2018-08-07（1B）.

[284] 我国深水半潜式钻井平台"海洋石油982"出坞下水[N].中国海洋报，2017-05-02（1A）.

[285] 我国实现大规模多类型无人无缆潜水器组网作业[N].科技日报，2021-09-24.

[286] 我国首次发布海洋化合物数据库[N].中国海洋报，2018-07-05（1B）.

[287] 我国首次实现海洋机器人集群全自主协同作业[N].中国自然资源报，2021-03-01.

[288] 我国首个满足"双十"标准海上风电场并网发电[N].中国海洋报，2016-02-01（1A）.

[289] 我国首个自主浮式生产储卸油平台开航[N].中国海洋报，2017-02-14（1A）.

[290] 我国首艘海洋牧场养殖观测无人船下水[N].科技日报，2021-08-15.

[291] 我国首台500千瓦波浪能发电装置"舟山号"交付[N].经济参考报，2020-08-07.

[292] 我国首台自主研发海上超大型打桩锤通过验收[N].中国海洋报，2018-04-11（1B）.

[293] 我国首套出口深海机械手完成现场验收[N].中国海洋报，2019-05-24（1B）.

[294] 我国首座海上移动式试采平台交付[N].中国海洋报，2017-03-02（2A）.

[295] 我国首座跨海高铁桥即将完成水下桩基施工[N].中国海洋报，2019-03-27（1B）.

[296] 我国物探船完成首次北极海域地震勘探作业[N].中国海洋报，2016-08-12（1A）.

[297] 我国新型大洋综合资源调查船"大洋号"[N].中国海洋报，2018-12-03（1B）.

[298] 我国研发成功首个海上邮轮"浮动式码头"[N].中国海洋报，2016-04-18（2A）.

[299] 我国有了首艘海底管道巡检船[N].中国海洋报，2018-07-09（2B）.

[300] 我国制造的全球最强深水钻井平台命名交付[N].中国海洋报，2017-02-15（1A）.

[301] 我国自主建成可燃冰勘探技术体系[N].中国海洋报，2017-06-29（1A）.

[302] 我国自主研发的疏浚重器"天鲲号"试航成功[N].中国海洋报，2018-06-13（1B）.

[303] 我国最大海洋综合科考实习船"中山大学"号试航成功[N].光明日报，2021-06-19（1）.

[304] 我国最先进海上风电施工平台船交付[N].中国海洋报，2018-02-01（1B）.

[305] 我"漂流式通量浮标"比测应用获突破[N].中国海洋报,2018-06-14（1B）.

[306] 我首次完成海洋能发电装置现场测评[N].中国海洋报,2018-06-22（1B）.

[307] 习近平:为建设世界科技强国而奋斗—在全国科技创新大会、两院院士大会、中国科协第九次全国代表大会上的讲话（2016年5月30日）[N].人民日报,2016-06-01（2）.

[308] 习近平:以更高站位更宽视野推进改革开放 真抓实干加快建设美好新海南[N].人民日报,2018-04-14（1）.

[309] 习近平出席开通仪式并宣布港珠澳大桥正式开通[N].中国海洋报,2018-08-23（1B）.

[310] 习近平:进一步关心海洋认识海洋经略海洋 推动海洋强国建设不断取得新成就[N].人民日报,2013-08-01（1）.

[311] 习近平.在庆祝海南建省办经济特区30周年大会上的讲话[N].人民日报,2018-04-14（2）.

[312] 新"利器"探测海底掩埋物[N].中国自然资源报,2020-07-22.

[313] 新型全球级科考船"大洋号"交付[N].中国海洋报,2019-07-29（1B）.

[314] 徐鸿儒.一次划时代的全国海洋普查—纪念全国海洋综合调查50周年[N].科学时报,2008-09-04（2）.

[315] "雪龙2"在沪顺利交付使用[N].中国海洋报,2019-07-12（1B）.

[316] 张善武.难忘的海洋调查岁月[N].中国海洋报,2009-04-28（A4）.

[317] 张旭东.中国首次在北太平洋大规模布放深海潜标阵列[N].中国海洋报,2014-10-23.

[318] 浙江海洋生态环境监测又多了"重型武器"! [N].钱江晚报,2021-12-29.

[319] 郑杨."大洋一号"开启新的航程[N].经济日报,2011-01-11（9）.

[320] 只争朝夕的"海洋能"[N].中国海洋报,2017-08-07（1A）.

[321] "中国造"欧洲最先进海上风电安装船下水[N].中国海洋报,2018-11-29（1B）.

[322] 中国渤海再获亿吨级油气大发现[N].中国能源报，2021-10-14.

[323] 中国海油完井海底防砂技术实现重大突破[N].中国海洋报，2016-01-06（4A）.

[324] 中国首艘智能型无人系统母船开工建造[N].光明日报，2021-07-21.

[325] 中国首座公路铁路两用跨海大桥加快施工进度[N].中国海洋报，2019-04-12（2B）.

[326] 中国造超大型集装箱船"宇宙"轮交付[N].中国海洋报，2018-06-14（1B）.

[327] 中国自主铺设海底最长管线完工[N].中国海洋报，2018-02-23（1A）.

[328] 中国自主研发装备成功钻取南极冰下基岩[N].中国海洋报，2019-02-18（1B）.

[329] 中科院海洋所首次研制直径15米浮标[N].中国海洋报，2018-04-17（2B）.

[330] 舟山潮流能发电机组创世界纪录[N].中国海洋报，2018-08-28（1B）.

[331] 朱汉斌，郑望舒.广州能源所波浪能智能养殖旅游平台"闽投1号"开建[N].中国科学报，2022-01-05.

[332] 宗和.我国深水油气技术获突破可到3000米深海"找气"[N].中国海洋报，2017-05-02（1A）.

（五）专利文献

[333] 常辉，李佳佳，高桦，等.一种含Fe的低成本近β型高强钛合金及其制备方法：CN106521236A[P]. 2017-03-22.

[334] 李士凯，杨治军，张斌斌，等.一种高强度高冲击韧性的耐蚀可焊钛合金及其制备方法：CN106148761A[P]. 2016-11-23.

[335] 尹雁飞，赵永庆，贾蔚菊，等.一种海洋工程用高强高韧可焊接钛合金：CN110106395A[P]. 2019-08-09.

（六）报告类

[336] 国家海洋科学数据中心建设运行实施方案（2020-2025）[R].天津：国

家海洋信息中心，2019-09-10.

[337] 姜晓轶，康林冲，潘德炉.中国工程院中长期咨询研究项目—智慧海洋发展战略和顶层设计策略研究报告 [R].天津：国家海洋信息中心，2019.

[338] 联合国海洋科学促进可持续发展十年（2021-2030）[R/OL].（2021）[2022-07-19]. https://unesdoc.unesco.org/ark:/48223/pf0000377082_chi.

[339] 王震，鲍春莉.中国海洋能源发展报告 2021[R].北京：石油工业出版社，2021.

[340] 智慧海洋工程顶层设计报告 [R].天津：国家海洋信息中心，2017.

[341] 中华人民共和国自然资源部.中国矿产资源报告 2018[R].北京：地质出版社，2018.

[342] 中华人民共和国自然资源部.中国矿产资源报告 2020[R].北京：地质出版社，2020.

[343] 中华人民共和国自然资源部.中国矿产资源报告 2021[R].北京：地质出版社，2021.

[344] 中华人民共和国自然资源部海洋战略规划与经济司.2020 年全国海水利用报告 [R/OL].（2021-12-03）[2023-03-16]. http://gi.mnr.gov.cn/202209/t20220927_2760473.html.

（七）电子资源

[345] 《蓝色伙伴关系原则》在 2022 联合国海洋大会期间发布[EB/OL].（2022-07-08）[2022-07-11]. http:// ocean.china.com.cn/2022-07/08/content_78313459.htm.

[346] 2018 国外海军装备发展概况：潜艇发展最受重视[EB/OL].（2019-01-22）[2020-06-08]. https://mil.ifeng.com/c/7jg6P51wrzY.

[347] AutoNaut波浪动力无人驾驶船舶正式亮相[EB/OL].（2018-03-28）[2022-04-27]. https://ai.zol.com.cn/682/6829588.html.

[348] 保护珊瑚！澳大利亚研发海中巡逻机器人捉海星[EB/OL].（2018-09-03）[2022-06-05]. https://baijiahao.baidu.com/s?id=161058848501779733

5&wfr=spider&for=pc.

[349] 打破国外垄断　海上平台中国"芯"通过国家验收 [EB/OL].（2020-10-12）[2020-11-14]. http://www.zqrb.cn/gscy/gongsi/2020-10-12/A1602455322970.html.

[350] 大洋 58 航次取得多项成果—"大洋一号"船顺利返回青岛 [EB/OL].（2020-04-15）[2020-11-08]. https://www.mnr.gov.cn/dt/ywbb/202004/t20200415_2508510.html.

[351] 德国公司推出新型海底采矿技术，可降低采矿作业对深海环境的影响 [EB/OL].（2021-09-14）[2022-06-13]. http://www.globaltechmap.com/document/view?id=26673.

[352] 地学文献中心跟踪报道日本海洋矿产资源开发利用部署进展 [EB/OL].（2019-12-30）[2022-06-22]. https://www.cgs.gov.cn/gzdt/zsdw/201912/t20191230_499838.html.

[353] 俄罗斯：世上最大核动力破冰船"北极"号在摩尔曼斯克服役 [EB/OL].（2020-10-24）[2022-06-15]. https://sputniknews.cn/20201024/1032367742.html.

[354] 俄罗斯一款全球最大破冰船服役　普京：俄罗斯破冰船队举世无双[EB/OL].（2020-11-04）[2022-06-13]. https://mil.huanqiu.com/article/40YnTvsbRrX.

[355] 俄罗斯最新破冰船正式投入使用 [EB/OL].（2018-07-04）[2022-06-15]. http://www.eworldship.com/html/2018/OperatingShip_0704/140774.html.

[356] 俄推出新型"王牌"破冰船紧盯北极　可搭载"口径"巡航导弹[EB/OL].（2019-10-30）[2023-03-16]. http://www.cankaoxiaoxi.com/mil/20191030/2394234.shtml.

[357] 法国公司首次公开 600 吨无人战舰，可全自动反潜，续航力 6000 海里 [EB/OL].（2019-09-20）[2022-04-26]. https://ishare.ifeng.com/c/s/7q7Z4JGutul.

[358] "奋斗者"号声学系统实现完全国产化　万米级浮力材料研制获突破[EB/OL].（2020-11-29）[2021-03-20]. https://m.gmw.cn/baijia/2020/11/29/1301847971.html.

[359] "奋斗者"号已完成 21 次万米下潜　27 位科学家到达过全球海洋最深

处[EB/OL].（2021-12-05）[2023-03-16]. http://news.cctv.com/2021/12/05/ARTIFTOhkz4mA3wLIlrz9fnA211205.shtml.

[360] 高效水平轴650kW海流能发电机组优化后再运行—单机功率最大！[EB/OL].（2020-01-19）[2020-04-08]. http://me.zju.edu.cn/mecn/2020/0119/c6200a1957587/page.htm.

[361] 国电联合动力6MW风电机组下线[EB/OL].（2012-01-06）[2023-03-16]. http://www.nea.gov.cn/2012/01/06/c_131345802.htm.

[362] 国家发展改革委 自然资源部关于印发《海水淡化利用发展行动计划（2021-2025年）》的通知[EB/OL].（2021-05-24）[2023-03-16]. https://www.mnr.gov.cn/dt /ywbb /202106/t20210602_2636079.html.

[363] 国家市场监督管理总局.特殊食品信息查询平台[DB/OL]. [2020-05-06]. http://tsspxx.gsxt.gov.Cn/gcbjp/tsspindex.xhtml.

[364] 国家药品监督管理局.药品查询[DB/OL].[2022-04-22].https://www.nmpa/yaopin/index.

[365] 国内最大海上风电场建成 核心关键部件国产化攻关未来可期[EB/OL].（2021-07-02）[2023-03-16]. https://m.gmw.cn/baijia/2021-07/02/34967410.html.

[366] 国务院关于同意申请国际海底矿区登记的批复[EB/OL].（1990-04-09）[2023-03-16]. http://www.gov.cn/zhengce/content/2012-08/17/content_2694.htm.

[367] 国务院学位委员会，中华人民共和国教育部.学位授予和人才培养学科目录（2018年4月更新）[EB/OL]. http://www.moe.gov.cn/jyb_sjzl/ziliao/A22/201804/t20180419_333655.html.

[368] 海底声学探测添利器[EB/OL].（2020-10-16）[2020-11-11]. http://www.iziran.net/difanglianbo/20201016_128333.shtml.

[369] 海南省海洋经济发展"十四五"规划（2021-2025年）[EB/OL].（2021-06-08）[2023-03-16]. https://www.hainan.gov.cn/hainan/tjgw/202106/f4123d47a64a4befad8815bf1b98ea4e.shtml.

[370] "海马号"海试验收 实现关键核心技术国产化[EB/OL].（2014-04-23）[2021-03-19]. http://scitech.people.com.cn/BIG5/n/2014/0423/c1007-24932578.

html.

[371] "海洋皮肤"可穿戴技术可追踪水下生物[EB/OL]. (2018-03-18)[2021-06-08]. http://news.eeworld.com.cn/qrs/article_2018032846463.html.

[372] 韩林一. 中国的大规模海洋调查[EB/OL]. (2007-05-23)[2021-07-22]. http://www.coi.gov.cn/mzyt/200712/t20071224_3458.htm.

[373] 荷兰船企开展氨气船用燃料可行性研究[EB/OL]. (2019-06-30)[2022-06-14]. http://www.eworldship.com/html/2019/ShipDesign_0630/150628.html.

[374] 加拿大两大船企联手接单建造新型基地破冰船[EB/OL]. (2020-06-15)[2022-06-16]. http://www.simic.net.cn/news-show.php?id=238045.

[375] 加拿大政府招标选择船厂建造6艘破冰船[EB/OL]. (2019-08-07)[2022-06-16]. http://www.eworldship.com/html/2019/NewOrder_0807/151678.html.

[376] 建设海洋强国,习近平从这些方面提出要求[EB/OL]. (2019-07-11)[2023-03-16]. http://jhsjk.people.cn/article/31226894.

[377] KVH为海上互联网接入推出新的船舶通信系统[EB/OL]. (2018-06-26)[2022-06-09]. http://www.eworldship.com/html/2018/Manufacturer_0626/140519.html.

[378] 科学家研发出超软机器人抓手 可用于安全捕获水母[EB/OL]. (2019-09-03)[2022-04-27]. https://m.huanqiu.com/article/9CaKrnKmCsa.

[379] "科学"号西太平洋综合考察 我国实现深海潜标数据实时传输[EB/OL]. (2017-01-04)[2021-07-05]. http://tv.cctv.com/2017/01/04/VIDEomEt6TKsy14PAbwipSFC170104.shtml.

[380] 理化所研制的固体浮力材料获得万米应用突破[EB/OL]. (2017-03-31)[2021-03-09]. http://www.ipc.ac.cn/xwzx/kyjz/201811/t20181118_5181828.html.

[381] 龙邹霞. 我国海洋特殊生境微生物开发利用研究取得新进展[EB/OL]. (2020-08-27)[2020-11-10]. http://www.mnr.gov.cn/dt/hy/202008/t20200827_2544633.html.

[382] 美国《国防授权法案》高度关注北极地区[EB/OL]. (2018-08-10)[2022-06-15]. http://www.polaroceanportal.com/article/2208.

[383] 美海岸警卫队计划建造 6 艘极地巡逻舰 强化北极存在 [EB/OL].（2019-05-17）[2023-03-16]. https://mil.huanqiu.com/article/9CaKrnKky4F.

[384] 美海军在北冰洋部署水下机器人与俄"较劲"[EB/OL].（2019-07-29）[2023-03-16]. http://m.cankaoxiaoxi.com/yidian/mil/20190729/2386508.shtml.

[385] 美海洋与大气管理局启动大数据项目 [EB/OL].（2015-04-21）[2022-06-09]. http://www.ecas.cas.cn/xxkw/kbcd/201115_115301/ml/xxhjsyjcss/201505/t20150518_4357751.html.

[386] 美军拟用 SpaceX 星链服务补充北极地区通信覆盖缺口 [EB/OL].（2020-05-20）[2022-06-14]. http://www.bw40.net/15645.html.

[387] NEC 建设世界首个横穿南大西洋的海底光缆 [EB/OL].（2016-04-28）[2021-06-09]. http://zhuanti.cww.net.cn/tech/html//2016/4/28/2016428173 0453253.htm.

[388] "'南海大陆边缘动力学及油气资源潜力'973 项目通过验收"[EB/OL].（2021-12-23）[2022-07-17].https://www.sio.org.cn/redir.php?catalog_id=84&object_id=7486.

[389] "南海兆瓦级波浪能示范工程建设"项目首台 500kW 鹰式波浪能发电装置"舟山号"正式交付 [EB/OL].（2023-03-16）[2020-07-01].http://www.giec.cas.cn/ttxw2016/202007/t20200701_5614043.html.

[390] 宁波材料所新型海洋重防腐涂料应用于"一带一路"海外重大工程 [EB/OL].（2022-04-11）[2021-03-09]. http://www.nimte.cas.cn/news/progress/202004/t20200410_5537761.html.

[391] 抢占无人船市场！"全日本"船企联手推进 [EB/OL].（2020-06-21）[2022-06-13]. http://www.eworldship.com/html/2020/ShipbuildingAbroad_0621/160846.html.

[392] 全国产化定型装备"OST15M 型船载高精度自容式温盐深测量仪"交付用户 [EB/OL].（2021-01-29）[2023-03-16]. http://notcsoa.org.cn/cn/index/show/3084.

[393] 全球首个万吨级半潜式储油平台主体建造完工 [EB/OL].（2020-10-30）[2020-11-16]. http://t.m.china.com.cn/convert/c_lJsYRD88.html.

[394] 全球首艘零排放"无人"集装箱船正式首航 [EB/OL].（2021-11-20）[2022-

06-13]. http://www.eworldship.com/html/2021/OperatingShip_1120/176882.html.

[395] 日本"地球号"钻探船成功钻至海底 3260 米[EB/OL]. (2019-01-16) [2022-06-10]. http://www.eworldship.com/html/2019/OperatingShip_0116/146273.html.

[396] 日本船级社发布数字化总体设计 2030 计划[EB/OL]. (2020-03-10) [2022-06-13]. https://www.cnss.com.cn/html/shipbuilding/20200310/334755.html.

[397] 日本研发出新型深潜机器人 可在海底捕获生物[EB/OL]. (2018-04-24) [2022-04-27]. https://tech.huanqiu.com/article/9CaKrnK7XQD.

[398] 日本研发核辐射测量无人船[EB/OL]. (2019-06-08) [2023-03-16]. http://www.eworldship.com/html/2019/new_ship_type_0608/150023.html.

[399] 日本邮船首次完成远程船舶操纵实船实验[EB/OL]. (2020-05-25) [2022-06-13]. http://www.eworldship.com/html/2020/ShipOwner_0525/159945.html.

[400] "深海一号"船起航执行中国大洋 66 航次[EB/OL]. (2021-08-06) [2023-03-16]. https://www.nmdis.org.cn/c/2021-08-06/75303.shtml.

[401] "深海一号"气田开发钻完井作业全部完成[EB/OL]. (2021-04-15) [2023-03-16]. http://hi.people.com.cn/n2/2021/0415/c231190-34677558.html.

[402] "深海一号"气田完成全部钻完井作业[EB/OL]. (2021-04-16) [2023-03-16]. http://www.xinhuanet.com/video/2021/04/16/c_1211112517.htm

[403] 世界最大、动力最强破冰船交付[EB/OL]. (2021-12-26) [2023-03-16]. http://www.cankaoxiaoxi.com/mil/20211226/2464128.shtml?fr=pc.

[404] 瓦锡兰首次船舶自动靠泊系统试验成功[EB/OL]. (2018-12-03) [2022-06-14]. http://www.eworldship.com/html/2018/Manufacturer_1203/145111.html.

[405] 我国第五座南极考察站选址奠基 新站位于罗斯海区域 属极地科考理想之地[EB/OL]. (2018-02-08) [2022-07-15]. https://www.guancha.cn/industry-science/2018_02_08_446373.shtml.

[406] 我国多型海洋卫星运行良好 海洋卫星组网业务化观测格局全面形成

[EB/OL].（2022-04-07）[2022-07-11]. http://news.cctv.com/2022/04/07/
ARTImf1k7mqJr0fsM3jAeE5O220407.shtml.

[407]　我国高端海洋装备自主研发制造水平实现新突破[EB/OL].
（2020-05-28）[2020-11-14]. http://ocean.china.com.cn/2020/05/27/
content_76096368.htm.

[408]　我国管辖海域海洋基础图系更新换代[EB/OL].（2020-09-17）[2020-
11-10]. http://www.nmdis.org.cn/c/2020-09-17/72845.shtml.

[409]　我国海洋保健食品研究开发现状与发展趋势[EB/OL]. [2022-07-13].
https://wenku.baidu.com/view/ab78bd26f22d2af90242a8956bec0975f465a
4fe.html.

[410]　我国率先实现水平井钻采深海"可燃冰"[EB/OL].（2020-03-26）
[2020-11-15]. http://www.gov.cn/xinwen/2020-03/26/content_5495933.
html.

[411]　我国石油天然气储量占全球比重低，原油对外依赖超过 7 成比例
[EB/OL].（2021-03-03）[2022-01-11]. https://www.xianjichina.com/news/
details_255265.html.

[412]　我国首个北极科考站在挪威建成使用[EB/OL].（2004-07-29）[2022-
07-15]. http://zqb.cyol.com/content/2004-07/29/content_918176.htm.

[413]　我国首个海洋监视监测雷达卫星星座正式建成[EB/OL].（2022-04-08）
[2022-07-11]. https://m.gmw.cn/baijia/2022-04/08/35644380.html.

[414]　我国首套国产化深水水下采油树完成海底安装[EB/OL].（2022-05-12）
[2023-03-16]. http://hi.people.com.cn/n2/2022/0512/c231190-35264415.
html.

[415]　我国首套极区中低层大气激光雷达探测系统通过验收[EB/OL].（2020-
11-03）[2020-11-11].http://app.iziran.net/tags=极地科考.

[416]　我国水下采油树系统海试成功[EB/OL].（2021-06-08）[2023-03-16].
https://www.mnr.gov.cn/dt/hy/202106/t20210608_2648747.html.

[417]　我国自主建造的首批 1500 米深水中心管汇交付[EB/OL].（2020-09-
25）[2022-11-16]. http://ccnews.people.com.cn/n1/2020/0925/c141677-

31875576.html.

[418] 我国自主建造海上原油生产平台安装完成[EB/OL].（2021-05-30）[2023-03-16]. https://www.ndrc.gov.cn/fggz/dqjj/qt/202105/t20210530_1281922.html.

[419] 我国自主设计建造的最大LNG储罐成功升顶[EB/OL].（2020-09-28）[2020-11-16]. https://m.gmw.cn/baijia/2020-09-28/1301614752.html.

[420] 我国自主研制的4500米载人潜水器深潜用固体浮力材料实现批量生产[EB/OL].（2017-02-08）[2021-03-19]. https://www.most.gov.cn/ztzl/lhzt/lhzt2017/jjkjlhzt2017/201702/t20170227_131385.html.

[421] "五月花"号无人船—开启无人船的新时代[EB/OL].（2019-10-30）[2022-04-27]. https://www.youuvs.com/news/detail/201910/2363.html.

[422] 习近平.建设海洋强国，习近平总书记在多个场合这样说[EB/OL].（2018-06-15）[2023-03-26]. http://jhsjk.people.cn/article/30060680.

[423] 新系统让声呐失效 潜艇"隐身"[EB/OL].（2018-07-05）[2023-03-16]. http://www.stdaily.com/index/h1t18/2018-07-05/content_687678.shtml.

[424] "雪龙"归航 中国第33次南极科考凯旋[EB/OL].（2017-04-11）[2022-07-15]. http://www.gov.cn/xinwen/2017-04/11/content_5184903.htm.

[425] "雪鹰"降落南极冰盖之巅 中国首架极地固定翼飞机[EB/OL].（2017-01-10）[2023-03-16]. http://world.people.com.cn/n1/2017/0110/c1002-29011297.html.

[426] 铱星通信自动剖面漂流浮标布放太平洋[EB/OL].（2020-09-10）[2020-11-16]. http://www.nmdis.org.cn/hyxw/gnhyxw/index_12.shtml.

[427] 意大利BlueMed海底光缆系统拟于2020年投产[EB/OL].（2019-04-16）[2021-06-09]. https://power.in-en.com/html/power-2316546.shtml.

[428] 英国对外公布MAST-13无人水面艇[EB/OL].（2019-09-12）[2022-04-26]. http://www.dsti.net/Information/News/116670.

[429] 浙江省人民政府关于印发浙江省海洋经济发展"十四五"规划的通知[EB/OL].（2021-05-17）[2023-03-16]. https://www.zj.gov.cn/art/2021/6/4/art_1229019364_2301508.html.

[430] 中—冰北极科学考察站正式运行 [EB/OL].（2018-10-19）[2022-07-15]. http://ydyl.china.com.cn/2018-10/19/content_66969086_2.htm

[431] 中国"海牛Ⅱ号"海试成功　刷新世界纪录 [EB/OL].（2021-04-09）[2023-03-16]. http://ocean.china.com.cn/2021-04/09/content_77390839.htm.

[432] 中国Argo资料中心（CADC）[EB/OL]（2021-06-25）[2021-07-05]. http://www.esi.so/argo130423/index.php.

[433] 中国参与"国际Argo计划"的奋斗足迹 [EB/OL].（2019-09-02）[2023-03-16]. https://www.mnr.gov.cn/dt/hy/201909/t20190902_2462785.html.

[434] 中国海洋新材料市场研究报告 [EB/OL].（2017-05-04）[2021-03-05]. http://www.ecorr.org/news/industry/2017-05-04/165595.html.

[435] 中国海洋研究的先驱和奠基者—朱树屏 [EB/OL].（2011-10-11）[2022-01-29]. http://qdsq.qingdao.gov.cn/szfz_86/qdsj_86/2006d2q2006n7y_86/rw_86/202204/t20220414_5498989.shtml.

[436] 中国南极科考 30 年 [EB/OL].（2014-02-08）[2022-07-15]. http://politics.people.com.cn/n/2014/0208/c70731-24301574.html.

[437] 中国南极昆仑站深冰芯钻探成功实现"零"的突破 [EB/OL].（2013-04-09）[2022-07-15]. http://politics.people.com.cn/n/2013/0409/c70731-21072907.html.

[438] 中国首个海上大规模超稠油热采油田投产 [EB/OL].（2022-04-24）[2023-03-16]. http://news.cctv.com/2022/04/24/ARTINn0BdvJMu1BGXa1CIDXM220424.shtml.

[439] 中华人民共和国国务院新闻办公室.中国的北极政策 [EB/OL].（2018-01-26）[2023-03-16]. http://www.scio.gov.cn/zfbps/32832/Document/1618203/1618203.htm.

[440] 中华人民共和国教育部.普通高等学校本科专业目录（2021 年版）[EB/OL].（2022-2-22）[2023-03-16]. http://www.moe.gov.cn/srcsite/A08/moe_1034/s4930/202202/t20220224_602135.html.

[441] 中华人民共和国专利法（2020 年 10 月 17 日第四次修订，自 2021 年6 月 1 日起施行）[EB/OL].（2020-11-19）[2023-03-16]. http://www.npc.

gov.cn/npc/c30834/202011/82354d98e70947c09dbc5e4eeb78bdf3.shtml.

[442] 中科院海洋所历时十余年培育出牡蛎新品种"海蛎1号"[EB/OL].（2023-03-16）[2020-11-15]. http://www.nmdis.org.cn/c/2020-10-28/73087.shtml.

[443] 中科院海洋所培育出海带新品种"中宝1号"[EB/OL].（2023-03-16）[2021-11-25]. http://www.nmdis.org.cn/c/2021-09-08/75570.shtml.

[444] 中科院海洋研究所正式公布5个深海生物新物种[EB/OL].（2020-08-04）[2020-11-10]. http://www.nmdis.org.cn/c/2020-08-07/72510.shtml.

[445] 中山大学科学家再在西沙群岛发现新物种[EB/OL]（2020-06-24）[2020-11-14]. http://www.nmdis.org.cn/c/2020-06-24/72112.shtml.

（八）标准文献

[446] 国家海洋局.中华人民共和国海洋行业标准：HY/T130—2010[S].北京：中国标准出版社，2010：2-10.

（九）英文著作及论文

[447] Binbin G, Wang W, Shu Y, et al. Observed Deep Anticyclonic Cap Over Caiwei Guyot[J].Journal of Geophysical Research Oceans, 2020, 125(10):e2020JC016254.

[448] Bonamici, Young, Pingree, Posey. Introduce Bipartisan Bill to Address Health of Oceans and Estuaries[EB/OL]. (2019-02-14)[2023-03-16]. https://bonamici.house.gov/media/press-releases/bonamici-young-pingree-posey-introduce-bipartisan-bill-address-health-oceans.

[449] Cai P, Wei L, Geibert W, et al. Carbon and nutrient export from intertidal sand systems elucidated by 224Ra/228Th disequilibria[J].Geochimica et Cosmochimica Acta, 2020, 274.

[450] Cai W, Ng B, Geng T, et al. Butterfly effect and a self-modulating El Nio response to global warming[J]. Nature, 585: 68-73.

[451] Cakldwell L K. International Environmental Policy:From the Twentieth to

the Twenty-first Century[M]. Durham and London:Duke University Press, 1996.

[452] Chen Z, Yu H, Liu C, et al. Design, Construction and Ocean Testing of Wave Energy Conversion System with Permanent Magnet Tubular Linear Generator[J]. Transactions of Tianjin University, 2016, 22(1):5.

[453] C harnes A,Cooper W W, Rhodese. Measuring the Efficiency of Decision Making Units[J].European Journal of Operational Research, 1978, 2(6):429-444.

[454] Commission of the European Community. An integrated maritime policy for the European Union (COM/2007/575 final)[EB/OL].[2023-03-16]. http://eur-lex.europa.eu/legal-content/EN/TXT/PDF/?uri=CELEX:52007D C0575&from=EN.

[455] Curson A R J, Liu Ji, Martínez B A, et al. Dimethylsulfoniopropionate biosynthesis in marine bacteria and identification of the key gene in this process[J]. Nature Microbiology, 2017, 2(5):17009.

[456] Dong D，Gan Z，Li X.Descriptions of eleven new species of squat lobsters(Crustacea：Anomura) from seamounts around the Yap and Mariana Trenches with notes on DNA barcodes and phylogeny[J]. Zoological Journal of the Linnean Society, 2021, 192(2).

[457] EPA. Gulf of Mexico Regional Ecosystem Restoration Strategy[EB/OL]. [2023-03-16]. http://www.epa.gov/gcertf/pdfs/GulfCoastReport_Fu//_12- 04 508-1.pdf.

[458] European Commission. Blue Growth: Opportunities for Marine and Maritime Sustainable Growth[M]. Luxembourg: Publications Office of the European Union, 2012.

[459] Fuyun L,Yuli L, Hongwei Y, et al. MolluscDB: an integrated functional and evolutionary genomics database for the hyper-diverse animal phylum Mollusca[J]. Nucleic Acids Research, 2021, 49(1):988-997.

[460] Government Office for Science. Future of the sea[R]. (2018-03-30)

[2023-03-16]. https://www.gov.uk/government/uploads/system/uploads/attachment_data/file/693129/future-of-the-sea-report.pdf.

[461] Gao R, Sun C. A marine bacterial community capable of degrading poly（ethylene terephthalate）and polyethylene[J]. Journal of Hazardous Materials，2021，416：125928.

[462] Commonwealth of Australia. Australia's Oceans Policy: Caring, understanding, using wisely [J]. AGPS, 1998.

[463] He Y, Li M, Perumal V, et al. Genomic and enzymatic evidence for acetogenesis among multiple lineages of the archaeal phylum bathyarchaeota widespread in marine sediments[J]. Nature Microbiology, 2016, 1(6):16035.

[464] HM Government. UK Marine Science Strategy[EB/OL]. [2014-06-10]. London:Department for Environment Food and Rural Affairs on Behalf of the Marine Science Co-ordination Committee. http://www.ukmpas.org/pdf/mscc-strategy.pdf.

[465] Huang C J, Qiao F. Simultaneous Observations of Turbulent Reynolds Stress in the Ocean Surface Boundary Layer and Wind Stress over the Sea Surface[J]. Journal of Geophysical Research: Oceans, 2021.

[466] Huckerby J, Jeffrey H, Jay B. An international vision for ocean energy[R]. Lisbon：Ocean Energy Systems（OES）, 2011.

[467] Hu DX, Wu LX, Cai WJ, et al. Pacific western boundary currents and their roles in climate[J]. Nature, 2015, 522(7556): 299-308.

[468] Interagency Working Group on Ocean Acidification. Strategic Plan for Federal Research and Monitoring of Ocean Acidification[EB/OL].（2016-10-13）[2023-03-16]. http://www.innovation4.cn/library/r3633.

[469] Jian X, Zhang W, Yang S, et al. Climate-Dependent Sediment Composition and Transport of Mountainous Rivers in Tectonically Stable, Subtropical East Asia[J]. Geophysical Research Letters, 2020, 47.

[470] Jing Z, Wang S, Wu L, et al. Maintenance of mid-latitude oceanic fronts

by mesoscale eddies[J]. Science Advances, 2020, 6(31):eaba7880.

[471] Jiao Nianzhi, Herndl G J, Hansell D A, et al. Microbial production of recalcitrant dissolved organic matter: long-term carbon storage inthe global ocean[J]. Nature Reviews Microbiology, 2010, 8（8）:593-599.

[472] Li Y, Pan D Z. The ebb and flow of tidal barrage development in Zhejiang Province, China[J]. Renewable&Sustainable Energy Reviews, 2017, 80:380-389.

[473] Li Y, Liu H, Lin Y, et al. Design and test of a 600-kW horizontal-axis tidal current turbine[J]. Energy, 2019, 182(SEP.1):177-186.

[474] Mark Johnson. Energy optimized desalination technology development workshop[EB/OL].（2015-11-05）[2022-06-23]. http://energy.gov/sites/prod/files/2015/11/f27/Desalination%20Workshop%202015%20Johnson.pdf.

[475] Ministry of Education, Culture, Sports, Science and Technology-Japan. Arctic Challenge for Sustainability Project[EB/OL].[2015-09-30]. http://www.mext.go.jp/component/a_menu/science/micro detail/ics Files/afieldfile/2015/02/27/1355404_1_1.pdf.

[476] Natural Environment Research Council. Oceans 2025[EB/OL]. [2014-06-10]. http://www.nerc.ac.uk/research/pro-grammes /oceans2025/.

[477] NSTC. Charting the course for ocean science in the United States for the next decade: an ocean research priorities plan and implementation strategy[EB/OL]. (2007-01-26)[2022-06-01]. https://obamawhitehouse.archives.gov/administration/eop/ostp/nstc/docsreports/archives/Charting-the-Course-for-Ocean-Science-in-the-United-States-for-the-Next-Decade.pdf.

[478] NOAA. NOAA's Arctic Vision and stategy[EB/OL].[2022-06-04]. http://www.arctic.noaa.gov/docs/NOAA Arctic-V-S-2011.PDF.

[479] NRC. Sea change:2015-2025 decadal survey of ocean sciences[EB/OL]. [2022-07-01]. https://www.nap.edu/catalog/21655/sea-change-2015-2025-

decadal-survey-of-ocean-sciences.

[480]   National Research Council. Critical infrastructure for ocean research and societal needs in 2030[EB/OL]. (2020-05-09)[2022-07-01]. http://www. nap.edu/catalog.php?record_id=13081.

[481]   National Science and Technology Council. Arctic Research Plan:FY2013 2017[EB/OL].(2015-07-06)[2022-02-19]. https://www.whitehouse.gov/ sites/default/files/microsites/ostp/2013_arctic_research_plan.pdf.

[482]   NOAA. Arctic Action Plan [EB/OL]. (2014-04-17)[2023-03-16]. http:// www.aretic.noaa.gov/NOAAarcticactionplan2014.pdf.

[483]   NSTC. Science and technology for America's oceans: a decadal vision[EB/OL]. (2018-11-16)[2022-06-03]. https://www.whitehouse.gov/ wp-content/uploads/2018/11/Science-and-Technology-for-Americas-O ceans-A-Decadal-Vision.pdf.

[484]   NOAA unveils 10-year roadmap for tackling ocean, Great Lakes acidification[EB/OL].(2020-07-29)[2022-06-05]. https://research.noaa. gov/article/ArtMID/587/ArticleID/2652/New-research-plan-sets-the-course-for-NOAA's-ocean-coastal-and-Great-Lakes-acidification-science.

[485]   NOAA RESTORE Act Science Program-Draft Science Plan [EB/OL]. [2023-03-16]. http://restoreactscienceprogram.noaa.gov/wp-content/ uploads/2014/10/Draft_NOAARESTOREActSciencePlan_PublicReview_ Final_10-20-14b.pdf.

[486]   NOAA. NOAA's Arctic Vision and strategy[EB/OL].[2022-06-04]. http:// www.arctic.noaa.gov/docs/NOAAArctic_V_S_2011. pdf.

[487]   NOAA. Arctic Action Plan[EB/OL].(2014-04-17)[2023-03-16]. http:// www.arc-tic.noaa.gov/NOAAarcticactionplan2014.pdf.

[488]   National renewable energy laboratory. The United states marine hydrokinetic renewable energy technology roadmap[EB/OL].（2010-04-13）[2022-06-22]. http://www.oceanrenewable.com/wp-content/ uploads/2010/05/1 st-draft-roadmap-rwt-8april10.pdf.

[489] National Ocean Council. National Ocean Policy:Implementation Plan[R/OL]. (2016-09-11)[2022-06-24]. https://www.docin.com/p-1732035751.html.

[490] Ocean Energy Strategic Roadmap. https://webgate.ec.europa.eu/maritimeforum/sites/maritimeforum/files/OceanEnergyForum_Roadmap_Online_Version_08Nov2016.pdf.

[491] OECD. The future of the ocean economy, Exploring the prospects for emerging ocean industries to 2030[R/OL]. [2022-04-19]..http://www.oecd.org/futures/Future%20of%20the%20Ocean%20Economy%20Project%20Proposal.pdf.

[492] Ocean Leadership. Science for an ocean nation:an update of the ocean research priorities plan[EB/OL]. (2016-10-13) [2022-07-01]. http://www.innovation4.cn/library/r3617.

[493] Qu TD, Kagimoto T, Yamagata T. A subsurface countercurrent along the east coast of Luzon[J]. Deep-Sea Research Part I:Oceanographic Research Papers, 1997, 44(3): 413-423.

[494] Qin Q L,Wang Z B,Su H N,et al.Oxidation of trimethylamine to trimethylamine N-oxide facilitates high hydrostatic pressure tolerance in a generalist bacterial lineage[J]. Science Advances, 2021, 7(13):eabf9941.

[495] Lu Q, Li D T, Tang W T, et al.Design of Energy Harvesting Efficiency of 'Haiyuan 1' Wave Power Generating Platform's Buoy Testing System based on LabVIEW[J]. Journal of Ship Mechanics, 2015, 19(3):264-271.

[496] Seasonal and interannual variability of the currents off the New Guinea coast from mooring measurements[J]. Journal of Geophysical Research:Oceans, 2020, 125(12):2020JC016242.

[497] Structural Design and Protective Methods for the 100 kW Shoreline Wave Power Station[J]. China Ocean Engineering, 2003, 17(3):10.

[498] Tan E, Zou W, Zheng Z, et al. Warming stimulates sediment denitrification at the expense of anaerobic ammonium oxidation [J]. Nature Climate

Chang, 2020, 10(4)349–355.

[499] Technology Collaboration Programme on Ocean Energy Systems[J].OES annual report[R]. Lisbon:Ocean Energy Systems (OES), 2019.

[500] Technology Collaboration Programme on Ocean Energy Systems [J].OES annual report[R]. Lisbon:Ocean Energy Systems (OES), 2018.

[501] Zhang M, Marandino C.A, Yan J, et al. Unravelling Surface Seawater DMS Concentration and Sea-To-Air Flux Changes After Sea Ice Retreat in the Western Arctic Ocean[J]. Global Biogeochemical Cycles, 2021, 35.

[502] United Nations Decade of Ocean Science for Sustainable Development 2021-2023 Implementation Plan (Version 2.0) [EB/OL]. (2020-08-04) [2022-07-12]. https://oceandecade.org/resource/108/Version-20-of-the-Ocean-Decade-Implementation-Plan-.

[503] U.S. Arctic Nautical Charting Plan[EB/OL].（2015-06-05）[2023-03-16]. hutp://www.nauticalcharts.noaa.gov/mcd/docs/Arctic_Nautical_Charting Plan.pdf.

[504] Wang F, Hu D X. Preliminary study on the formation mechanism of counter western boundary undercurrents below the thermocline-a conceptual model[J]. Chinese Journal of Oceanology and Limnology, 1999, 17(1): 1-9.

[505] Wang S, Wang Q, Shu Q, et al. Nonmonotonic Change of the Arctic Ocean Freshwater Storage Capability in a Warming Climate[J]. Geophysical Research Letters, 2021, 48.

[506] Wang F, Jiang Z, Cui W C. Low-Cycle Dwell-Fatigue Life and Failure Mode of a Candidate Titanium Alloy Material TB19 for Full-Ocean-Depth Manned Cabin[J]. Chuan Bo Li Xue/Journal of Ship Mechanics, 2018, 22(6):727-735.

[507] Wang F, Cui W. Experimental investigation on dwell-fatigue property of Ti–6Al–4V ELI used in deep-sea manned cabin[J]. Materials Science and Engineering A, 2015, 642:136-141.

[508] Wang K, Wang F, Cui W C, et al. Prediction of Cold Dwell-Fatigue Crack Growth of Titanium Alloys[J]. Acta Metallurgica Sinica (English Letters), 2015, 28(5):619-627.

[509] Wang T, Du Y, Liao X, et al. Evidence of Eddy-Enhanced Winter Chlorophyll-a Blooms in Northern Arabian Sea: 2017 Cruise Expedition[J]. Journal of Geophysical Research: Oceans, 2020, 125(4):e2019jc015882.

[510] White House. National Bioeconomy Blueprint[R/OL].White House:Wash ington,DC,USA,2012:1-48. http://www.whitehouse.gov/sites/defal ltfiles/microsites/ostp/national_bioeconomy_ blueprint_ april_ 2012.pdf.

[511] Yan J, Jung J, Zhang M, et al. Uptake selectivity of methanesulfonic acid (MSA) on fine particles over polynya regions of the Ross Sea, Antarctica[J]. Atmospheric Chemistry and Physics, 2020, 20(5):3259-3271.

[512] Yang S, He H, Chen H, et al. Experimental study on the performance of a floating array-point-raft wave energy converter under random wave conditions[J]. Renewable energy, 2019, 139(AUG.):538-550.

[513] Zhang Y, Qin W, Hou L, et al. Nitrifier adaptation to low energy flux controls inventory of reduced nitrogen in the dark ocean[J]. Proceedings of the National Academy of Sciences, 2020, 117(9).

[514] Zhang Z, Qu C, Zhang K, et al. Adaptation to Extreme Antarctic Environments Revealed by the Genome of a Sea Ice Green Alga[J]. Current Biology, 2020, 30(17).

[515] Zhao, L S, Huokko, T, Wilson S, et al. Structural variability, coordination and adaptation of a native photosynthetic machinery[J]. Nature Plants, 2020, 6(7)869–882.

[516] Zheng R, Liu R, Shan Y, et al. Characterization of the first cultured free-living representative of Candidatus Izimaplasma uncovers its unique biology. The ISME Journal, 2021, 15(9):676–2691.

结语

　　推动海洋科技发展是建设海洋强国和实施国家创新驱动发展战略的重要组成部分。习近平总书记多次强调指出："要发展海洋科学技术，着力推动海洋科技向创新引领型转变。建设海洋强国必须大力发展海洋高新技术。……努力突破制约海洋经济发展和海洋生态保护的科技瓶颈。……重点在深水、绿色、安全的海洋高技术领域取得突破。尤其要推进海洋经济转型过程中急需的核心技术和关键共性技术的研究开发。"① "发展海洋经济、海洋科研是推动我们强国战略很重要的一个方面，一定要抓好。关键的技术要靠我们自主来研发……"② "要发展海洋科技，加强深海科学技术研究，推进'智慧海洋'建设……"③ "加快打造深海研发基地，加快发展深海科技事业，推动我国海洋科技全面发展。"④ "深海蕴藏着地球上远未认知和开发的宝藏，但要得到这些宝藏，

---

① 习近平：进一步关心海洋认识海洋经略海洋　推动海洋强国建设不断取得新成就[N]. 人民日报，2013-08-01（1）.

② 建设海洋强国，习近平从这些方面提出要求[EB/OL].（2019-07-11）[2023-03-16]. http://jhsjk.people.cn/article/31226894.

③ 习近平：在庆祝海南建省办经济特区30周年大会上的讲话[N]. 人民日报，2018-04-14（2）.

④ 习近平：以更高站位更宽视野推进改革开放　真抓实干加快建设美好新海南[N]. 人民日报，2018-04-14（1）.

就必须在深海进入、深海探测、深海开发方面掌握关键技术。"[①] 2018 年
10 月，自然资源部接连发布《自然资源科技创新发展规划纲要》《中共
自然资源部党组关于深化科技体制改革提升科技创新效能的实施意见》。
《自然资源科技创新发展规划纲要》提出，"到 2025 年，……深海探测与
预测保障、对地观测和极地探测等战略科技领域自主创新能力进入国际
先进行列……基本建成天空地海一体化的自然资源调查监测监管智能技
术与装备体系……建成空天地海大数据体系……到 2035 年……建成大数
据驱动、高智能化的天空地海一体化自然资源智慧监管平台"。《中共自
然资源部党组关于深化科技体制改革提升科技创新效能的实施意见》强
调，"突破深海科学前沿，培育一批重大科技创新成果。加快海域天然气
水合物勘查开发。助力海洋国家实验室建设……建强海洋领域现有 3 个
功能实验室，……助推建成海洋国家实验室，成为代表国家海洋科技水
平的战略科技力量的重要组成部分。……在卫星海洋环境动力学、林木
遗传育种等部分领域形成国际领跑格局。……在深海深空深地探测、森
林生态系统等前沿方向创建国家重点实验室。……在我部优势的……海
水利用……等工程技术创新领域，遴选条件成熟的团队创建国家技术创
新中心、国家工程研究中心"。

　　进入"十四五"时期，党中央和国务院对中国海洋科技发展做了总
体部署。2021 年 3 月，十三届全国人大四次会议通过的《中华人民共和
国国民经济和社会发展第十四个五年规划和 2035 年远景目标纲要》提
出，"瞄准……深海等前沿领域，实施一批具有前瞻性、战略性的国家重
大科技项目。……围绕海洋工程、海洋资源、海洋环境等领域突破一批

---

① 习近平：为建设世界科技强国而奋斗——在全国科技创新大会、两院院士大会、中国科协
　　第九次全国代表大会上的讲话（2016 年 5 月 30 日）[N].人民日报，2016-06-01（2）.

关键核心技术"。2021年12月，国家发展和改革委员会发布国务院关于"十四五"海洋经济发展规划的批复。该批复强调指出，"着力提升海洋科技自主创新能力"。未来，中国海洋科技将进入大发展与大繁荣的黄金时期，预示着中国海洋科技发展水平将再次提升。

回顾过去，中国海洋科技取得了巨大成就。一是中华人民共和国成立70多年来，中国在物理海洋学、化学海洋学、海洋卫星遥感技术与应用、南大洋地质研究等海洋科学领域取得了长足的进展。二是我国已拥有以"蛟龙"号、"海龙"号、"潜龙"号等"三龙体系"为代表的开展深海大洋探测的高新深海装备，我国深海探测、深海调查的工作模式发生了深刻的变化，复合作业、集群作业和协同作业已经成为中国大洋考察的新模式。三是我国已基本实现浅水油气装备的自主设计建造，部分海洋工程船舶已形成品牌，深海装备制造取得了突破性进展，部分装备已处于国际领先水平。目前，我国已形成"五型六船"20多艘船规模的"深水舰队"，具备从物探到环保、从南海到极地的全方位作业能力。四是我国海域天然气水合物勘察和开发的理论和技术达到较高水平，已实现从探索性试采向试验性试采的重大跨越。五是海洋风能发电技术已经成熟，产业已形成一定规模。潮汐能发电技术较为成熟，处于世界领先地位。波浪能发电技术基本成熟，正处于商业化、规模化的发展进程中。潮流能发电技术已达到国际领先水平，已经形成了特色产品。六是我国海水淡化技术已日趋成熟，我国已成为世界少数几个掌握海水淡化先进技术的国家之一，海水淡化技术出口多个国家和地区。目前我国商业化的海水淡化技术中热法占全球市场份额的30%，膜法占全球海水淡化市场份额的65%。我国国内海水直流冷却技术已成熟，主要应用于沿海电力、石化和钢铁等行业。我国国内已形成较为成熟的海水提溴、海水提镁、海水提钾技术。七是我国海洋工程技术不断取得突破，已具备自主建设海底输油管线、海底电缆、跨海大桥和海底隧道的能力。八是我国的海洋探测装备已拥有载人潜水器"蛟龙"号、"深海勇士"号、"奋斗者"号和"彩虹鱼"号，无人有缆潜水器"海马"号、"海龙"系列，以及"潜龙"系列无人无缆自治潜水器、"海斗"号无人潜水器、"海燕"系列水下滑翔机、"海翼"号滑翔机、"悟空"号无人水下机器人等。九是我国发射的海洋卫星和以海洋为主要用户的卫星已达到 12 颗，包括"海洋一号"系列卫星、"海洋二号"系列卫星、"高分三号"系列卫星以及中法海洋卫星。目前，我国多型海洋卫星运行良好，海洋卫星组网业务化观测格局全面形成。

展望未来，中国海洋科技发展前景广阔，将为新时期加快海洋强国建设和落实国家创新驱动发展战略做出更大贡献。海洋科技自主创新能力将不断得到提升，在深水、绿色、安全的海洋高技术领域进一步取得突破，围绕海洋经济转型、海洋工程、海洋资源、海洋环境等领域进一步突破一批关键核心技术，为加快海洋强国建设提供更强有力的支撑。同时，我们也应清醒地认识到，海洋科技领域仍存在诸多"卡脖子"问题。"十四五"和 2035 年是我国加快建设海洋强国和进一步落实国家创新驱动发展战略的重要关键时期，发展海洋科技是建设海洋强国的重要任务，推动海洋科技发展是落实国家创新驱动发展战略的重要领域。我们应紧紧把握这一难得的历史机遇，乘势而上，推动中国海洋科技向更高层次迈进。